高等职业教育药品与医疗器械类专业教材

制药设备及其运行维护

主　编　许彦春　严永江
副主编　张之东　王云庆　许　璐
主　审　于文国　李　斌

中国轻工业出版社

图书在版编目（CIP）数据

制药设备及其运行维护/许彦春，严永江主编．—北京：中国轻工业出版社，2024.7

高等职业教育“十二五”规划教材

ISBN 978-7-5019-8850-1

Ⅰ.①制… Ⅱ.①许… ②严… Ⅲ.①制药工业—化工设备—高等职业教育—教材 Ⅳ.①TQ460.3

中国版本图书馆 CIP 数据核字（2012）第 223965 号

责任编辑：江 娟 贺 娜

策划编辑：江 娟 责任终审：唐是雯 封面设计：锋尚设计

版式设计：王超男 责任校对：吴大朋 责任监印：张 可

出版发行：中国轻工业出版社（北京鲁谷东街 5 号，邮编：100040）

印 刷：北京君升印刷有限公司

经 销：各地新华书店

版 次：2024 年 7 月第 1 版第 7 次印刷

开 本：720×1000 1/16 印张：19

字 数：378 千字

书 号：ISBN 978-7-5019-8850-1 定价：45.00 元

邮购电话：010-85119873

发行电话：010-85119832 010-85119912

网 址：http://www.chlip.com.cn

Email：club@chlip.com.cn

如发现图书残缺请与我社邮购联系调换

241258J2C107ZBW

本书编委会

主　编

许彦春　河北化工医药职业技术学院

严永江　河北化工医药职业技术学院

副主编

张之东　河北化工医药职业技术学院

王云庆　黑龙江农垦职业学院

许　璐　河北化工医药职业技术学院

主　审

于文国　河北化工医药职业技术学院

李　斌　石药集团有限公司

参　编

王益娥　石药集团有限公司设备管理人员

郝兰生　石药集团有限公司设备管理人员

彭瑞柳　石药集团有限公司设备管理人员

杨振民　衡水海江压滤机集团有限公司

王　峰　衡水海江压滤机集团有限公司

前　　言

根据国家食品药品监督管理局2010年度统计年报数据，截至2010年底，全国实有原料药和制剂生产企业4678家。《药品生产质量管理规范》（2010年修订），自2011年3月1日起施行。为适应制药产业技术变革，必须提高企业生产一线人员的技术水平与职业素质。高等职业院校肩负着培养企业生产一线高技能和高素质人才的使命，以促进制药产业发展，适应社会经济发展的需要。

本教材由河北化工医药职业技术学院（国家骨干高职院校）具有石药集团有限公司、华北制药集团有限责任公司设备管理工作经历的高级工程师许彦春、严永江老师担任主编；副主编张之东老师也具有多年在石药集团有限公司生产车间的管理经验；副主编黑龙江农垦职业学院（省级骨干高职院校）制药工程分院院长王云庆教授具有多年丰富教学经验；主审河北化工医药职业技术学院制药工程系主任于文国教授是高职高专制药技术类规划教材编审委员会副主任委员；石药集团有限公司设备管理部门李斌副经理主审。参加教材编写还有河北化工医药职业技术学院许璐老师，制药生产企业或制药设备生产企业工程技术人员王益娥、郝兰生、彭瑞柳、杨振民、王峰等。

本教材结合了企业的生产实际情况，吸取了目前所用教材的一些经验及企业在员工培训中发现的问题，结合了国家、行业、企业一些新的标准和理念，借鉴了河北化工医药职业技术学院校本教材《药品生产设备与车间工艺设计》和《制药设备及其运行维护》。同时，借鉴了其他院校教师课件、设备图片，以及设备制造企业样本、设备图片、网站等。在此向所有为本教材出版提供过帮助的人员表示诚挚的谢意。

限于编者业务水平，以及编写时间仓促，疏漏之处敬请大家批评指正。

编　者

目　录

第一章　制药设备分类和法规、管理及参数

【学习目标】

1. 了解制药设备分类。
2. 熟悉《药品生产质量管理规范》(2010 年修订版)中关于设备的内容。
3. 掌握制药设备管理内容。

第一节　制药设备分类

一、制药设备分类

药品生产企业为进行生产所采用的各种机器设备统称为制药设备,其中包括制药专用设备和非制药专用的其他设备。

国家、行业标准按制药设备产品的基本属性,将制药设备分为以下八大类。

1. 原料药机械及设备

利用生物、化学及物理方法,实现物质转化,制取医药原料的机械及工艺设备。

2. 制剂机械及设备

将药物原料制成可以直接用于临床医疗的各种剂型药品的机械及设备。

3. 药用粉碎机械

用于药物粉碎(含研磨)并符合药品生产要求的机器。

4. 饮片机械

将中药材通过净制、切制、炮炙、干燥等方法,改变其形态和性状制取中药饮片的机械及设备。

5. 制药用水设备

采用各种方法,制取制药生产、使用过程中用作药材的净制、提取或制剂配制时使用的溶剂、稀释剂及制药器具的洗涤清洁用水(即饮用水、纯化水、注射用水和灭菌注射用水)的机械及设备。

6. 药品包装机械

完成药品直接包装和剂型药品再包装及药包材制造的机械及设备。

7. 药物检测设备

检测各种药物制品或半制品质量的仪器与设备。

8. 其他制药机械及设备

与制药生产相关的机械及设备。

二、制药企业设备等级的划分

设备分类是制药企业设备管理的一项重要工作，目的是为了明确管理范围，统计和分析设备的构成情况及能力等，以便进行分级管理和实施重点维修，从而保证设备的良好状态和利用效率。

设备应分级管理，通常分为 A、B、C 三级，并对其采用各自相适应的管理策略。

评估小组对设备关键等级进行评估。该评估小组至少应包括设备使用部门经理、设备维修部门经理、维修工程师、设备操作员、维修计划员等。评估小组根据每一个参照因素对设备进行打分，最后根据评分高低对设备进行分级。

评估需考虑两大方面的因素。

（1）关键影响因素　包括质量影响因素、生产影响因素、设备利用率因素、安全环境影响因素。

（2）设备因素　包括设备可靠性、设备故障发生频率、设备维护成本。

第二节　制药设备法规、管理及参数

一、制药设备法规

药品的特殊性决定了药品必须强化监督管理，实现药品管理的科学化、法制化、规范化。《中华人民共和国药品管理法》（简称《药品管理法》）的颁布与实施，说明了我国的药品管理已经走上了法制化管理的轨道，做到以法管药。《药品生产质量管理规范》（简称《规范》或 GMP）使药品的生产达到科学化和规范化。因此，药品生产企业必须遵循《药品管理法》和 GMP。

《药品生产质量管理规范》（2010 年修订版），自 2011 年 3 月 1 日起施行。《药品生产质量管理规范》（2010 年修订版）共 313 条，关于设备共 25 条。

1.《药品生产质量管理规范》（2010 年修订版）法规要求

第五章　设备

第一节　原则

第七十一条　设备的设计、选型、安装、改造和维护必须符合预定用途，应当尽可能降低产生污染、交叉污染、混淆和差错的风险，便于操作、清洁、维护，以及必要时进行的消毒或灭菌。

第七十二条　应当建立设备使用、清洁、维护和维修的操作规程，并保存相应的操作记录。

第七十三条　应当建立并保存设备采购、安装、确认的文件和记录。

第二节　设计和安装

第七十四条　生产设备不得对药品质量产生任何不利影响。与药品直接接触的生产设备表面应当平整、光洁、易清洗或消毒、耐腐蚀，不得与药品发生化学反应、吸附药品或向药品中释放物质。

第七十五条　应当配备有适当量程和精度的衡器、量具、仪器和仪表。

第七十六条　应当选择适当的清洗、清洁设备，并防止这类设备成为污染源。

第七十七条　设备所用的润滑剂、冷却剂等不得对药品或容器造成污染，应当尽可能使用食用级或级别相当的润滑剂。

第七十八条　生产用模具的采购、验收、保管、维护、发放及报废应当制定相应操作规程，设专人专柜保管，并有相应记录。

第三节　维护和维修

第七十九条　设备的维护和维修不得影响产品质量。

第八十条　应当制定设备的预防性维护计划和操作规程，设备的维护和维修应当有相应的记录。

第八十一条　经改造或重大维修的设备应当进行再确认，符合要求后方可用于生产。

第四节　使用和清洁

第八十二条　主要生产和检验设备都应当有明确的操作规程。

第八十三条　生产设备应当在确认的参数范围内使用。

第八十四条　应当按照详细规定的操作规程清洁生产设备。

生产设备清洁的操作规程应当规定具体而完整的清洁方法、清洁用设备或工具、清洁剂的名称和配制方法、去除前一批次标识的方法、保护已清洁设备在使用前免受污染的方法、已清洁设备最长的保存时限、使用前检查设备清洁状况的方法，使操作者能以可重现的、有效的方式对各类设备进行清洁。

如需拆装设备，还应当规定设备拆装的顺序和方法；如需对设备消毒或灭菌，还应当规定消毒或灭菌的具体方法、消毒剂的名称和配制方法。必要时，还应当规定设备生产结束至清洁前所允许的最长间隔时限。

第八十五条　已清洁的生产设备应当在清洁、干燥的条件下存放。

第八十六条　用于药品生产或检验的设备和仪器，应当有使用日志，记录内容包括使用、清洁、维护和维修情况以及日期、时间、所生产及检验的药品名称、规格和批号等。

第八十七条　生产设备应当有明显的状态标识，标明设备编号和内容物（如名称、规格、批号）；没有内容物的应当标明清洁状态。

第八十八条　不合格的设备如有可能应当搬出生产和质量控制区，未搬出前，应当有醒目的状态标识。

第八十九条　主要固定管道应当标明内容物名称和流向。

第五节　校准

第九十条　应当按照操作规程和校准计划定期对生产和检验用衡器、量具、仪表、记录和控制设备以及仪器进行校准和检查，并保存相关记录。校准的量程范围应当涵盖实际生产和检验的使用范围。

第九十一条　应当确保生产和检验使用的关键衡器、量具、仪表、记录和控制设备以及仪器经过校准，所得出的数据准确、可靠。

第九十二条　应当使用计量标准器具进行校准，且所用计量标准器具应当符合国家有关规定。校准记录应当标明所用计量标准器具的名称、编号、校准有效期和计量合格证明编号，确保记录的可追溯性。

第九十三条　衡器、量具、仪表、用于记录和控制的设备以及仪器应当有明显的标识，标明其校准有效期。

第九十四条　不得使用未经校准、超过校准有效期、失准的衡器、量具、仪表以及用于记录和控制的设备、仪器。

第九十五条　在生产、包装、仓储过程中使用自动或电子设备的，应当按照操作规程定期进行校准和检查，确保其操作功能正常。校准和检查应当有相应的记录。

2.《药品生产质量管理规范》(2010 年修订版)实施

自 2011 年 3 月 1 日起，凡新建药品生产企业、药品生产企业新建(改、扩建)车间均应符合《药品生产质量管理规范》(2010 年修订版)的要求。现有药品生产企业血液制品、疫苗、注射剂等无菌药品的生产，应在 2013 年 12 月 31 日前达到《药品生产质量管理规范》(2010 年修订版)要求。其他类别药品的生产均应在 2015 年 12 月 31 日前达到《药品生产质量管理规范》(2010 年修订版)要求。未达到《药品生产质量管理规范》(2010 年修订版)要求的企业(车间)，在上述规定期限后不得继续生产药品。

二、制药设备管理

设备管理工作，对企业的产量、质量、交货期、成本、安全、环保等有着重要的影响。

1. 设备、设施标准操作的相关内容

(1)对设备使用过程涉及范围、责任人、操作人、维修维护人、过程监督人等职责划分做出明确规定。

(2)对设备名称、涉及部件、用途、基本结构、工作原理做出简单描述。

(3)对设备操作、控制的各类屏、盘、键、钮等功能做详细说明。

(4)详细规定在换班、换批、换产品操作前的防止污染、交叉污染和混淆的措施。

(5)对环境、清洁和安全、连接部位、公用系统、设备关键部件和关键参数的标准状况做出明确要求。

(6)对操作注意事项，如人员资格、自动化设备的参数维护、相关劳动保护、安全事项、异常情况处理等做出明确说明。

2. 设备操作人员的岗位基本职责

(1)设备操作人员应当培训合格后上岗，遵守设备操作规程，执行设备维护检修制度，严禁违规操作。

(2)设备操作人员对使用的设备做到"四懂"(懂设备结构、懂设备性能、懂设备原理、懂设备用途)；"四会"(会正确使用、会维护保养、会检查、会排除故障)。搞好设备润滑，坚持"五定"、"三过滤"。

(3)严格执行工艺规程，严禁设备超压、超温、超速、超负荷运行。

(4)对设备使用及运行状况进行巡回检查、认真填写设备运行记录，数据要准确。

(5)操作人员对自己负责的设备要做到正确使用，精心维护，使设备保持完好状态，不断降低泄漏率和提高设备完好率。

(6)发现设备出现异常情况时，及时向上级反映，并协助处理解决，在设备故障原因没有查清，故障没有排除的情况下，不得盲目启动设备。

3. 设备日常点检及维护保养

(1)设备使用的"四会"规定

会使用：①熟悉设备结构。②掌握操作规程，正确合理地使用设备。③熟悉生产工艺。

会维护保养：①保证设备内外清洁。②掌握一级保养内容和要求。③按润滑点正确地加油，保证无锈蚀和碰伤。

会检查：①设备开动前，会检查操作机构、安全限位是否灵敏可靠，各润滑面是否润滑。②设备开动后，会检查声音有无异常，并能发现故障隐患。③设备停车时，会检查与生产工艺有关的精度，并能做简单的调整。

会排除故障：①通过设备的声响、温度、压力、运行情况等现象，能及时发现设备的异常状态，并能初步判断出异常状态的部位及原因。②根据自己确切掌握的技能，采取适当的处理措施；自己不能解决的，能迅速判断出来并及时通知检修人员协同处理，排除故障。

(2)设备润滑的"五定"、"三过滤"

"五定"：

①定点：规定润滑部位、名称及加油点数(表1-1)。

②定时：规定加、换油时间。

③定质：规定每个加油点润滑油脂牌号。

④定量：规定每次加、换油数量。

⑤定人：规定每个加、换油点的负责人。

表 1-1　　制药企业瓶装生产线设备润滑卡示例

编号	设备代号	润滑点	润滑点名	数量	润滑方法	用量	油品规格	润滑周期	备注
1	00001	理瓶机	主减速箱	2	注油	100mL	ISOVG-320 齿轮油	1 年	
		灌装机	齿轮	10	喷涂	30~50mL	齿轮喷剂	90d	
		输送链	滚动轴	9	注油	1~2 滴	ISOVG-32 齿轮油	7d	
		贴签机	转轴	12	注油	1~2 滴	ISOVG-32 齿轮油	7d	
		提升翻转机	提升链	1	喷涂	500mL	链条喷剂	30d	
			涡轮变速箱	2	换油	上限	ISOVG-32 齿轮油	1 年	

“三过滤”：

①油桶到固定储油箱。

②储油箱到油壶。

③油壶到润滑部位。

(3)设备使用的“五项纪律”

①凭操作证使用设备，遵守安全操作规程。

②经常保持设备清洁，并按规定加油。

③遵守交接班制度。

④管好工具附件，不得遗失。

⑤发现故障，立即停车，自己不能处理的应及时通知检查。

(4)设备的维护保养　指人们为保持设备正常工作以及消除隐患而进行的一系列日常保护工作。按工作量大小和维护广度、深度分为：

①日常保养：重点对设备进行清洗、润滑、紧固、检查状况。由操作人员进行。

②一级保养：普遍地进行清洗、润滑、紧固、检查，局部调整。操作人员在专业维修人员指导下进行。

③二级保养：对设备局部解体和检查，进行内部清洗、润滑、修复和更换易损件。由专业维修人员在操作人员协助下进行。

④三级保养：对设备主体进行彻底检查和调整，对主要零部件的磨损检查鉴定。由专业维修人员在操作人员配合下定期进行。

4.5S 现场管理及全员生产维修 TPM

(1)5S 现场管理

①整理(Seiri)：工作现场，区别要与不要的东西，只保留有用的东西，撤除不需要的东西。

②整顿(Seiton)：把要用的东西，按规定位置摆放整齐，并做好标识进行管理。

③清扫(Seiso)：将不需要的东西清除掉，保持工作现场无垃圾，无污秽状态。

④清洁(Seiketsu):维持以上整理、整顿、清扫后的局面,使工作人员觉得整洁卫生。

⑤素养(Shitsuke):通过进行上述4S的活动,让每个员工都自觉遵守各项规章制度,养成良好的工作习惯。

(2)全员生产维修　全员生产维修(Total Productive Maintenance,TPM)是一种全员参与的生产维修方式,其主要点就在“生产维修”及“全员参与”。

TPM五个要素:

①以最高的设备综合效率为目标。

②确立以设备一生为目标全系统的预防维修。

③设备计划、使用、维修等所有部门都要参加。

④从企业的最高管理层到第一线职工全体参加。

⑤实行动机管理,即通过开展小组的自主活动来推进生产维修。

整齐划一生产区见图1-1。

图1-1　整齐划一生产区

生产现场管理见图1-2。

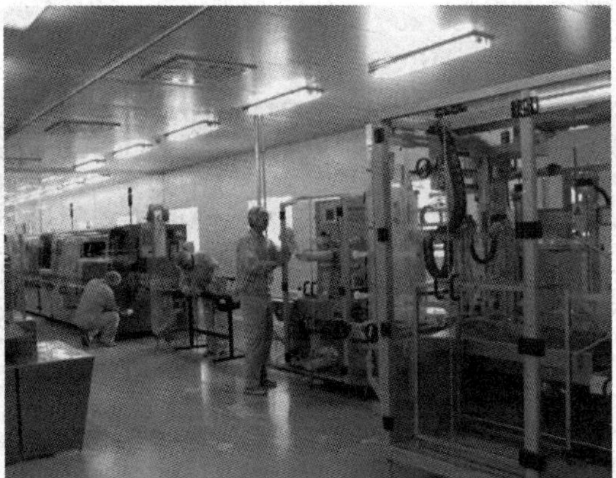

图1-2　生产现场管理

整洁明亮的办公区见图 1 - 3。

图 1 - 3　整洁明亮的办公区

改善前设备现场见图 1 - 4。

图 1 - 4　改善前设备现场

改善后设备现场见图 1 - 5。

图 1 - 5　改善后设备现场

三、设备参数意义

设备参数又称主要技术参数或主要性能参数，标明设备的基本功能。一般在设备铭牌和说明书中均指明。设备的基本参数包括：设备尺寸、重量、控制电源、动力电源、工作温度、工作压力、功率等，其他则是设备专业功能的参数。

设备参数所表明的意义是：

(1)设备参数是设备正常运行的指标，也是药品生产设定要求的指标。

(2)设备参数是保证药品质量和药品安全生产的参数。如果设备在运行中偏离了正常参数，则会影响产品质量或产生安全隐患。

(3)对药品生产工艺中的一些参数进行监控，如压力、流量、温度等。

(4)对企业的水源、电力、蒸汽等能源进行计量监测。

(5)可作为设备维护保养及检修的依据。

(6)为安装设备提供参考，如设备尺寸、重量等。

(7)根据参数选用和配置设备，以满足工艺要求和生产要求，达到预期的生产规格和生产规模。

【思考题】

1. 制药设备分几类？
2. 设备等级划分原则是什么？
3.《药品生产质量管理规范》(2010 年修订版)实施时间是什么时候？
4.《药品生产质量管理规范》(2010 年修订版)设备部分的内容是什么？
5.《药品生产质量管理规范》(2010 年修订版)实施具体步骤是什么？
6. 设备、设施标准操作的相关内容是什么？
7. 设备操作人员的岗位基本职责是什么？
8. 设备使用的“四懂”、“四会”是什么？
9. 设备润滑的“五定”、“三过滤”是什么？
10. 设备使用的“五项纪律”是什么？
11. 设备的维护保养内容是什么？
12. 什么是 5S 现场管理？
13. 什么是全员生产维修 TPM？TPM 五个要素是什么？
14. 设备参数所表明的意义是什么？

第二章　设备材料与电器基础知识

【学习目标】

1. 熟悉 GMP 对设备的材料要求。
2. 了解材料的性能。
3. 了解常用的电器元件。

第一节　设备材料

在制药工业中，GMP 对设备的材料有要求：设备接触药品表面易清洁，表面光洁，平整，无死角，易清洗。接触药品的材料应采用不与其发生反应、吸附或向药品中释放有影响的物质，通常多采用超低碳奥氏体不锈钢、聚四氟乙烯、聚丙烯、硅橡胶等材料。禁止使用吸附药品组分和释放异物的材料，如石棉制品。

一、材料的性能

制药设备常用的金属材料有碳钢、铸铁、不锈钢、铝、铅和铜等，其中碳钢和铸铁具有良好的物理、机械性能，且价格便宜、产量大，所以被大量用于制造各种设备。然而制药生产过程一般较为复杂，操作条件（如温度、压力等）都不尽相同，使用的介质种类较多，且大多具有腐蚀性，故设备材料应能够满足各种不同的要求。此外，随着生产技术的发展，新工艺的实现与过程的强化，对设备材料的要求更高了。因此，需要不断改进现有的金属材料，研制强度高、耐腐蚀性能优良的新钢种、新材料用于生产实践。

常用的另一类材料是非金属材料。非金属材料的耐腐蚀性能在很多场合下优于金属材料，且原料来源广泛，容易生产，价格低廉，故深受欢迎。此外，采用非金属材料能节约大量金属材料，尤其是贵重金属。在制药厂，已愈来愈多地采用耐腐蚀性能较好的非金属材料来制造诸如反应器、塔器、热交换器、泵、阀门及管路等。

材料的性能包括材料的力学性能、物理性能、化学性能和加工性能等。

（一）力学性能

力学性能是指材料在外力作用下抵抗变形或破坏的能力，有强度、硬度、弹性、塑性、冲击韧性等。这些性能是进行设备材料选择的依据。

1. 强度

材料的强度是指材料抵抗外加载荷而不致失效破坏的能力。

操作温度对力学性能有影响。通常随着温度升高，金属的强度降低而塑性增加。金属材料在高温长期工作时，在一定应力下，会随着时间的延长，缓慢并且不断地发生塑性变化，称为"蠕变"现象。例如，高温高压蒸汽管路，虽然其承受的应力远小于工作温度下材料的屈服点，但在长期的使用中则会产生缓慢而连续的变形使管径日趋增大，最后可能导致破裂。

对于长期承受交变应力作用的金属材料，还要考虑"疲劳破坏"。所谓"疲劳破坏"是指金属材料在小于屈服强度极限的循环载荷长期作用下发生破坏的现象。疲劳断裂与静载荷下断裂不同，在静载荷下显示脆性或韧性的材料，在疲劳断裂时，都不产生明显的塑性变形，断裂是突然发生的，因此具有很大的危险性，会造成严重的事故。

2. 硬度

硬度是指固体材料对外界物体机械作用（如压陷、刻划）的局部抵抗能力。硬度不是独立的基本性能，而是反映材料弹性、强度与塑性等的综合性能指标。一般情况下，硬度高的材料强度高，耐磨性能较好，但切削加工性能较差。

3. 塑性

材料的塑性是指材料受力时，当应力超过屈服点后，能产生显著的变形而不即行断裂的性质。塑性指标在设备设计中具有重要意义，有良好的塑性才能进行成型加工，如弯卷和冲压等；良好的塑性性能可使设备在使用中产生塑性变形而避免发生突然的断裂。但过高的塑性常常会导致强度降低。

4. 冲击韧性

对于承受波动或冲击载荷的零件及在低温条件下使用的设备，其材料性能仅考虑以上几种指标是不够的，必须考虑抗冲击性能。材料的抗冲击能力常以使其破坏所消耗的功或吸收的能除以试件的截面面积来衡量，称为材料的冲击韧度。

韧性可理解为材料在外加动载荷突然袭击时的一种及时并迅速塑性变形的能力。

韧性高的材料一般都有较高的塑性指标，但塑性指标较高的材料，却不一定具有较高的韧性，原因是在静载下能够缓慢塑性变形的材料，在动载下不一定能迅速地塑性变形。

（二）物理性能

金属材料的物理性能有密度、熔点、比热容、热导率、线膨胀系数、导电性、磁性、弹性模量与泊松比等。

（三）化学性能

化学性能是指材料在所处介质中的化学稳定性，即材料是否会与周围介质发生化学或电化学作用而引起腐蚀。金属的化学性能指标主要有耐腐蚀性和抗氧化性。

1. 耐腐蚀性

金属和合金对周围介质,如大气、水汽、各种电解液侵蚀的抵抗能力称为耐腐蚀性。制药生产中所涉及的物料,常会有腐蚀性。材料的耐蚀性不强,必将影响设备使用寿命,还会影响产品质量。

2. 抗氧化性

在高温下,钢铁不仅与自由氧发生氧化腐蚀,使钢铁表面形成结构疏松容易剥落的 FeO 氧化皮;还会与水蒸气、二氧化碳、二氧化硫等气体产生高温氧化与脱碳作用,使钢的力学性能下降,特别是降低了材料的表面硬度和抗疲劳强度。因此,高温设备必须选用耐热材料。

(四)加工性能

金属和合金的加工性能是指可铸造性能(可铸性)、可锻造性能(可锻性)、可焊性能(焊接性)和可切削加工性能等。这些性能直接影响设备和零部件的制造工艺方法和质量。

1. 可铸性

可铸性主要是指液体金属的流动性和凝固过程中的收缩和偏析倾向(合金凝固时化学成分的不均匀析出称为偏析)。常用金属材料中,灰铸铁和锡青铜铸造性能较好。

2. 可锻性

可锻性是指金属承受压力加工(锻造)而变形的能力,塑性好的材料,锻压所需外力小,可锻性好。低碳钢的可锻性比中碳钢及高碳钢好;碳钢比合金钢可锻性好。铸铁是脆性材料,目前,尚不能锻压加工。

3. 焊接性

这是指能用焊接方法使两块金属牢固地连接,且不发生裂纹,具有与母体材料相当的强度,这种能熔焊的性能称焊接性。低碳钢具有优良的焊接性,而铸铁、铝合金等焊接性较差。

4. 可切削加工性

可切削加工性是指金属是否易于切削。切削性好的材料,刀具寿命长,切屑易于折断脱落,切削后表面光洁。灰铸铁、碳钢都具有较好的切削性。

二、金属材料

(一)碳钢和铸铁

碳钢和铸铁是工程应用最广泛、最重要的金属材料。它们是由 95% 以上的铁和 0.05% ~4% 的碳及 1% 左右的杂质元素所组成的合金,称为“铁碳合金”。一般含碳量在 0.02% ~2% 者称为碳钢,大于 2% 者称为铸铁。由于碳钢和铸铁具有优良的机械性能，资源丰富，与其他金属相比其价格又较便宜，而且还可以通过采用各种防腐措施，如衬里、涂料、电化学保护等来防止介质对金属的腐蚀，故在制药工业中，选用金属材料时首先要考虑用碳钢或铸铁，只有当它们不适用时，才考虑选用其他金属材料。

1. 碳钢的耐腐蚀性能

碳钢在大气和水中易生锈，在很多介质中的耐腐蚀性也不好。但它对诸多环境，如碱性溶液、各类气体、液态金属、有机液体等的耐腐蚀性良好；在中性溶液中，其耐腐蚀性随含氧量而定，即在无氧或低氧的静置液中，腐蚀很轻微，在高氧和搅拌情况下，腐蚀可增大几十倍，但当氧化能力达到使金属钝化的程度时，腐蚀状况又大大下降；在还原性酸中，腐蚀很快，但在强氧化性酸如浓硫酸中，由于产生钝化膜，腐蚀又大大减轻；在碱性溶液中，生成了保护膜，腐蚀性很小；在酸和碱中，腐蚀均匀，但在中性溶液中可能产生孔蚀。

2. 工业上常用的铸铁

铸铁含碳量（质量分数）一般在 2% 以上，并含有 S、P、Si、Mn 等杂质。铸铁是脆性材料，抗拉强度较低，但具有良好的铸造性、耐磨性、减振性及切削加工性。在一些介质（浓硫酸、醋酸、盐溶液、有机溶剂等）中具有相当好的耐腐蚀性能。铸铁生产成本低廉，因此在工业中得到普遍应用。

（二）奥氏体不锈钢

以铬镍为主要合金元素的奥氏体不锈钢是制药设备产品应用最为广泛的一类不锈钢，此类钢包含 Cr18Ni8 系不锈钢以及在此基础上发展起来的含铬镍更高并含钼、硅、铜等合金元素的奥氏体类不锈钢。这类钢的特点是，具有优异的综合性能，包括优良的力学性能，冷、热加工和成型性，可焊性和在许多介质中的良好耐蚀性，是目前用来制造各种贮槽、塔器、反应釜、阀件等设备的最广泛的一类不锈钢材。常见的品种有 316L（00Cr17Ni14Mo2）、316（0Cr17Ni12Mo2）、304L（00Cr19Ni11）、304（0Cr19Ni9）及 1Cr18Ni9Ti（俗称 18－8），它们的共同特点便是具有耐蚀性和较好的耐热性。这些奥氏体不锈钢的共性是耐蚀，而其“耐蚀”性是相对的，其是指在一定的外界条件和一定的腐蚀介质中具有高的化学稳定性的特性。但是，此类奥氏体不锈钢在某些介质情况下使用时，就会产生晶间腐蚀、点蚀等类型的腐蚀，特别是在含 Cl^- 介质中极易产生腐蚀，通常采用超低碳或低碳的方法解决（即选 316L 或 304L）。然而，超低碳不是解决此类腐蚀的根本方法，还与其他因素有关。盛放、输送注射用水或无菌制剂药液的贮槽、容器、管道等应使用 316L、316 不锈钢；盛放、输送纯化水或非无菌制剂药液的贮槽、容器、管道等可使用 304L、304 不锈钢。

（三）有色金属

有色金属中，药品生产设备使用最多的是铜和铝。

1. 铜

通常只用于制作导电、导热的零部件。工业纯铜强度不高，常用的铜合金是黄铜和青铜，利用它们的耐磨、不易生锈和导热、导电性能强的特性，制作相关零部件。

2. 铝

通常利用其密度小、不易生锈和导热、导电性能制作零部件，可减轻设备质量，减小加工难度。常用的铝合金是形变铝合金和铸造铝合金，工业纯铝的强度和导热、导电性能比工业纯铜差，可部分替代工业纯铜。

三、药品生产设备常用非金属材料

1. 工程塑料

通常利用它们容易加工成型、耐腐蚀、具有绝缘性能和成本低的特点，替代金属制作设备零部件和接触酸碱的管道、容器。如去离子水的管道常用 ABS 制造。

2. 工业陶瓷

常用的有绝缘瓷、化工瓷和多孔过滤陶瓷。①绝缘瓷用于电器绝缘；②化工瓷用于制作耐腐蚀的容器、管道和设备零部件；③多孔过滤陶瓷用于制作药液过滤设备的过滤部件。

3. 其他非金属材料

常用的有橡胶、合成纤维、玻璃和复合材料等，用量不大，种类繁多，这里不做详述。

第二节　电器基础知识

药品生产设备离不开各种各样的电器和电器元件，这里仅对常用到的电器和电器元件做一个简单介绍，使我们对其在药品生产设备中的作用和工作原理有所了解。

一、传感器

传感器是能感受规定的被测量件并按照一定的规律（数学函数法则）转换成可用信号的器件或装置，通常由敏感元件和转换元件组成。转换元件将敏感元件感应产生的微弱电信号转换成可以显示、读数或实施控制的电信号。

目前常见的敏感元件多数用半导体材料制成，包括以下几类：①热敏元件；②光敏元件；③湿敏元件；④声敏元件；⑤压敏元件；⑥气敏元件；⑦磁敏元件。在药品生产设备上应用较广的是前两种，其中热敏元件应用最广，也是最重要的一种敏感元件。

1. 热敏元件

将温度直接转变为电量的元件。常见的有热电偶和热敏电阻，主要用于检测温度、流量、流速、真空以及温度控制、温度补偿和过载保护。例如，隧道烘箱的温度控制仪和检测洁净区过滤器风速的热球式风速仪都用到热敏元件。

2. 光敏元件

利用某些半导体元件在光照条件下导电性能发生改变得到电信号。光敏元件常见的有光敏电阻、光敏二极管和光敏三极管。

半导体材料制成的光敏电阻在受到光照时，其导电性能增大，电阻值变小，从而可改变电路中电流的大小。

光子能使P-N结附近产生光生电子和光生空穴，在内电场作用下形成光电流。通常情况下，光敏二极管不受光照射时，处于截止状态，受到光照射时处于导通状态。

光敏三极管由于光照在发射结，产生的光电流相当于普通半导体三极管的基极电流，从而可以在集电极得到光电流放大β倍的电流，故灵敏度比光敏二极管更高。

二、电机

药品生产设备通常是通过电机得到动力。常见的电机多为异步交流电机，相对于同步交流电机而言，其转子转速总是略低或略高于同步转速（旋转磁场的转速）。由于使用方便，单相异步微电机在制剂设备上得到日益广泛的应用。

除了直接由通断电源控制的电动机之外，新型的药品生产设备还会用到一些可以接受各种信号控制的电机，常用的有以下四种：

(1) 步进电机　将收到的脉冲信号转换成电动机轴上的角位移或线位移输出。

(2) 伺服电机　将收到的电信号转换成电动机轴上的角位移或角速度输出。

(3) 自整角机　将转角差转换为电信号，再用放大后的去控制伺服电机。

(4) 测速发电机　可将转速变为电信号，反馈到输入端以稳定转速。

三、继电器

继电器是一种电子控制器件，它具有控制系统（又称输入回路）和被控制系统（又称输出回路），通常应用于自动控制电路中，它实际上是用较小的电流去控制较大电流的一种“自动开关”，故在电路中起着自动调节、安全保护、转换电路等作用。药品生产设备上常用的有时间继电器（自动延时控制）和热继电器（电机过载保护）。

四、开关

开关是通过手控或自动控制驱动机构使其触点（接触体）闭合、分离，实现接通、断开电路的电器元件。根据开关的结构、原理、控制方式、控制对象可以分为很多种类型,这里我们仅对药品生产设备中常用到的电磁接触器和微动开关做简单的介绍。

1. 电磁接触器

采用电磁机构实现远距离频繁接通、断开交直流主回路及大容量控制回路的控制元件,可理解成用电磁机构代替人手合闸、拉闸。多用于控制交直流电动机。

2. 微动开关

微动开关又称灵敏开关,其特点是闭合和断开瞬时转换,与对按钮的按动速度无关。主要用于药品生产设备的自动控制机构,常用的有行程开关和限位开关。

五、可控硅元件

可控硅元件是大功率半导体器件,主要用作整流(交流变直流),广泛用于直流电机的调速、电解、电镀、电焊、蓄电池及同步电机励磁等。

六、变频器

变频器是改变交流电频率,实现电动机调速运行的装置。其作用是基于半导体开关元件的控制原理,在制药企业中常用于净化风机和水泵的节能运行。

【思考题】

1. 材料性能包括什么?
2. 写出5种常用铬镍不锈钢的简写牌号,举例说明用途。
3. 半导体敏感元件包括哪几类?
4. 变频器和可控硅元件有何主要用途?

第三章　机械传动与常见的机构和装置

【学习目标】

1. 掌握带传动、链传动的结构、原理、特点。
2. 熟悉制药机械常见装置。
3. 熟悉制药机械常见机构。

第一节　带传动

带传动是一种常用的机械传动形式，它的主要作用是传递转矩和改变转速。由主动轮、传动带和从动轮组成，传动带是挠性的中间零件，通过它将主动轮的运动和动力传递给从动轮(图 3-1)。

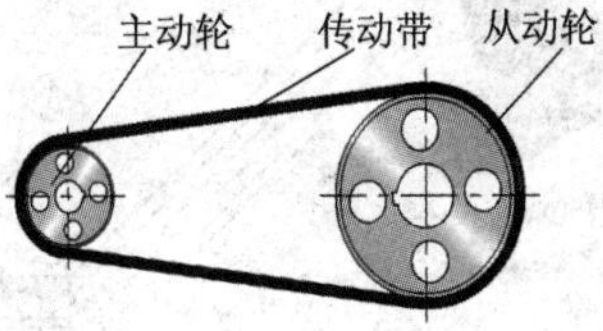

图 3-1　带传动组成

一、带传动的类型

带传动类型见图 3-2。

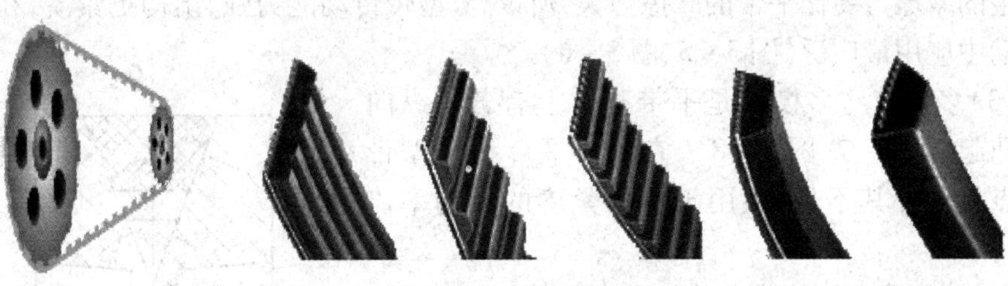

图 3-2　带传动类型

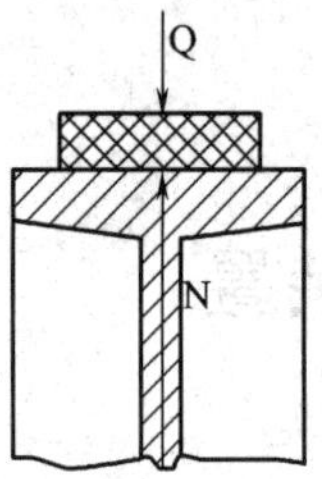

图 3－3　平带

1. 按传动原理分

(1)摩擦带传动　靠传动带与带轮间的摩擦力实现传动，如 V 带传动、平带传动等。

(2)啮合带传动　靠带内侧凸齿与带轮外缘上的齿槽相啮合实现传动，如同步带传动。

2. 按用途分

(1)传动带　传递动力。

(2)输送带　输送物品。

3. 按传动带的截面形状分

(1)平带　平带的截面形状为矩形，内表面为工作面，主要用于两轴平行，转向相同的较远距离的传动(图 3－3、图 3－4)。

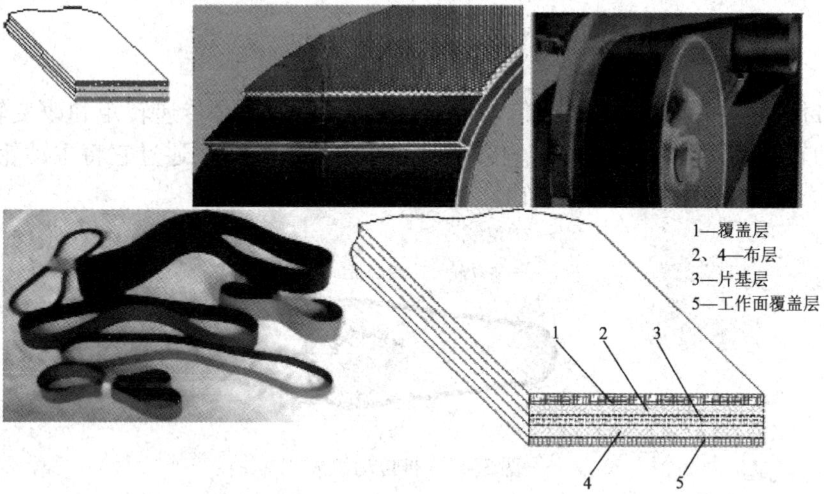

图 3－4　平带实物

(2)V 型带　V 型带的截面形状为梯形，两侧面为工作面，带轮的轮槽截面也为梯形。根据斜面的受力分析可知，在相同张紧力和相同摩擦系数的条件下，V 型带产生的摩擦力要比平带的摩擦力大，所以，V 型带传动能力强，结构更紧凑，在机械传动中应用最广泛(图 3－5、图 3－6)。

(3)多楔带　多楔带是平带基体上有若干纵向楔形凸起(图 3－7、图 3－8)，它兼有平带和 V 型带的优点且弥补其不足，多用于结构紧凑的大功率传动中。

(4)圆形带　圆形带的截面形状为圆形(图 3－9、图 3－10)，仅用于如缝纫机、仪器等低速小功率的传动。

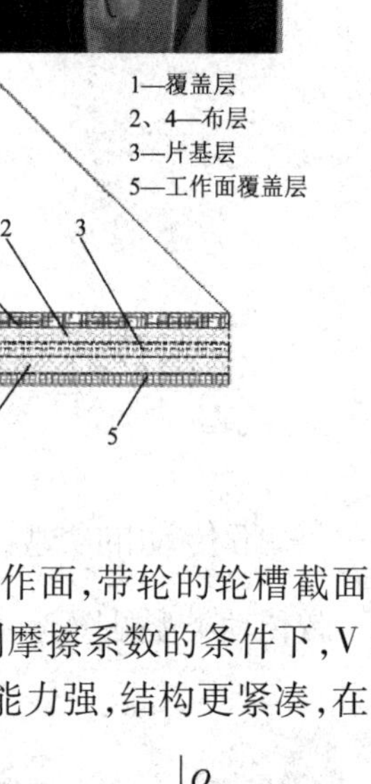

图 3－5　V 型带

图 3－6　V 型带及带轮实物

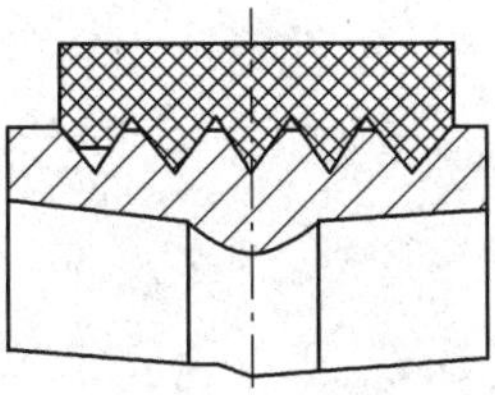

图 3－7　多楔带

图 3－8　多楔带实物

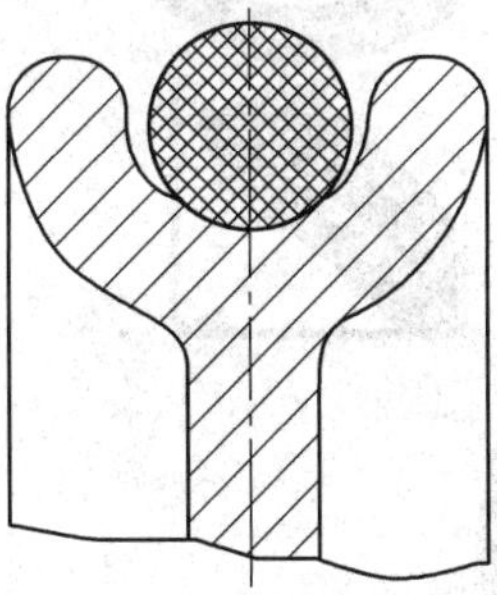

图 3－9　圆形带

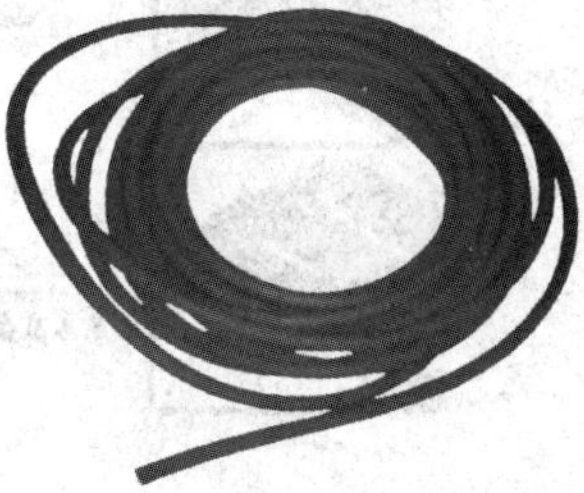

图 3－10　圆形带实物

（5）齿形带（同步带）　同步齿形带即为啮合型传动带（图 3－11、图 3－12、图 3－13）。同步带内周有一定形状的齿。

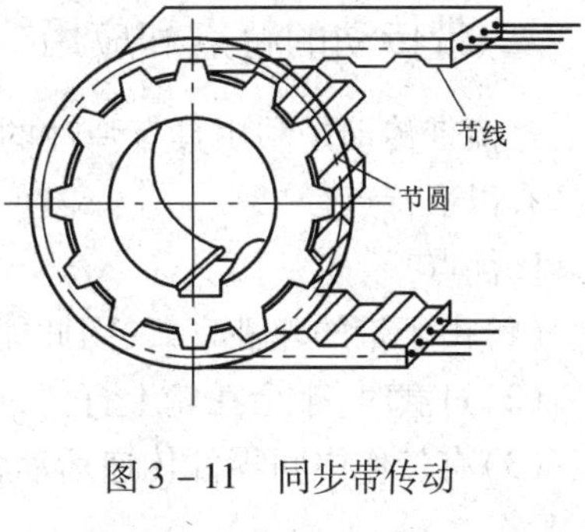

图 3－11　同步带传动

图 3－12　同步带传动实物

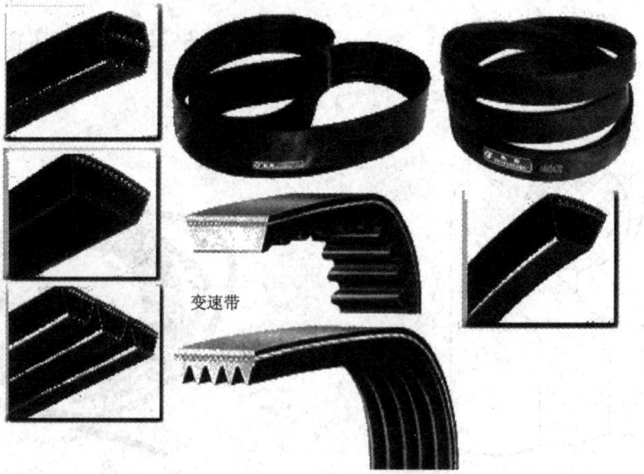

图 3－13　传动带实物

二、带传动的特点和应用

摩擦带传动是利用具有弹性的挠性带与带轮间的摩擦来传递运动和动力的，故具有以下特点。

1. 优点

(1)由于带的弹性良好，因此能缓和冲击，吸收振动，故传动平稳，噪声小。

(2)过载时，带会在轮上打滑，可防止其他零件的损坏，起到安全保护的作用。

(3)有带作中间零件传递运动，它可用于中心距很大的场合。

(4)结构简单,制造容易,成本低廉,维护方便。

2. 缺点

(1)带与轮间存在弹性滑动,滑动导致速度损失,不能保证传动比不变,因此,传动比不准确。

(2)外廓尺寸比较大。

(3)带需张紧在轮上,故作用在轴上的压力大。

(4)带的寿命较短,传动效率也较低。

(5)由于摩擦起电,不宜用于易燃和有爆炸危险的地方。

三、V 带

1. V 带

普通 V 带(图 3－14)应用最广,其截面呈楔角等于 40°的梯形,相对高度 $h/b_p \approx 0.7$(bp 为节宽,即带的节面宽度),工作面是带的两侧面,带与轮槽底部应有间隙。考虑到 V 带张紧后产生的横向收缩变形,小带轮槽角 ψ = 32°、34°、36°、38°。普通 V 带的规格尺寸、性能、测量方法及使用要求等均已标准化。普通 V 带按截面大小分为 Y、Z、A、B、C、D、E 七种型号。

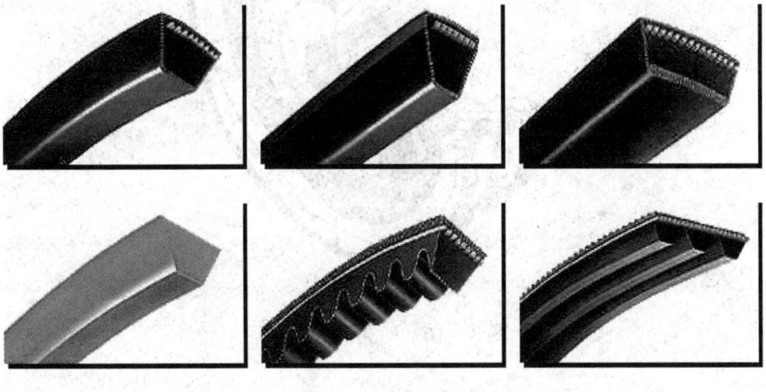

图 3－14　V 带实物

标准 V 带都制成无接头的环形带,其横截面结构如图 3－15 所示。强力层的结构形式有帘布结构和线绳结构。

2. V 带轮的结构

带轮由轮缘、腹板(轮辐)和轮毂三部分组成(图 3－16)。轮缘是带轮的工作部分,制有梯形轮槽。轮毂是带轮与轴的联接部分,轮缘与轮毂则用轮辐(腹板)联接成一整体。

V 带轮按腹板(轮辐)结构的不同分为以下几种型式:S 型实心带轮(图 3－17)、P 型辐板带轮(图 3－18)、孔板带轮(图 3－19)、辐板带轮(图 3－20)。

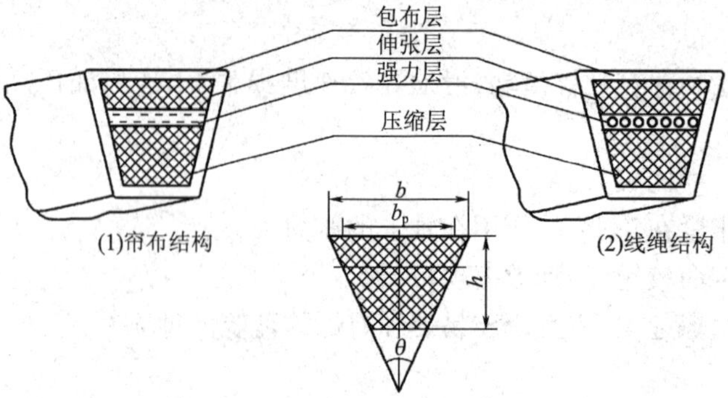

图 3-15　V 带结构

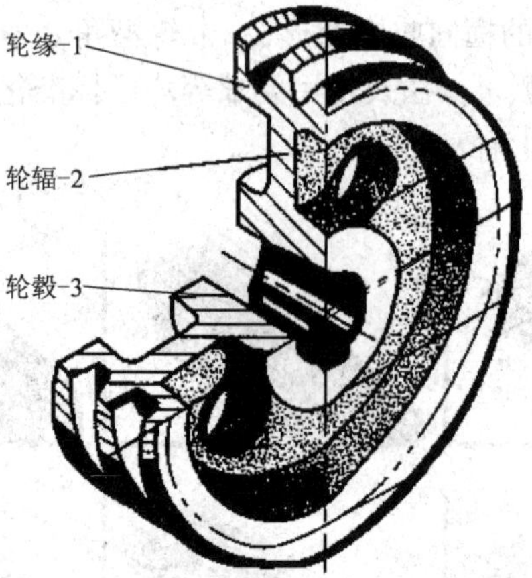

图 3-16　V 带轮的结构

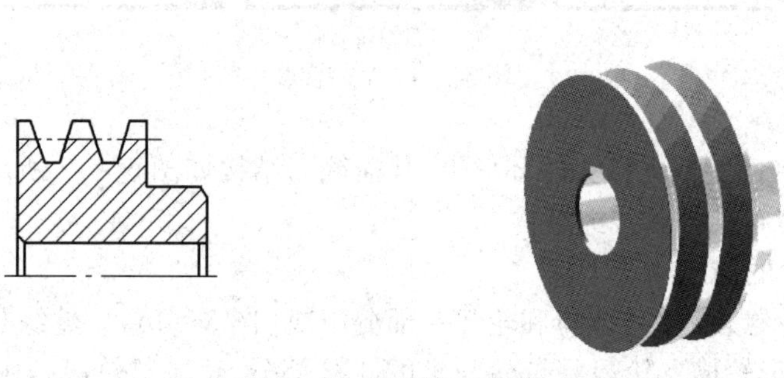

图 3-17　S 型实心带轮

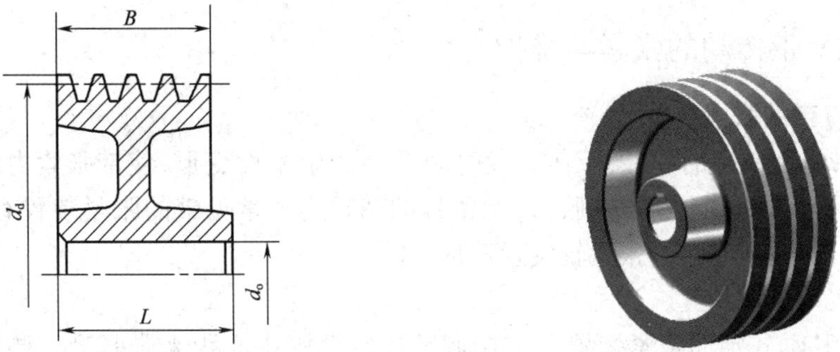

图 3－18　P 型辐板带轮

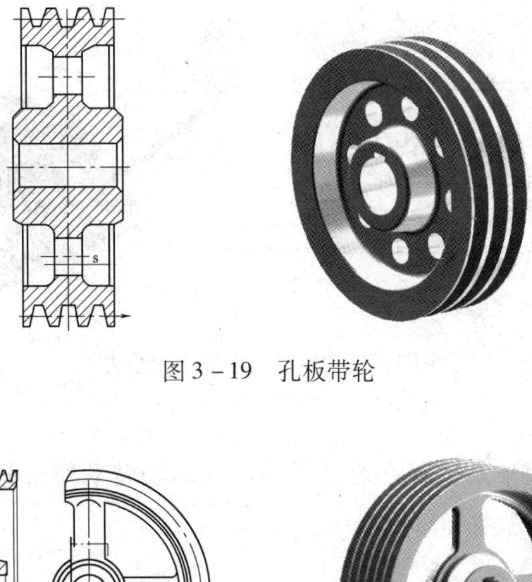

图 3－19　孔板带轮

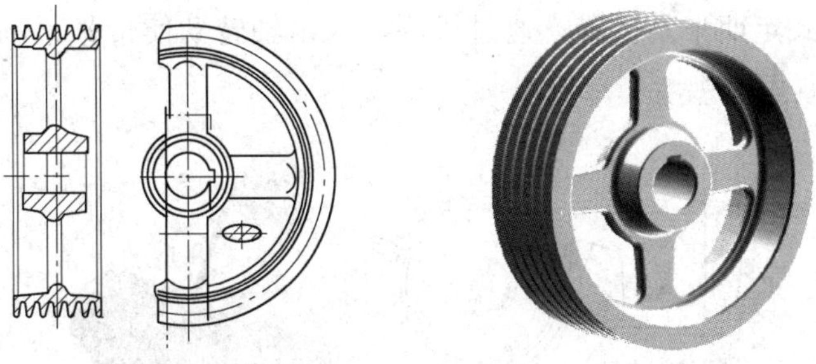

图 3－20　辐板带轮

四、带传动的失效形式

1. 打滑

由于过载，带在带轮上打滑而不能正常转动。

2. 带的疲劳破坏

带在变应力状态下工作，当应力循环次数达到一定值时，带将发生疲劳破坏，如脱层、撕裂和拉断。

五、V 带传动的张紧与维护

(一)带的张紧装置

V 带具有一定的弹性,工作一段时间后会产生塑性变形,使带张紧力减小,导致带松弛。因此需重新张紧胶带,调整带的初拉力。常见带的张紧装置有定期张紧装置、自动张紧装置、张紧轮装置三种。

1. 定期张紧装置

(1)移动式定期张紧装置　定期调整带传动的中心距来张紧带。调整时,用调节螺钉改变电动机的位置,然后用螺栓固定电动机。主要适用于水平或近似水平布置的带传动,见图 3-21。

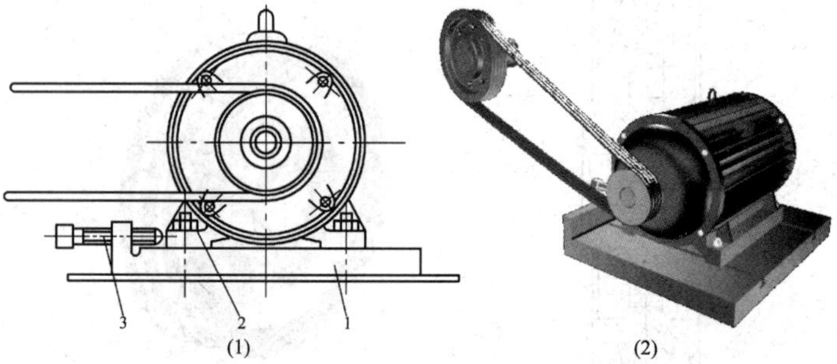

图 3-21　移动式定期张紧装置

1—机座　2—固定螺栓　3—调节螺钉

(2)摆动式定期张紧装置　通过机座绕固定轴转动使带张紧,适合垂直或近似垂直的传动,见图 3-22。

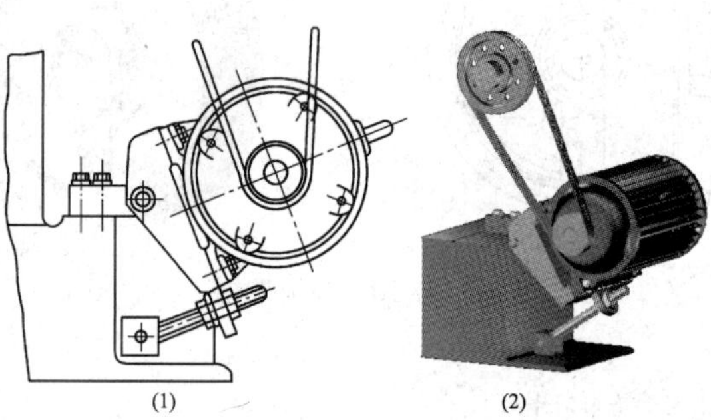

图 3-22　摆动式定期张紧装置

2. 自动张紧装置

将装有带轮的电动机安装在浮动的摆架上,利用电动机的自重,使带轮随同电动机绕固定轴摆动,以自动保持张紧力,见图 3-23。

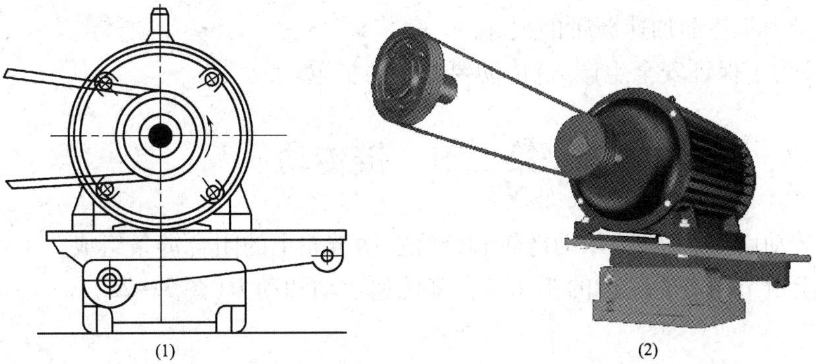

图 3－23　自动张紧装置

3. 张紧轮装置

通过调节压在皮带松边的张紧轮,达到张紧目的。V 带传动用张紧轮装置时,张紧轮一般应放在松边的内侧,使带只受单向弯曲。同时张紧轮还应尽量靠近大轮,以免过分影响带在小轮上的包角。张紧轮的轮槽尺寸与带轮的相同,且直径小于小带轮的直径,见图 3－24。

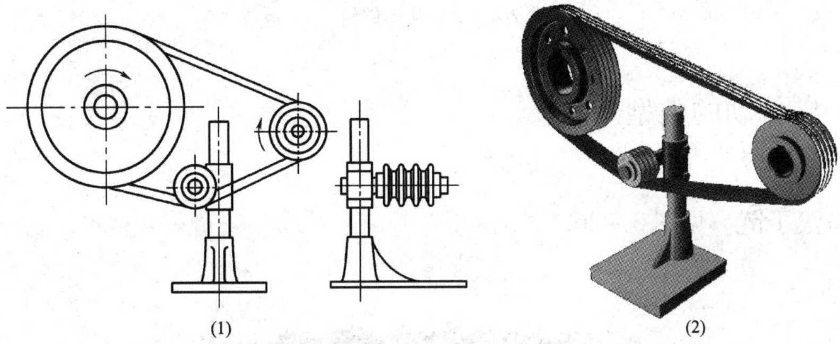

图 3－24　张紧轮装置

(二)V 带传动的使用与维护

为了保证带传动能够正常运转,并延长带的使用寿命,必须重视正确使用和维护。

(1)安装 V 带前应减小两轮中心距,然后再进行调紧,不得强行撬入。工作时,带轮轴线应相互平行,各带轮相对应的 V 型槽的对称平面应重合,误差不得超过 20′。在同一平面内,要避免传动时加速带的磨损或从轮槽中脱出。

(2)胶带不宜与酸、碱、矿物油等介质接触,也不宜在阳光下暴晒,以防带迅速老化变质,降低带的使用寿命。

(3)定期检查胶带。如有一根损坏应全部换新带,不能新旧带混合使用,否则会引起受力不均而加速新带的损坏。

(4)为了保证安全生产,带传动要安装防护罩。

第二节　链传动

链传动由主动链轮、从动链轮和跨绕在两链轮上的闭合链条组成。工作时,通过链条上链节与链轮轮齿的相互啮合来传递运动和动力(图 3 -25)。

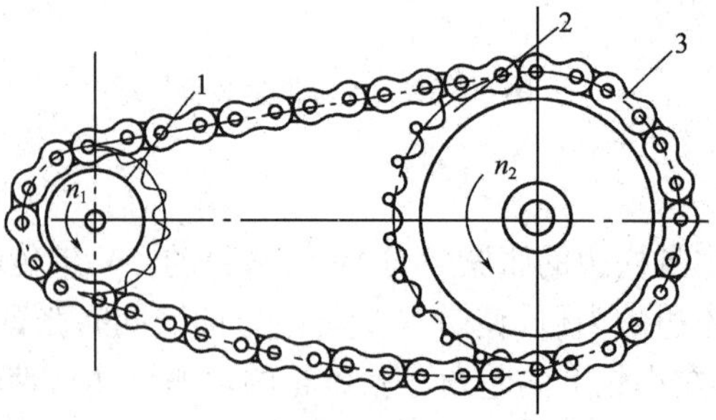

图 3 -25　链传动组成

1—主动链轮　2—从动链轮　3—链条

一、链传动的类型

1. 按结构分

(1)滚子链　见图 3 -26。

图 3 -26　单排滚子链

(2)齿形链　齿形链是利用特定齿形的链片和链轮相啮合来实现传动,齿形链又称无声链,见图 3 -27。

与滚子链相比,齿形链传动平稳,无噪声,承受冲击性能好,工作可靠,多用于高速或运动精度要求较高的传动装置中。

2. 按照用途不同分

(1)传动链　一般机械中传递运动和动力,通常工作速度 $v \leqslant 15$m/s,见图 3 -28。

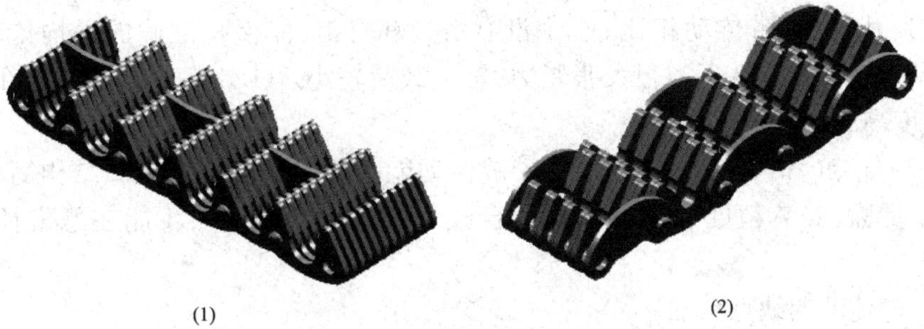

图 3-27　外链板齿形链

图 3-28　传动链实体设备示意图

(2)牵引链　主要用于链式输送机中移动重物，其工作速度 $v \leqslant 4\mathrm{m/s}$，见图 3-29。

(3)起重链　主要用于起重机械中提起重物，其工作速度 $v \leqslant 0.25\mathrm{m/s}$，见图 3-30。

图 3-29　牵引链

图 3-30　起重链

二、链传动的特点和应用

链传动不是靠摩擦力，而是依靠链条与链轮之间的啮合力来传递动力的。

1. 链传动的优点

（1）优点（和带传动相比） ①没有滑动和打滑，能保持准确的平均传动比。②传动尺寸紧凑。③不需很大张紧力，轴上载荷较小。④效率较高。⑤能在湿度大、温度高的环境下工作。

（2）优点（和齿轮传动相比） ①链传动能吸振与缓和冲击。②结构简单，加工成本低廉，安装精度要求低。③适合较大中心距的传动。④能在恶劣环境中工作。

2. 链传动的缺点

（1）由于链轮的平面形状相当于多边形，与链条啮合时，链条的瞬时传动比不够稳定，所以在传动平稳性要求高的场合链传动不能使用。

（2）链条与链轮工作时磨损较快，使用寿命较短。

（3）链条原则上不适宜装在两个成水平位置的链轮上传动，这样容易发生脱链或顶齿。但是个别情况下也有应用，必须采取一定的张紧措施，以保证链条始终处于张紧状态，防止脱链或顶齿的发生。

在链传动中，应用最广泛的是滚子链，如分装机、贴签机、胶塞清洗机等设备上所使用的链条。

三、滚子链

1. 滚子链的结构

滚子链由内链板1、外链板2、销轴3、套筒4和滚子5组成（图3－31），外链板与销轴、内链板与套筒之间采用过盈配合，而销轴与套筒之间为间隙配合，可以做相对转动，以适应链条进入和退出链轮时的屈伸；滚子与套筒之间采用间隙配合，以使链与链轮在进入与退出啮合时，滚子与轮齿形成滚动摩擦，减小链和轮齿的磨损。

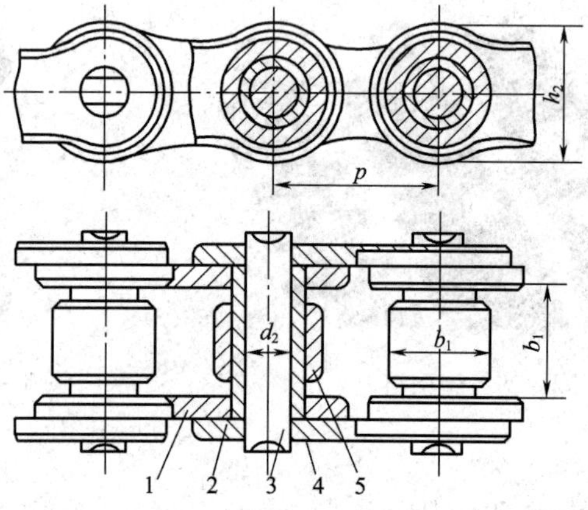

图3－31 滚子链的结构

1—内链板 2—外链板 3—销轴 4—套筒 5—滚子

2. 链轮的结构

链轮的结构见图 3－32、图 3－33、图 3－34 和图 3－35。

图 3－32　实心式链轮示意图

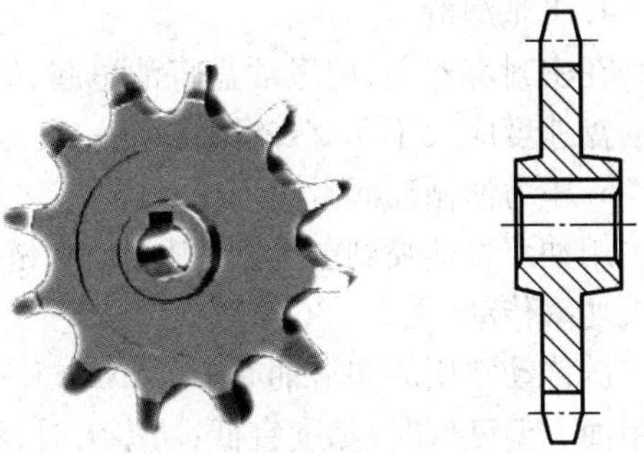

图 3－33　焊接式链轮示意图

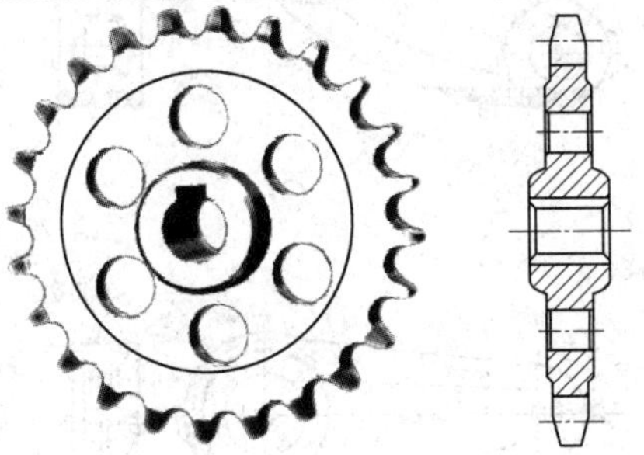

图 3－34　孔板式链轮示意图

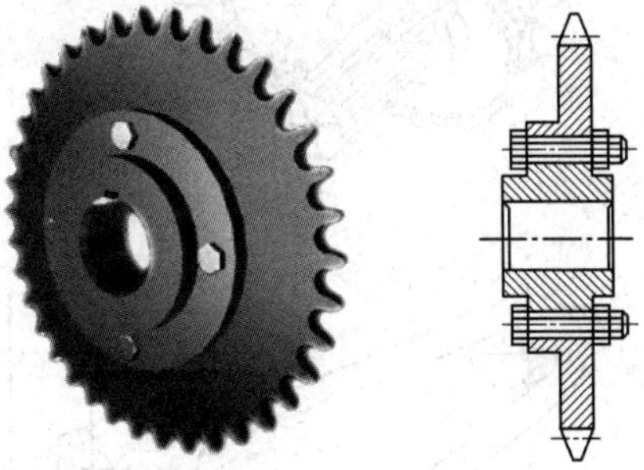

图 3－35　组合式链轮示意图

四、链传动的润滑

链传动良好的润滑将会减少磨损、缓和冲击，提高承载能力，延长使用寿命，因此链传动应合理地确定润滑方式和润滑剂种类。常用的润滑方式有：人工定期润滑，用油壶或油刷每班加油一次；滴油润滑，用油杯通过油管向链条的松边处滴油，达到连续润滑。其次还有油浴润滑和飞溅润滑等润滑方式。

1. 人工定期润滑

用油壶或油刷给油[图 3－36(1)]，每班注油一次，适用于链速 $v \leq 4$m/s 的不重要传动。

2. 滴油润滑

用油杯通过油管向松边的内、外链板间隙处滴油，适用于链速 $v \leq 0$m/s 的传动[图 3－36(2)]。

3. 油浴润滑

链从密封的油池中通过，链条浸油深度以 6 ~ 12mm 为宜，适用于链速 $v=6\sim12\text{m/s}$ 的传动[图 3 - 36(3)]。

4. 飞溅润滑

在密封容器中，用甩油盘将油甩起，经由壳体上的集油装置将油导流到链上。甩油盘速度应大于 3m/s，浸油深度一般为 12 ~ 15mm[图 3 - 36(4)]。

5. 压力油循环润滑

用油泵将油喷到链上，喷口应设在链条进入啮合之处。适用于链速 $v\geqslant8\text{m/s}$ 的大功率传动[图 3 - 36(5)]。

链传动常用的润滑油有 L - AN32、L - AN46、L - AN68、L - AN100 等全损耗系统用油。温度低时，黏度宜低；功率大时，黏度宜高。

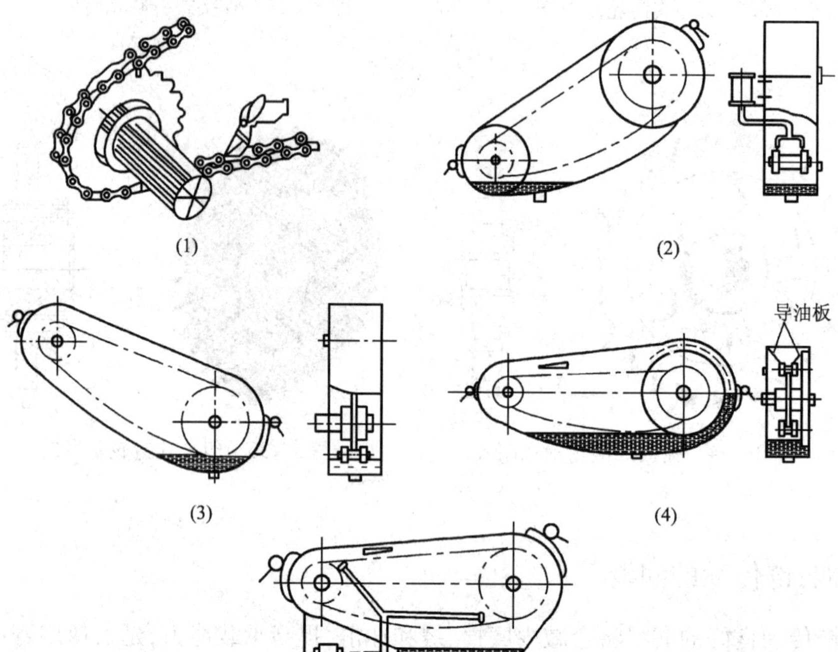

图 3 - 36　链传动润滑方式示意图

五、链传动的布置与张紧

1. 链传动的布置

(1) 链传动只能布置在铅垂面内，不能布置在水平或倾斜平面内。

(2) 两轮中心线最好水平或水平面夹角小于 45°。

链传动布置方式见表 3 - 1。

表 3－1　　链传动布置方式

传动参数	正确布置	不正确布置	说　　明
$i>2$ $a=(30\sim50)p$	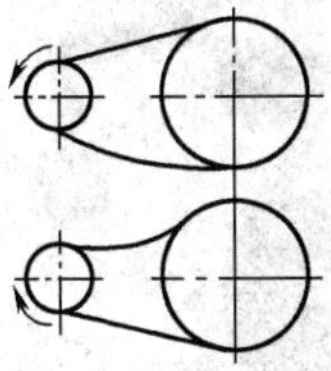		两轮轴线在同一水平面，紧边在上、在下均不影响工作
$i>2$ $a<30p$	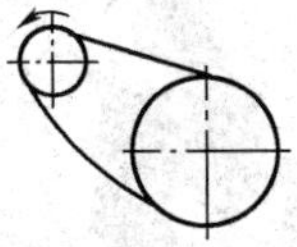	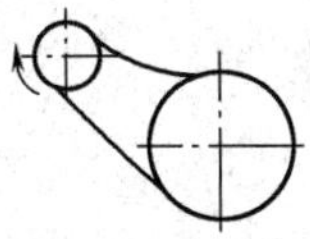	两轮轴线不在同一水平面时，松边应在下面，否则在松边下垂量较大的情况下，从动轮会阻碍链条退啮，严重时会出现链轮卡死现象
$i<1.5$ $a>60p$	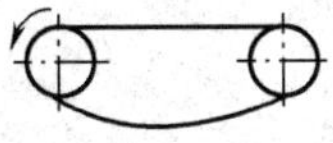	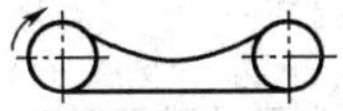	两轮轴线在同一水平面时，松边应在下面，否则在松边下垂量较大的情况下，松边可能与紧边相碰，需经常调整中心距
i,a 为任意值	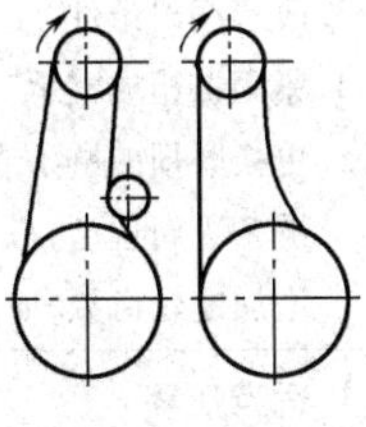	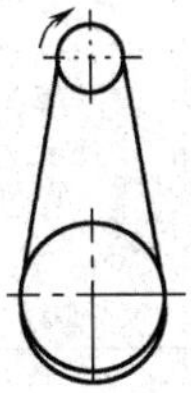	两轮轴线在同一铅垂面内，链条下垂会减少下链轮有效啮合齿数，降低传动能力，为此可采用： （1）中心距可调 （2）设张紧装置 （3）上下两轮错开，使两轮轴线不在同一铅垂面内

2. 链传动的张紧

链传动张紧的目的，主要是为了避免在链条的垂度过大时产生啮合不良和链条的振动现象；同时也为了增加链条与链轮的啮合包角。

链传动张紧示意图见图 3－37。

六、常见故障及处理方法

常见故障及处理方法见表 3－2。

自动张紧装置(1)

自动张紧装置(2)

定期张紧装置(1)

定期张紧装置(2)

图 3－37　链传动张紧示意图

表 3－2　　常见故障及处理方法

故障现象	产生原因	处理方法
噪声过大	1. 链轮不对正 2. 松边垂度不合适 3. 润滑不良 4. 链箱或支承松动 5. 链条或链轮磨损严重 6. 链条选型不当，节距过大 7. 链轮齿数太少	1. 重新对正链轮 2. 适当调整链条松边垂度 3. 改善润滑条件 4. 紧固链箱或支承 5. 更换磨损的链条或链轮 6. 链条重新选型，采用小节距 7. 增加链轮齿数，如不能重新设计
链条跳齿	1. 链条太松，使垂度过大 2. 链条或链轮磨损严重 3. 严重超载	1. 适当张紧 2. 更换链条或链轮 3. 选用高强度链条，消除过载原因
链条脱不开链轮	1. 链轮不对正 2. 链轮磨损严重	1. 重新对正链轮 2. 更换链轮
链条死节	1. 链轮不对正 2. 链条铰链中有杂物 3. 润滑不良 4. 载荷过大 5. 链条锈蚀 6. 链板或附件干涉	1. 重新对正链轮 2. 清除铰链处杂物 3. 改善润滑条件 4. 减小载荷或改用强度适合的链条 5. 改用防锈蚀链条 6. 检查链条是否干涉

续表

故障现象	产生原因	处理方法
滚子碎裂、出现裂纹或变形	1. 链条节距过大或链轮齿数太小 2. 链轮齿沟有杂物 3. 链条在链轮齿上爬位过高 4. 链条受冲击过大	1. 选用小节距链条或增加链轮齿数 2. 清除齿沟杂物或更新链条 3. 更换链条，适当张紧 4. 减小链条冲击
销轴旋转或链板孔被拉长	链条过载	消除过载原因，或更换大规格的链条
销轴断裂或链板沿链板孔连线方向断裂	严重超载	消除过载原因或重新选用大规格或强度更高的链条；如发现链轮有问题的征兆，必须更换链轮
链板断裂	载荷大于链条动载承受能力	选用大节距链条，或减小动态载荷
链板或链轮齿严重侧磨	1. 链轮不共面或链轮端面跳动严重 2. 链轮支承刚度差 3. 链条扭曲严重	1. 提高加工与安装精度 2. 提高支承件刚度 3. 更换合适链条
外链节外侧擦伤	1. 链条未张紧，发生跳动，从而与邻近物体碰撞 2. 链箱变形或内有杂物	1. 使链条适当张紧 2. 消除链箱变形，清除杂物
销轴磨损或销轴与套筒胶合	1. 润滑不良 2. 链条速度过高或载荷过大	1. 提供适当的润滑系统 2. 降低速度或载荷
卡簧、开口销等链条止锁元件松脱	1. 链条抖动过烈 2. 有障碍物磕碰 3. 止锁元件安装不当	1. 适当张紧或考虑增设导板托板 2. 消除障碍物 3. 改善止锁元件安装质量

第三节　齿轮传动

齿轮传动用来传递任意两轴间的运动和动力，是应用最广泛的传动机构之一。

一、齿轮传动特点及应用

齿轮传动与带传动相比主要有以下优点：

(1)传递动力大、效率高。

(2)寿命长,工作平稳,可靠性高。

(3)能保证恒定的传动比,能传递任意夹角两轴间的运动。

齿轮传动与带传动相比主要有如下缺点:

(1)制造、安装精度要求较高,因而成本也较高。

(2)不宜做远距离传动。

各种类型的齿轮示意图见图3-38,齿轮实物见图3-39。

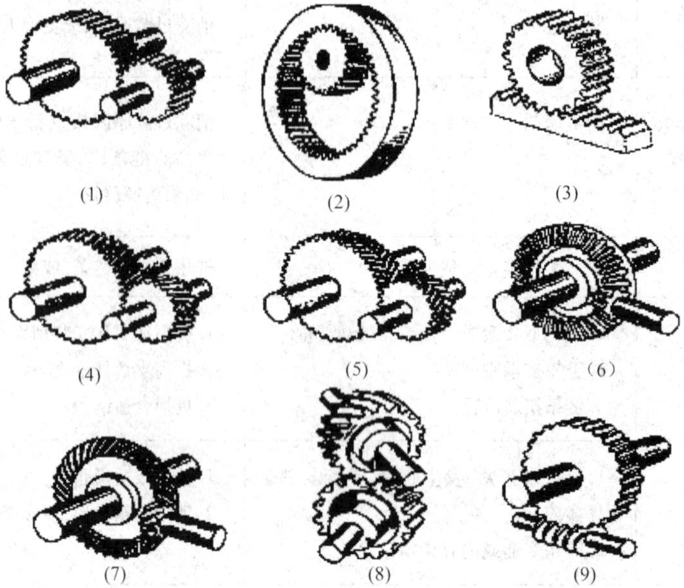

图3-38 各种类型的齿轮示意图

图3-39 齿轮实物

二、蜗杆蜗轮传动

蜗杆蜗轮机构是齿轮机构的特例。蜗杆蜗轮传动用来传递空间两交错轴之间的运动和动力,一般两轴交角为90°(图3-40,图3-41),蜗杆蜗轮传动由蜗杆与蜗轮组成。一般蜗杆为主动,蜗轮从动,具有自锁性,做减速运动,杆传动广泛应用于各种机械和仪器设备之中。

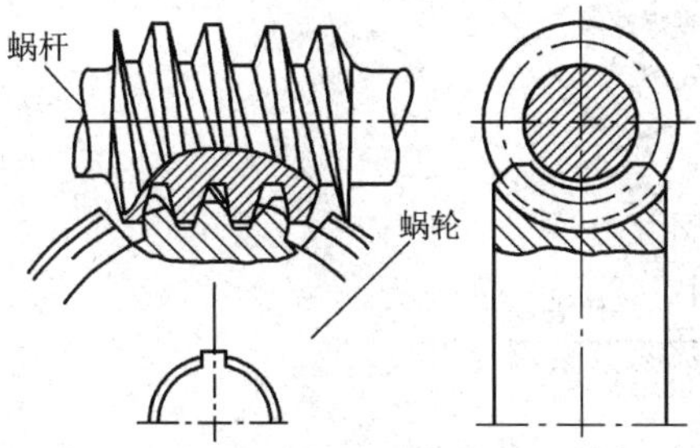

图3-40　蜗杆蜗轮传动示意图

图3-41　蜗杆蜗轮传动实物示意图

蜗杆蜗轮传动的优点如下:

(1)蜗杆蜗轮传动的最大特点是结构紧凑、传动比大。一般传动比 $i=10\sim40$,最大可达80。若只传递运动(如分度运动),其传动比可达1000。

(2)传动平稳、噪声小。

(3)可制成具有自锁性的蜗杆。

蜗杆传动的主要缺点如下:

(1)效率较低。

(2)蜗轮的造价较高。

第四节　常用机构

一、铰链四杆机构及其演化

当平面四杆机构中的运动副都是回转副时,称为铰链四杆机构。其中固定不动的杆称为机架;与机架用回转副相联接的杆称为连架杆;不与机架直接相连的杆称为连杆;如果杆能绕其回转副中心做整周转动则称为曲柄;如果仅能在<360°的某一角度内摆动则称为摇杆。下面为铰链四杆机构的各种演化形式。

1. 曲柄摇杆机构

如果铰链四杆机构中有一个连架杆为曲柄,相邻一个为摇杆,则称为曲柄摇杆机构。通常曲柄为原动件,摇杆为从动件。

粉针剂的装量调节是通过改变拉杆轴在转盘槽内的固定位置(变曲柄长度)

来改变扇形齿轮（摇杆）摆动幅度，进而改变分装螺杆转数来实现的，见图 3－42。

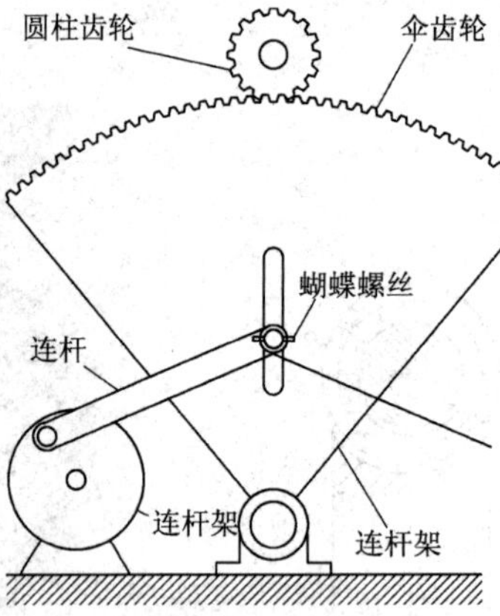

图 3－42　螺杆分装机装量调节装置

搅拌机的搅拌器（图 3－43）传动机构，带动搅拌桨沿图中的复杂轨迹运动。

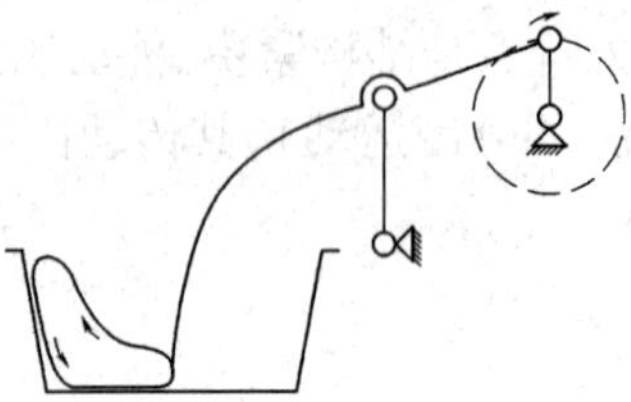

图 3－43　搅拌器

推板步进输送装置是通过推板上的各齿沿卵形曲线运动，间歇地把物品逐渐向前输送，见图 3－44。

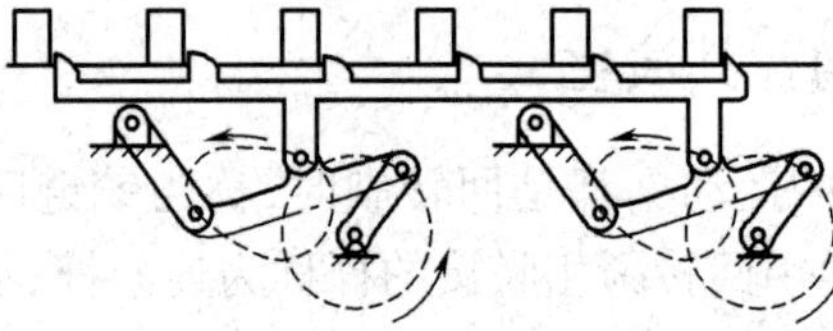

图 3－44　推板步进输送装置

2. 双曲柄机构

在铰链四杆机构中，如两个连架杆均为曲柄，则此四杆机构称为双曲柄机构。图 3－45 为安瓿灌封机的齿板传送机构。

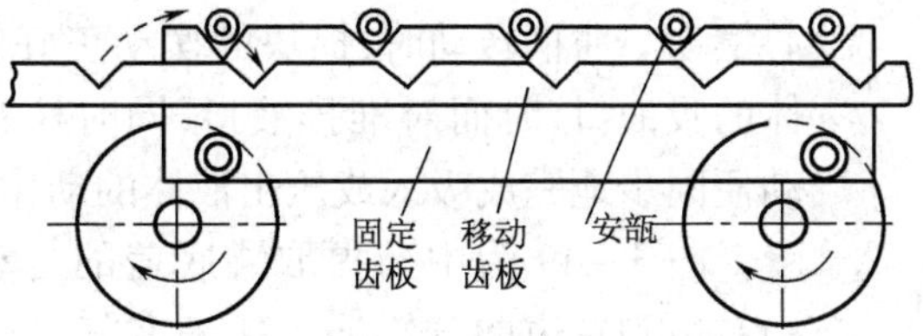

图 3－45　安瓿灌封机的齿板传送机构

3. 双摇杆机构

在铰链四杆机构中，如两个连架杆均为摇杆，则此四杆机构称为双摇杆机构（图 3－46）。

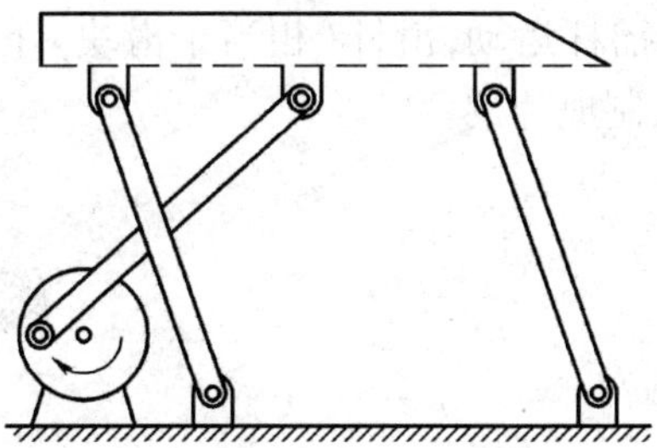

图 3－46　双摇杆机构

4. 曲柄滑块机构

曲柄滑块机构是曲柄摇杆机构的一种演化形式。它被广泛应用在往复式空气压缩机、往复式真空泵和其他许多制药机械上。曲柄滑块机构组成自动送盒装置（图 3－47），安瓿空盒置于盒槽内，曲柄每回转一周，滑块即从盒槽内推出一个空安瓿盒，送入传送带进行包装。

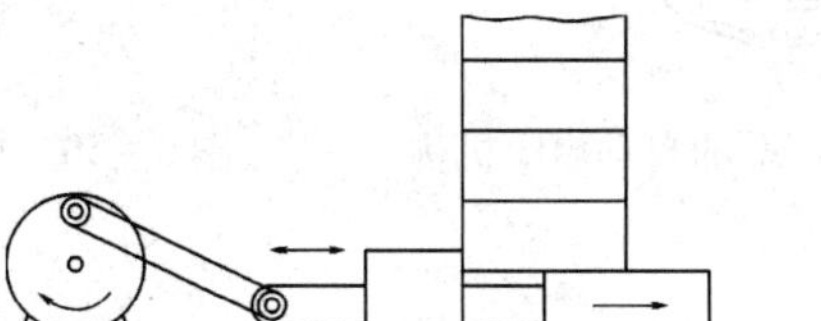

图 3－47　自动送盒装置

5. 导杆机构、摇块机构和定块机构

导杆机构、摇块机构和定块机构都可以看作是改变曲柄滑块中固定件演化而来的。

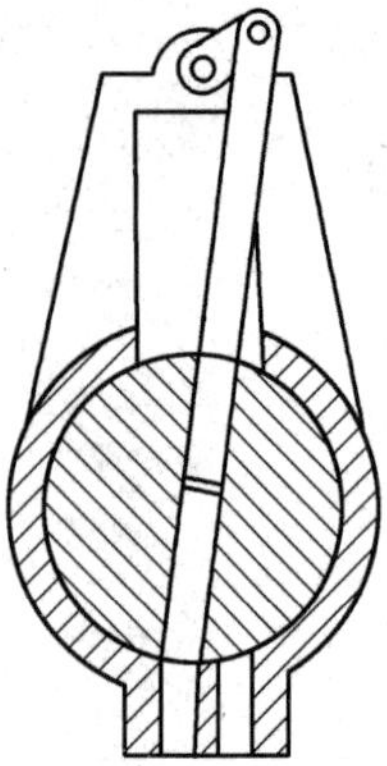

图3-48 摆动式油泵

图3-48为摆动式油泵。摇块做成圆形,仅能绕其圆心摆动。曲柄转动时,摇块的摆动正好使油孔时而对准缸体的吸液口,时而对准排液口;同时柱塞与摇块的相对运动便同步地完成吸入或压出液体的动作。

图3-49为中药提取罐底盖的自动启闭机构。向图中右边和左边的气缸通入压缩空气,推动活塞运动,迫使底盖扣合板和底盖上的连接板先后绕各自固定轴转动,可使底盖自动开启或闭合。

6.偏心轮机构

当曲轴长度较短时,通常把曲柄做成偏心轮,这样不仅可以增大轴的尺寸,提高偏心轴的强度和刚度,还便于安装,使结构简化。图3-50为单冲压片机上冲运动机构。偏心轮旋转时,带动摇杆运动,滑杆(相当于滑块)下端固定的上冲随之上下运动,即可将颗粒(药粉)制成片剂。

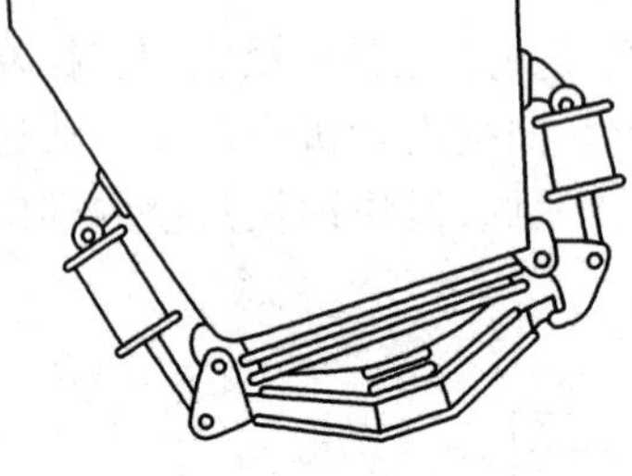

图3-49 中药提取罐底盖的自动启闭机构

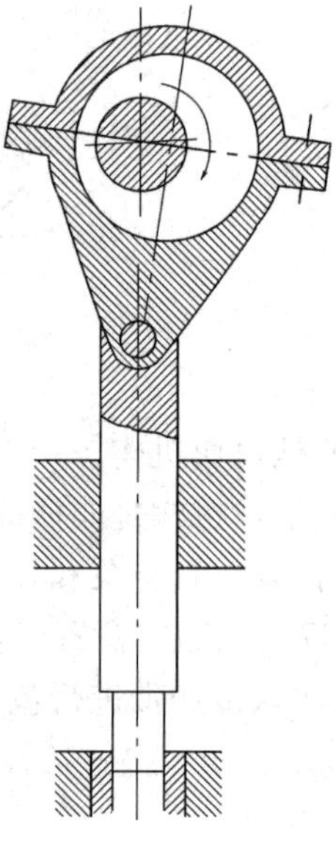

图3-50 单冲压片机上冲运动机构

二、凸轮机构

凸轮机构是由凸轮、从动件和机架组成的三构件高副机构。它是制药机械中一种使用非常广泛的机构,具有曲线轮廓或凹槽的构件,做连续等速转动,有的做往复摆动或往复直线运动。从动件通过外力(如,弹簧力、重力)作用或由凸轮特定几何结构(如,凹槽)控制与凸轮保持接触,沿着凸轮曲线按预定运动规律做直线运动或摆动。凸轮按形状可分为以下三种，图 3－51 至图 3－54 是其常见应用实例。

1. 盘形凸轮

绕固定轴转动，并具有变化半径的盘形零件。它是凸轮的最基本形式。

2. 移动凸轮

当盘形凸轮的回转中心趋于无穷远时，凸轮相对机架做直线运动。

3. 圆柱凸轮

将移动凸轮卷成圆柱体即成为圆柱凸轮。

凸轮机构的优点：①设计方便；②结构简单、紧凑。

凸轮机构的缺点：易磨损。

图 3－51 为软胶囊滴丸机控制药液（或囊材）喷出的盘形凸轮机构。图中凸轮按顺时针方向旋转，其轮廓迫使从动件——药液（或囊材）喷出泵的活塞逐渐下降，使泵中药液或囊材喷出。凸轮继续旋转，活塞下降超过最低点之后，在弹簧作用下逐渐回到起始位置。

图 3－52 为单冲压片机出片机构。图中凸轮为有一条曲线沟槽的圆盘，从动件上端的滚子插在沟槽内。凸轮转动时沟槽到主轴中心线的距离是变化的，沟槽内的滚子带着从动件上下滑动。充填颗粒阶段和压片阶段，为保持下冲固定不动，沟槽回转半径保持不变。一到出片阶段，沟槽回转半径逐渐减小，使下冲随从动杆上升，将片子从冲模内顶出。

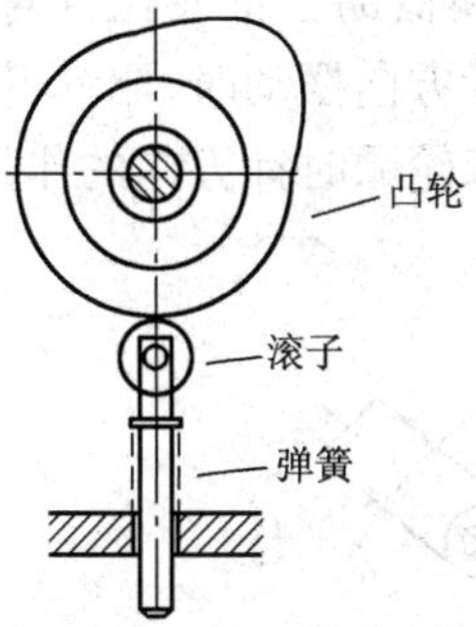

图 3－51　软胶囊滴丸机凸轮机构

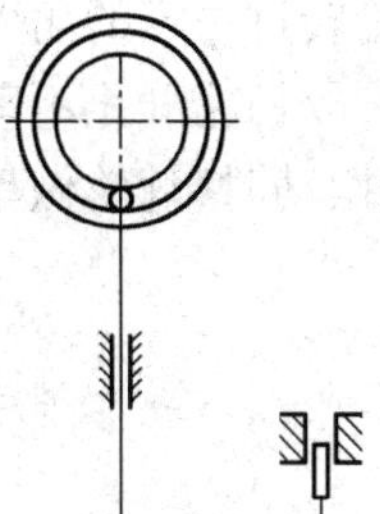

图 3－52　单冲压片机出片机构

图 3－53 为移动凸轮送料机构。有一条曲线空槽的移动凸轮，在固定导轨中上下往复移动，插在空槽内的滚子随之沿空槽斜面左右移动，滚子带动推料杆不断进行推出工件和退回原位的循环。

图 3－54 为软膏自动灌装机的软膏封口轧尾机构。当圆柱凸轮转动时，插在其沟槽内的销子带动摇杆在一定范围内摆动，同时使连在摇杆另一端的封口刀往复摆动，将位于两个封口刀之间的软管尾部轧扁，热熔封口。

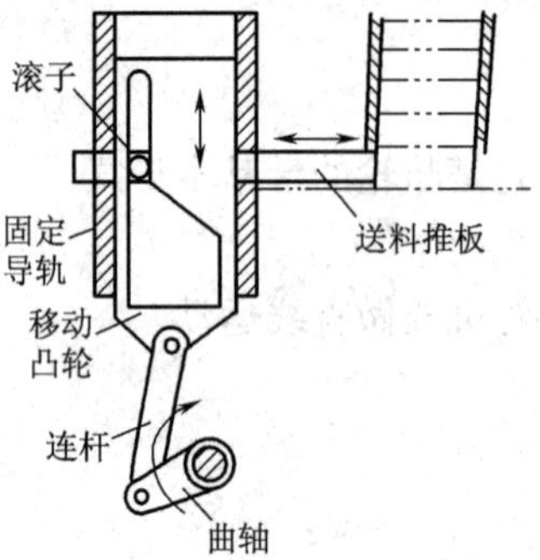

图 3－53　移动凸轮送料机构

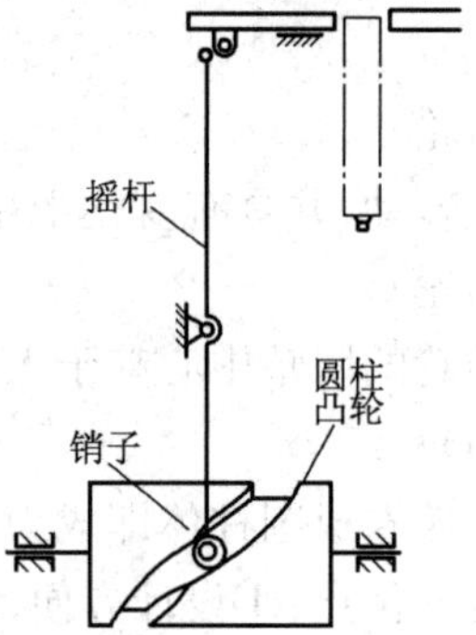

图 3－54　软膏自动灌装机的软膏封口轧尾机构

三、步进运动机构(间歇运动机构)

机械运转时需要部件动—停—动周期性地间歇运动,即在主动件连续运动时,使从动件产生周期性间歇运动,该装置称为步进运动机构或间歇运动机构。大多数称为“自动化”的机械设备都要用到它,下面列举几种常用的步进运动机构。

1. 棘轮步进机构

棘轮步进机构(图 3－55)由棘轮、棘爪和机架所组成。棘轮固定联接在机构传动轴上,其轮齿分布在轮的外缘(也可在内缘或端面),原动件空套在轴上。当原动件逆时针方向摆动时,与其相连的驱动棘爪便借助自重或弹簧插入棘轮的齿槽内,使棘轮转过一定的角度。而当原动件顺时针方向摆动时,驱动棘爪在棘轮的齿背上滑过,故棘轮静止不动。制动棘爪起阻止棘轮顺时针方向的作用,当原动件做连续往复摆动时,棘轮做单向间歇运动。

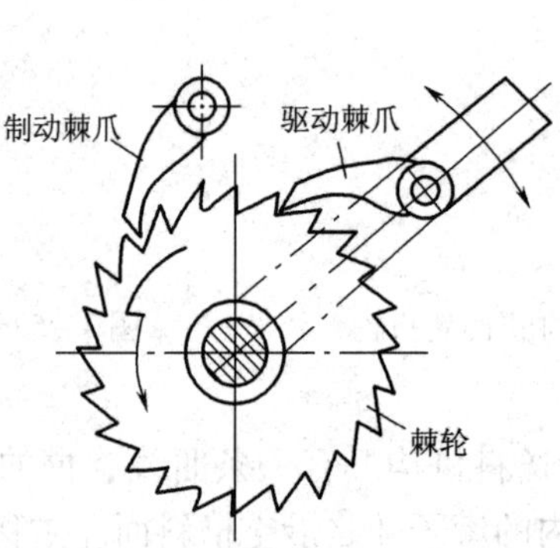

图 3－55　棘轮步进机构(外啮合)

2. 槽轮步进机构

槽轮机构又称马耳他机构或马氏机构。它是由具有径向槽的槽轮、带有圆销的拨盘和机架组成的(图3－56)。当拨盘匀速转动时,驱使槽轮做时转时停的间歇运动,拨盘和槽轮的旋转方向相反。

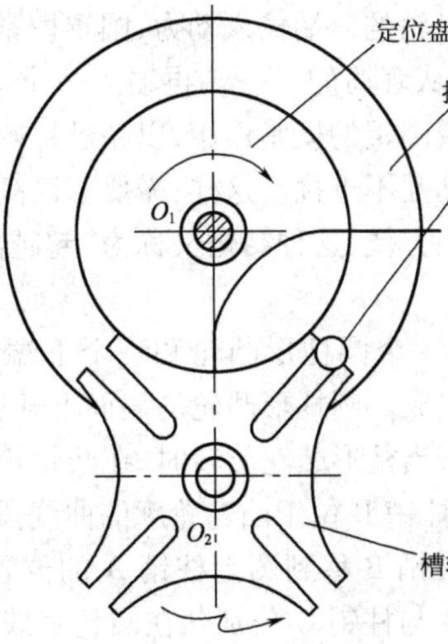

图3－56　槽轮步进机构(单销外啮合)

拨盘上常设有定位盘。定位盘上有内凹的缺口,定位盘的半径和槽轮上两槽之间的圆弧轮廓(定位弧)的半径一致。当拨盘上的圆销进入槽中,槽轮开始转动时,定位盘上的圆弧面与槽轮定位弧面即脱离接触,定位盘上的缺口保证槽轮转动不被干涉。当圆销退出槽口时,槽轮上的圆弧被定位盘上的圆弧卡住,槽轮被定位不动。

槽轮上的槽数如为 n,当拨盘转1圈时槽轮转 $1/n$ 圈。通常 n 取4～8,槽数过少其角速度变化较大,会引起较大的振动和冲击,槽数越多其直径也就需要做得越大。

3. 摩擦自锁步进机构

常用的摩擦自锁步进机构为圆辊式,其结构(图3－57)由星轮、圆辊和套筒组成。星轮上若干等分的坡状缺口,圆辊(或钢球)嵌入每个缺口中,位于星轮坡状支承面和圆形套筒的内表面之间。顺时针转动星轮,圆辊向缺口坡底滚动,圆辊内表面之间的摩擦力不足以带动套筒转动;如星轮又变为逆时针转动,则圆辊向坡顶滚动,将

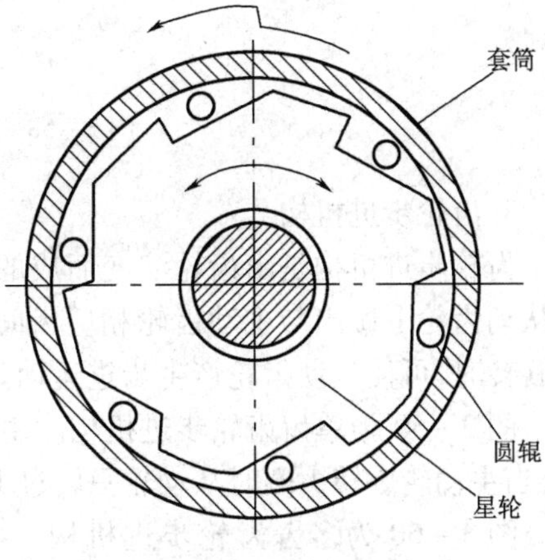

图3－57　摩擦自锁步进机构

坡状支承面和套筒内表面楔紧，随着所受压力增大其摩擦力就可以带动套筒一起转动。反之，如套筒是主动件，当它顺时针转动时不能带动星轮转动；而当它逆时针转动时，圆辊楔紧后就可以带动星轮转动。

当星轮为主动件时，由星轮的一端输入动力，圆辊楔紧后星轮带动套筒以较低的速度转动。如果此时直接从套筒的另一端再输入一个动力，驱使套筒按照原来方向高速转动，它就可能挣脱圆辊的楔紧作用，以超越星轮的速度转动。同时星轮仍然低速转动，与套筒的运动互不干扰。这样，需要套筒高速转动时就不必断开蜗杆蜗轮传动系统，转换速度很方便，这种结构又称为“超越离合器”。

4. 凸轮步进机构

凸轮步进机构通常是由一个圆柱形凸轮和一个下端面固定有一定数目的柱销、需要步进转动的转盘所组成。圆柱形凸轮的表面上开有两端有头的凹槽，转盘下的柱销嵌在凸轮的凹槽内，当柱形凸轮旋转时，在凸轮轮廓的曲线段可驱使圆盘转位。图 3－58 所示圆盘的柱销 B 位于凸轮轮廓的曲线段，即将被迫左移，带动圆盘转位。待凸轮转过 180°，柱销 B 移到图上柱销 A 的位置，由于这时凸轮轮廓由曲线段过渡到直线段，柱销 B 与柱销 C 分别贴在凸轮直线轮廓两侧，起定位作用。在凸轮继续转过 180°的时间内转盘不动，即实现间歇。柱销 B 与凸轮轮廓脱开时，间歇动作结束。当柱销 C 与凸轮轮廓的曲线段接触时，下一次转位动作开始。凸轮转一圈，转盘转过一个柱销。

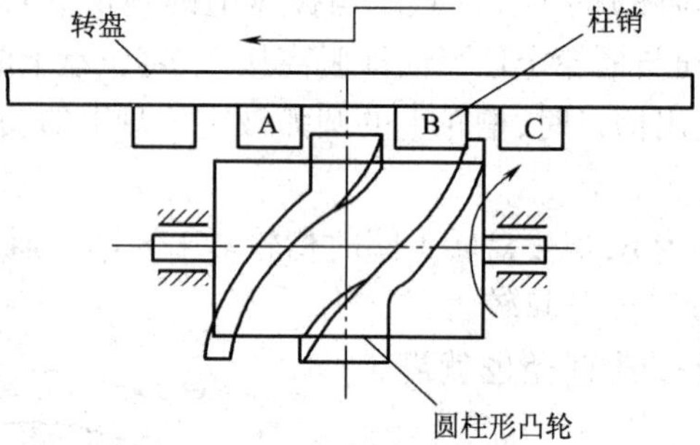

图 3－58　凸轮步进机构

5. 齿轮步进机构

齿轮步进机构是由齿轮演变而成的。在主动齿轮上只做出一个或几个轮齿，在从动齿轮上做出与主动齿轮相应齿间，形成不完全的齿轮传动。当主动齿轮连续旋转时，可使从动齿轮产生步进运动。

图 3－59 为单齿齿轮步进机构。主动轮上只有 1 个轮齿，从动轮上有 8 个齿间，当主动轮旋转 1 圈时从动轮只转过 1/8 圈。

图 3－60 为多齿齿轮步进机构。主动轮有 4 个轮齿；从动轮的圆周上有 4 个运动段，每段有 4 个齿间，每两个运动段之间为具有锁止弧的间歇段。当主动

轮旋转 1 圈时从动轮只转过 1/4 圈，其余 3/4 圈的时间从动轮处于间歇段而不转动。

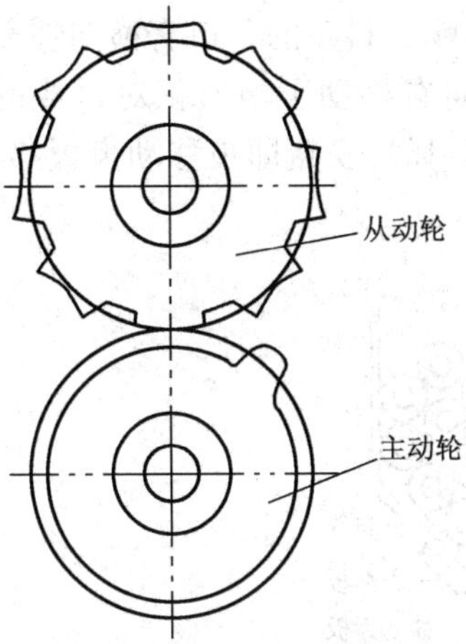

图 3－59　单齿齿轮步进机构

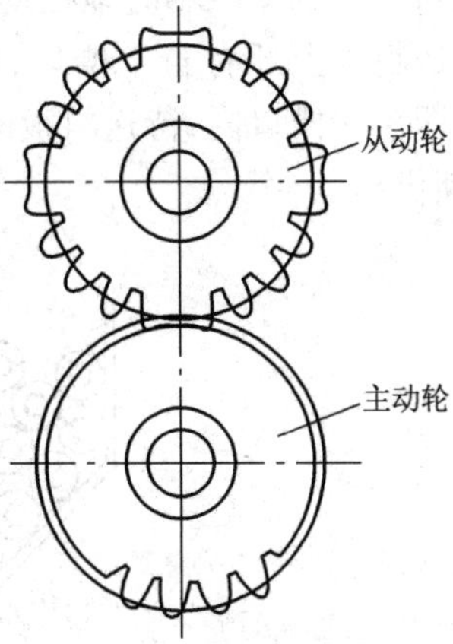

图 3－60　多齿齿轮步进机构

此外，目前有不少制药机械采用步进电机来直接达到使部件周期性地间歇运动的目的。步进电机的原理：靠单板机或其他装置控制发出脉冲的次数来调整电动机磁场的变化角度，进而严格控制电机转子线圈的旋转角度，实现步进的目的。步进电机的应用实例：①用以驱使粉针螺杆分装机的分装螺杆做步进运动灌装药粉；②用以带动蠕动泵的转子进行液体灌装；③用以拉着冲压铝盖的铝带在冲床的冲头下做步进运动。

四、传送装置

（一）安瓿传送装置

1. 齿板传送装置

由曲柄带动移动齿板做有规律的摇动，将倾斜一定角度躺在固定齿板上的安瓿顺序地向前移动，以进行药液的灌注与封口，见前文“双曲柄机构”。

2. 拨盘传送装置

灌封机拨盘装置（图 3－61）的圆形拨盘上开有凹槽，其上侧凸入进料斗的底部，当拨盘旋转时，安瓿即嵌入拨盘的凹槽内，每个凹槽嵌入一个安瓿，并随拨盘的旋转方向前进，即可不断地供出安瓿。常在料斗的一侧或两

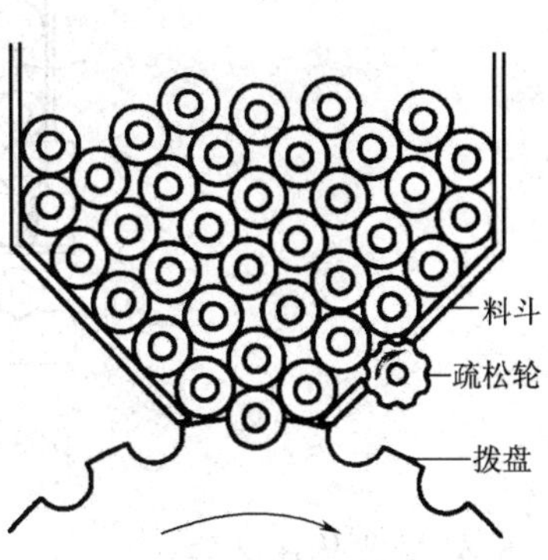

图 3－61　灌封机拨盘装置

侧装有松瓶轮,向上拨动安瓿,以使料斗内的安瓿能松动并自由下落。

3. 进料架传送装置

安瓿进料架装置(图 3－62)进料斗的左下挡板装有一个可往复运动的推瓶板,以使料斗内的安瓿不时地松动,防止下料不畅。料斗的下口有横向往复运动的送料板,送料板上部有若干槽口,每当送料板向右移动至槽口正对料斗的下料口时,安瓿即落入槽口内,待送料板向左移出下料口时,安瓿即被移动齿板移出,安瓿即可不断供出。

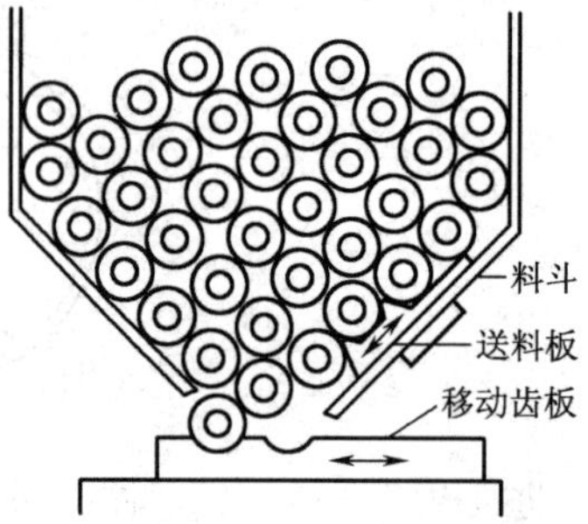

图 3－62　安瓿进料架装置

4. 滑阀式传送装置

滑阀式传送装置(图 3－63),在进料斗底部置有可通过安瓿的固定格栅,其下面有往复运动的带有槽孔的滑阀,滑阀下面又有一层固定格栅。滑阀往复运动时,滑阀的槽孔与上层固定格栅的槽孔相重合时,安瓿落入滑阀的槽孔内,但被下层格栅所限制不能掉落,待滑阀运动至其槽孔与下层格栅的槽孔相重合时,安瓿即落到接受齿板上。

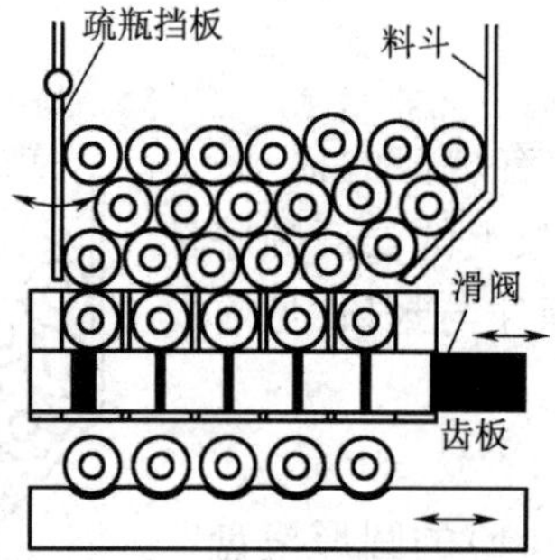

图 3－63　滑阀式传送装置

5. 转槽式传送装置

转槽式传送装置(图 3－64)的转槽位于进料斗的底部,通过传动齿条带动,可使所有的转槽做有规律的同步转动。操作时，转槽的开口转向上部，并做一些摆动以保证安瓿能充填到槽内，然后转槽旋转 180°，使安瓿落到接受齿板上。

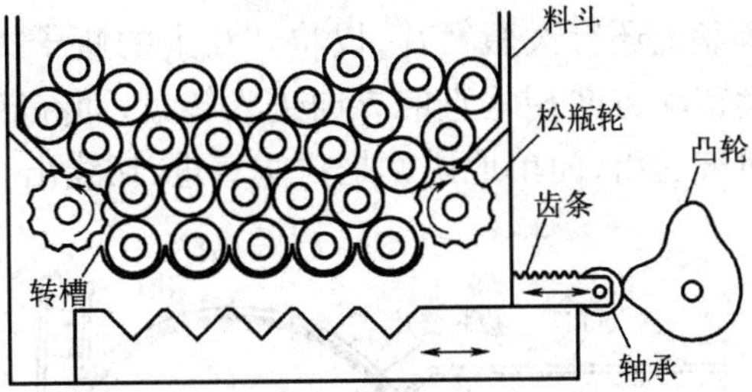

图 3－64　转槽式传送装置

（二）其他瓶类物料的传送装置

1. 皮带传送装置、链条传送装置和链板（片）传送装置

皮带和链条最早用于瓶类物料的传送，又因其构造简单，至今仍在大量使用。它们的缺点是：不易清理卫生，故多用于卫生无特殊要求的工序。为克服皮带易打滑丢转的毛病，近年广泛采用齿型同步带。为了解决清理卫生问题，又制作出链板（片）传送装置。链板（片）多由不锈钢或尼龙制成，借助销轴可将许多链板连接成坦克履带状，由链轮带动即可实现瓶类物料的输送。链板表面光滑，不易生锈，并且容易清扫。使用这三类传送装置时应注意：要得到足够的推送力，必须保证足够的长度。

2. 推板传送装置（步进式输瓶装置）

推板传送装置（图 3－65），在位于瓶底下部的两条托瓶轨中间的条缝内有若干个由推瓶板向上伸出的推脚，瓶子位于两个推脚之间。推脚将瓶子向前推送一定距离后，即随推瓶板下降到托瓶轨之下。推脚又回到原来位置时，又可接力推送后面推脚推过来的瓶子，这样就能将托瓶轨上的所有瓶子有节奏地间歇推动前进。瓶子停顿时，可对输送线上的各工位实施相应操作。原理见前面“曲柄摇杆机构”。

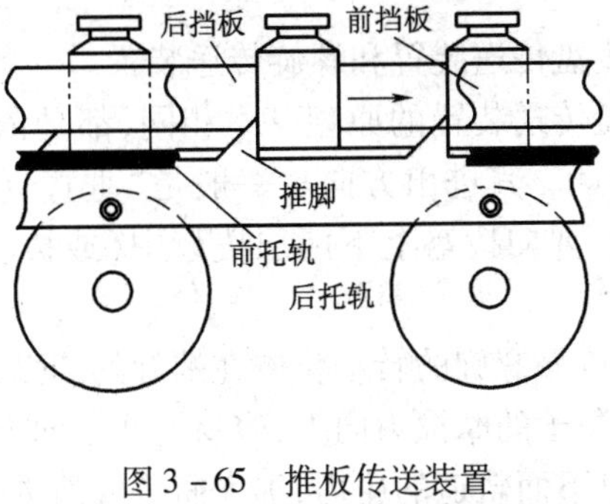

图 3－65　推板传送装置

3. 转盘传送装置

转盘传送装置(图3－66)由一个水平旋转的转盘和转盘进口、转盘出口组成。转盘及其进、出口的边缘装有挡板以防瓶子坠落,转盘出口的挡板延伸到转盘内以利于将瓶子导出。转盘上还有拨瓶簧片,以将转盘上的瓶子拨向盘边缘。瓶子在转盘进口处以与转盘转动方向相垂直的方向进入转盘,而在转盘出口处以与转盘转动方向相切的方向被送出,简单地说就是:“垂直进,切线出。”

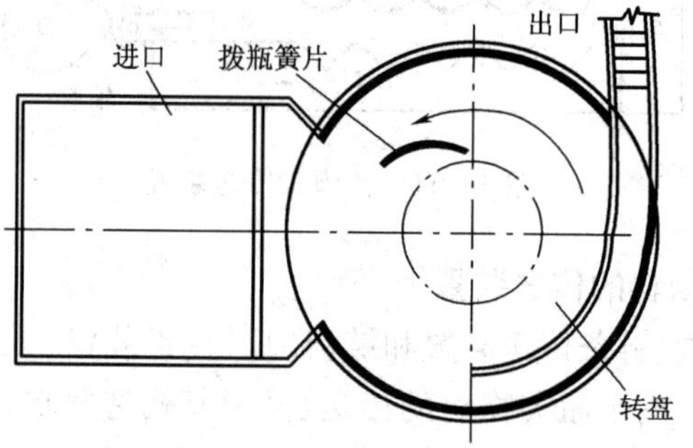

图3－66　转盘传送装置

对于转盘传送装置,要得到足够的推送力,可以增大转盘直径或移动进口位置。通常在转盘进口处配有翻盘装置,可使周转盘翻转后,将周转盘去除,盘内的瓶子瓶口向上(无论原来瓶子在盘中瓶口向下或向上)进入转盘,见图3－67。

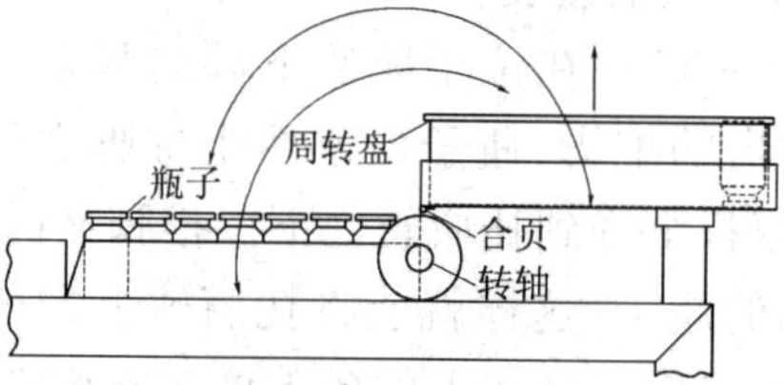

图3－67　翻盘装置

4. 拨轮传送装置、拨盘传送装置和螺旋传送装置

拨轮传送装置、拨盘传送装置的原理基本相同,都是依靠拨轮或拨盘的凹部,将瓶子逐一强制向前传送。其进出方向也一般是“垂直进,切线出”。不同的是:在拨盘(或拨轮)的出口,要向拨盘上下两层拨齿中(或拨轮下面)插入一个楔子,以便将瓶子导出。

螺旋传送装置则是依靠螺旋的转动将嵌在螺旋的圆弧状凹槽里的瓶子间歇或连续推向前进。螺旋对瓶子的摩擦力向上,容易使瓶子向上蹿出;螺旋对瓶子的摩擦力向下,则增大瓶子对下面轨道的压力,加大瓶子的前进阻力。

图 3－68 中,以上三种传送装置都有。它们的共同点是强制输送,故使用前必须调整好,以防挤碎瓶子。

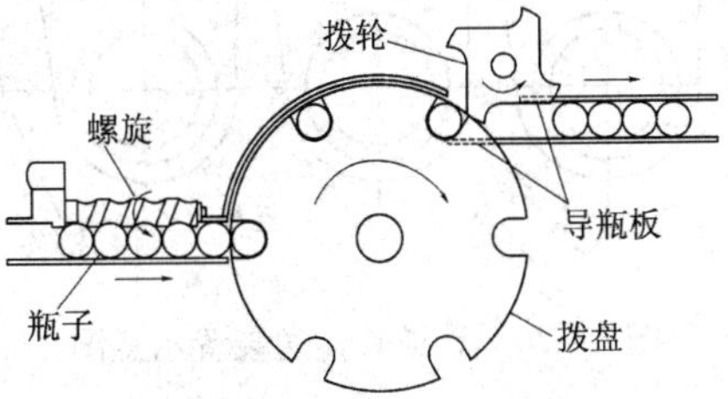

图 3－68　拨轮传送装置、拨盘传送装置和螺旋传送装置

(三)软管类物料的传送装置

1. 转盘式传送装置

图 3－69 为生产软膏剂的转盘式传送装置,圆形转盘上均匀分布一定数量的管座孔,在管座孔内分别插入管座(可根据品种更换)。通常每个管座有两个管孔,可插入两支软管。转盘由槽轮带动做间歇转动,在转动的停歇时间内进行各项工序,在每个工位可加工两支软膏。

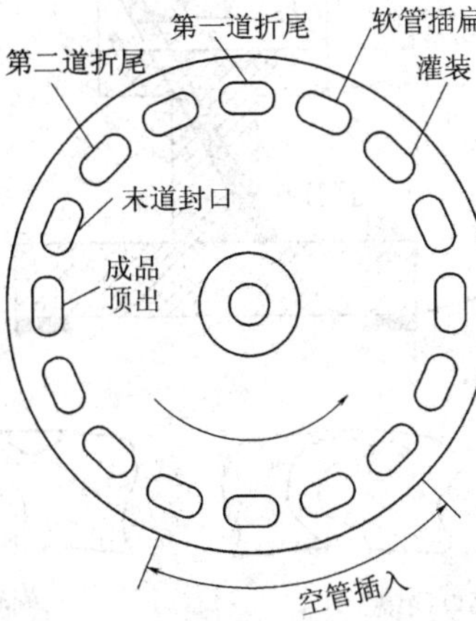

图 3－69　软膏剂转盘式传送装置

2. 管链式传送装置

管链式传送装置由套筒滚子链和托杯组成,托杯内放着支承软管的管座。图 3－70 所示为一段管链式传送装置的侧面示意图。每个托杯的两个支脚同时被上下两链条固定。链条间歇前进,可以在间歇时间内进行各工序操作。

(四)铝盖和胶塞传送装置

1. 铝盖传送装置

粉针剂(包括冻干剂)和输液剂密封用的铝盖,多数采用振动送料器

(图 3 - 71)将其整理成全部口朝下,排成队输送到滑槽里滑下,再扣到瓶子上。

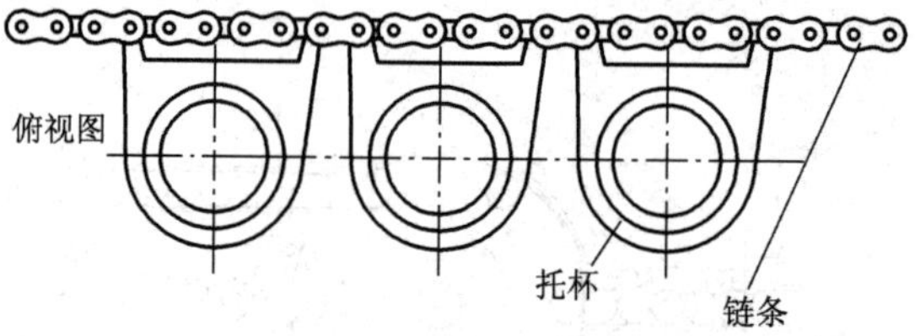

图 3 - 70　管链式传送装置示意图

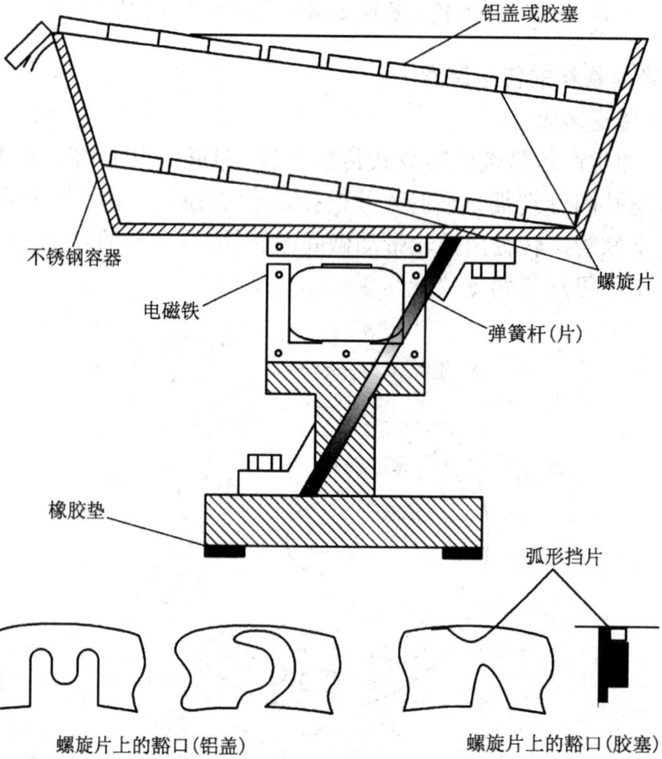

图 3 - 71　振动送料器

振动送料器的上部是个圆锥形或圆柱形的不锈钢料斗,其周边固定着宽度和铝盖外径差不多的不锈钢螺旋片,螺旋片的出口接滑槽。料斗的底部有一块由硅钢片叠成的衔铁,它下面是一个绕有线圈的硅钢片铁芯。将交流电经二极管整流后通入线圈,就可以使料斗产生有规律的振动。可用调压器改变输入电压或变动铁芯与衔铁的间距以调节振动幅度。

料斗下面有 3 ~6 根按同一旋转方向倾斜安装的弹簧杆(片)支撑着(为便于理解原理,图上只画了一根)。

当衔铁被吸引时，弹簧杆（片）的上端被迫向斜下方移动，使整个料斗呈螺旋状下降，电磁作用很快，虽然摩擦力很小，铝盖由于惯性留在原地，但是螺旋片的快速后撤可以使铝盖相对前移。当衔铁不被吸引时，弹簧杆（片）的上端因弹性向斜上方移动，使整个料斗呈螺旋状上升，弹性作用较慢，又有摩擦力可借，可以将铝盖向上向前推送。

在螺旋片上做出几个形状如图中所示的豁口，就可以让口朝下的铝盖掉下去，将口朝上的铝盖一个接一个地送入滑槽内。滑槽逐渐弯曲，里面的铝盖转为口朝下，滑槽下口两边各有一个弯向中间的弹簧片，可阻止铝盖自动下滑。瓶子从滑槽下口经过时，瓶子顶部可以碰撞滑槽最下面一个铝盖（处于倾斜状态）的内边，克服弹簧片的阻力，将铝盖带出，扣在瓶子上。

2. 胶塞传送装置

粉针剂（包括冻干剂）密封用的胶塞，也多采用振动送料器将其整理成全部平面朝下（需改变螺旋片上豁口形状），排成队输送到胶塞滑槽里滑下，滑槽下口的盖塞装置可将胶塞扣到瓶子上。常见的盖塞装置有机械式和真空式两种。

（1）机械盖塞装置　机械盖塞装置（图 3－72）将胶塞平面由竖直变为水平——俗称“磕头”，它靠着两个挡片防止扣塞过程中胶塞自动下落，当胶塞即将扣到瓶子上时，一个锥形顶尖正好插入两个挡片中间的缝隙中，迫使它们向两边分开，避免它们妨碍盖塞操作，胶塞盖好之后它们又可以借助弹簧恢复原位。

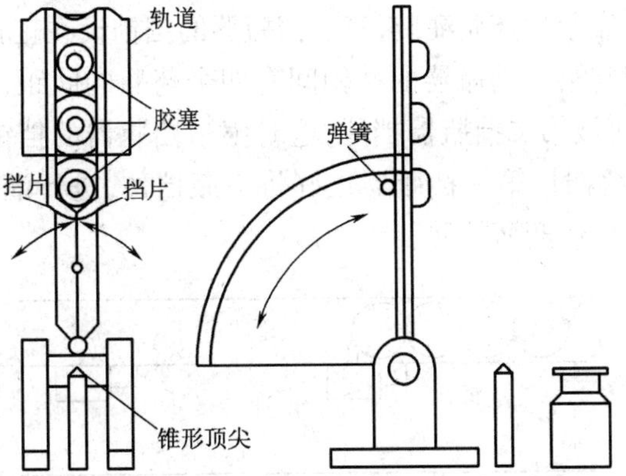

图 3－72　机械盖塞装置

（2）真空盖塞装置　真空盖塞装置是在要扣下的胶塞后面接通真空，并用凸轮控制真空的通断，以保证胶塞能准确无误地在瓶子上盖好。

（五）瓶子的定位装置

为了使药物等准确装入瓶内或准确对瓶子实施贴签等操作，需要能使瓶子定位的装置。

1. 拨盘传送的定位装置

在拨盘传送的定位装置(图 3－73)的旁边安装一个弹簧片,它可与拨盘上面的“V”形拨槽相结合,可以对拨槽内的瓶子实施定位。

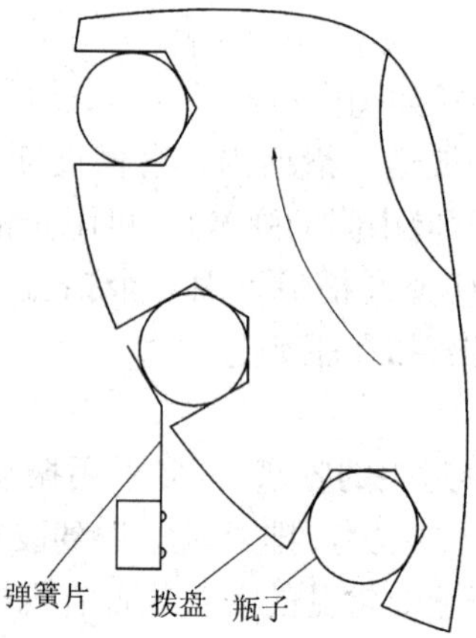

图 3－73　拨盘传送的定位装置

2. 挡瓶器

如图 3－74 所示,在连续前进的传送带的侧面设置两个电磁挡瓶器。控制挡瓶器内的电磁铁可使其中的挡销伸出或缩回,起到挡瓶或放行的作用。设同时有四个灌装头对四个靠紧的药瓶灌装,第一挡瓶器的挡销设在正在灌装药瓶的右侧,第二挡瓶器的挡销与第一挡瓶器的挡销间有四个药瓶的间距,灌装后第一挡瓶器挡销缩回放行,药瓶被第二挡瓶器挡住,这时第一挡瓶器的挡销恰好能伸出,第二挡瓶器挡销缩回放行时,第一挡瓶器正好将空瓶挡住,进行灌装,如此循环操作。挡瓶器适用于带式传送药瓶的灌装。

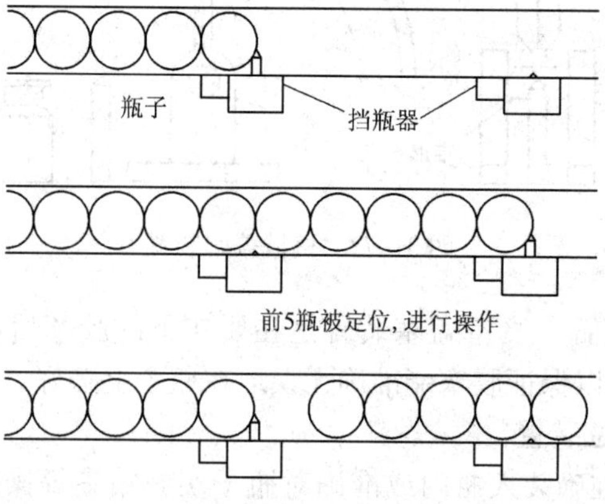

图 3－74　挡瓶器

3. 夹板定位器

夹板定位器是利用一侧开有若干个“V”形凹槽的夹板，将瓶子定位的装置。夹板还可防止瓶子移动或转动，以利于旋盖、贴标签、打批号等用力较大的操作。图 3－75 中 b 的定位作用显然优于 a。

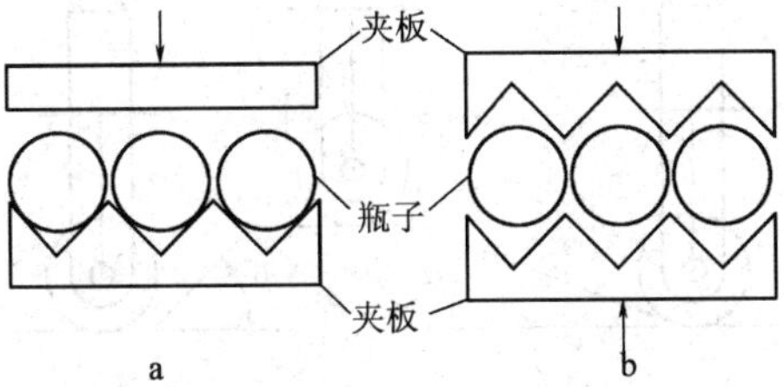

图 3－75　夹板定位器

(六) 瓶子的升降装置

为了使瓶子准确上升或下降到规定的位置，常用如下几种升降装置。

1. 凸轮升降装置

在凸轮从动杆上装上瓶托，就可以使瓶子上升到规定位置，在从动杆与机器底板之间装一个弹簧又可以帮助瓶子回到原来的高度。

2. 压缩空气升降装置

混合式升降装置如图 3－76 所示，压缩空气升降装置活塞上下各有空气的进出管。空气从活塞下面通入时，活塞上面的排气管打开，活塞带动瓶子上升；压缩空气通入活塞上面时，活塞下面的排气管打开，活塞带动瓶子下降。因为有压缩空气缓冲，在出现故障时不容易挤坏瓶子。

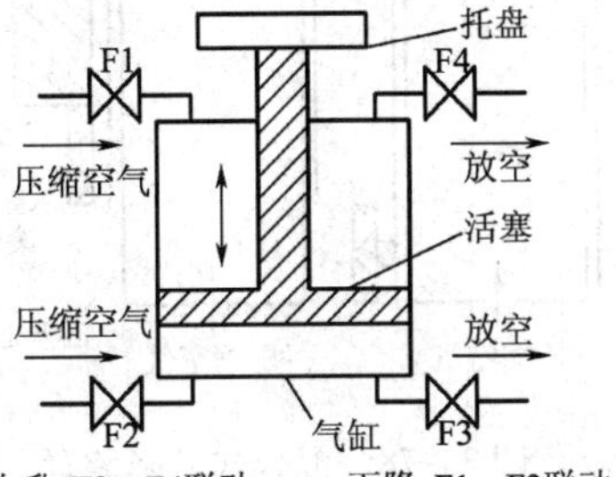

图 3－76　压缩空气升降装置

3. 滑道升降装置

在灌装机圆形转盘底部装有滑道，瓶托底部有滚轮，根据滑道的位置可使瓶托上升或下降，如图 3－77 所示，药瓶行程的最高点能够使瓶口紧压在灌装头，其最低点又能使瓶口离开灌装头，不妨碍其行进。为避免滑道受力过大，滑道上坡倾角

$\alpha \leqslant 30°$；为使瓶托较快下降，滑道下坡倾角β可稍大，但$\beta \leqslant 70°$。与凸轮升降装置相同，也是强制瓶子上升，在出现故障时会把瓶子挤坏。

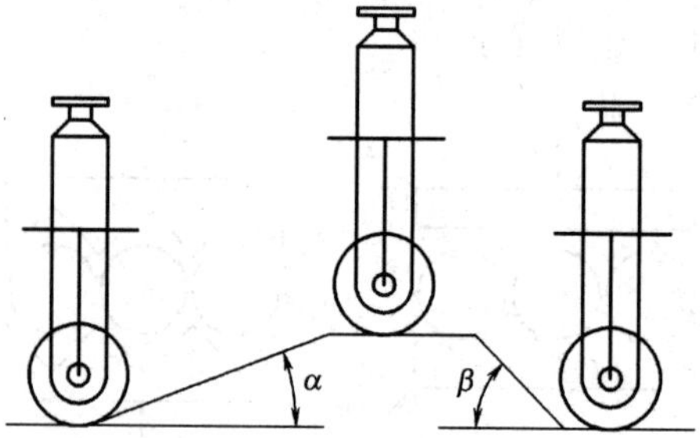

图 3－77　滑道升降装置图

4. 混合式升降装置

混合式升降装置如图 3－78 所示，压缩空气进入混合升降装置的活塞芯子，又经活塞芯子进入活塞筒体，使活塞筒体带动瓶子上升。然后，活塞筒体下侧滚轮进入转盘的下降滑道，活塞筒体被强制下降，同时由活塞芯子下部排气，使瓶子下降到规定位置。这时，滚轮脱离滑道。这种升降装置在下降时比较平稳，但结构较复杂。

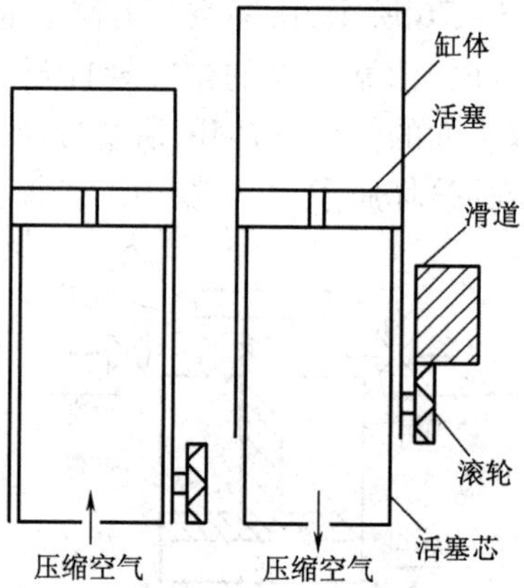

图 3－78　混合式升降装置

【思考题】

1. 四杆机构及其演化有哪些常见形式？凸轮机构按形状可分为哪几种？
2. 我们学过的四种传动机构都各有哪些优缺点？
3. 画出单销外啮合槽轮步进机构、凸轮步进机构和摩擦自锁步进机构示意图。
4. 叙述所学各种步进机构的原理。

5. 常见的安瓿、其他瓶类物料及软管类物料的传送装置各有哪几种?

6. 叙述铝盖振动送料器和机械盖塞装置的原理。

7. 常见的瓶类物料的定位装置和升降装置各有哪几种? 画出凸轮升降装置示意图。

第四章　液体输送设备

【学习目标】

1. 掌握离心泵的结构、工作原理。
2. 熟悉泵基本术语。
3. 会正确操作离心泵。

在制药生产过程中由于输送的物料性质各不相同,如有高黏度的、有强腐蚀性的、有易燃易爆的或含固体悬浮物的等,而且要求的流量及扬程又不相同,因而有不同结构和特性的输送机械。因此,制药企业经常要用到各种形式的泵,泵是制药企业最常见的通用设备之一。按工作原理不同,泵通常可分为三类:

(1)叶片式泵　利用叶轮上的叶片推动力输送液体,如,离心泵、轴流泵、旋涡泵等。

(2)容积式泵　利用泵的活塞或转子在往复或旋转运动产生工作室周期性变化,将液体吸入和压出,如,往复泵、齿轮泵等。

(3)其他泵　利用流体能量输送液体的喷射泵。

第一节　离心泵

一、离心泵的结构和工作原理

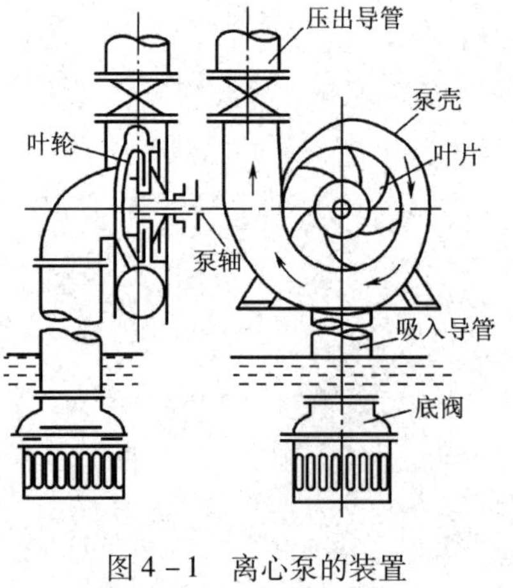

图 4-1　离心泵的装置

离心泵(图 4-1)是利用高速旋转的叶轮使液体获得离心力,离心力再转变成动能和静压能,将液体吸入和排出泵体。

离心泵主要部件有叶轮和泵壳(又称蜗壳)。叶轮上一般有 6~12 片叶片,叶片之间即形成了液体的通道,当泵内灌满液体并被启动之后,通道内的液体被迫随着叶轮旋转。在离心力的作用下,液体由叶轮的内圈被甩向外围,由径向排入泵壳。泵壳的内部为一个逐渐扩大的蜗形通道,液体通过这段通道时流速降低,相当一部分能量转变为静压能，提高了液体的出口压强，同时又减少了液体因流速过大而引起的在泵体内的能量损失。液体被压出泵的排液口，经泵外面的管路送往高处。在叶轮内的液体被甩出的同时，叶轮进口处就形成一个相对负压，液体又陆续不断地由轴向被吸入叶轮，以保证液体的连续输送。

离心泵内如有气体，因气体的密度远小于液体的密度，产生的离心力很小，不能形成足够的相对负压，液体就不能吸入泵内，因此，被吸液面低于离心泵的吸入管时，吸入管应装置底阀（通常是一个带滤网的止回阀，以防止或减少泵内液体的泄漏），同时在泵的出口管上还应设液体注入口，以便能在泵启动前向泵内灌满液体，排除泵内存留的气体。离心泵布置管路如图4－2所示。

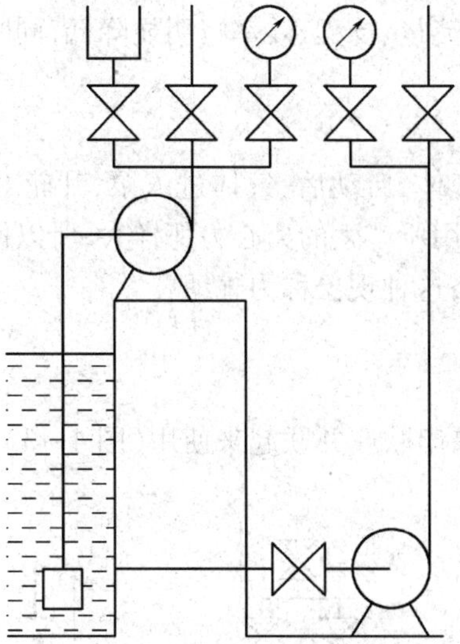

图4－2　离心泵布置管路

离心泵的规格与型号较多，要正确选择符合使用要求的规格型号就应该了解泵的各项性能。离心泵的主要性能指标包括：

1. 流量 $V(Q)$

离心泵的流量指泵在单位时间内抽吸或排出液体的体积，一般以 m^3/h 或 L/s 表示。

2. 泵的扬程 H

泵的扬程（压头）指输送单位重量液体由泵进口至出口的能量增加值，其单位为 m 液柱。离心泵的扬程与泵的结构、转速及流量有关。对给定的泵，一定转速下，扬程与流量有关，它们的关系通常通过实验来测定。一般而言，泵的流量增加，其扬程下降。

3. 离心泵的轴功率 N 与效率 η

泵的轴功率 N 指该泵输送一定流量及扬程的液体时泵轴所需要的功率，即直接传动时由电机传递到泵轴上的功率。由于泵在运转中的泄漏、摩擦等原因,液体由泵获得的有效功率 N_e 要小于泵的轴功率 N。泵的有效功率与泵的轴功率的比值为泵的效率 η,$\eta = N_e/N$。离心泵的效率与流量有关。离心泵的效率在0.6~0.8。

二、离心泵运行中应避免出现的现象

1. 汽蚀

当离心泵从一个低于泵体的贮槽吸入液体时,离心泵入口处产生一定的真空,如果泵入口处的压力低于液体的饱和蒸汽压时,液体就产生气泡并很快膨胀、扩大,并随液体在压力较高的地方又迅速凝缩、溃灭,此时泵体受到冲击而发生振动或噪声,叶轮受到冲击而受到侵蚀。这个现象称为汽蚀。

离心泵产生汽蚀时,流量、扬程、效率将明显降低,同时伴有噪声增大和泵的剧烈振动。

2. 气缚

离心泵吸入管若有气体,启动后,气体进入泵,叶轮对气体的作用所产生的离心力,不能像对液体的作用所产生的离心力那样大,所以使叶轮中心处的真空度大大下降,液体就吸不上来,这种现象称为气缚。

三、离心泵运行

生产时经常需要将泵串联或并联起来使用(图4-3)。

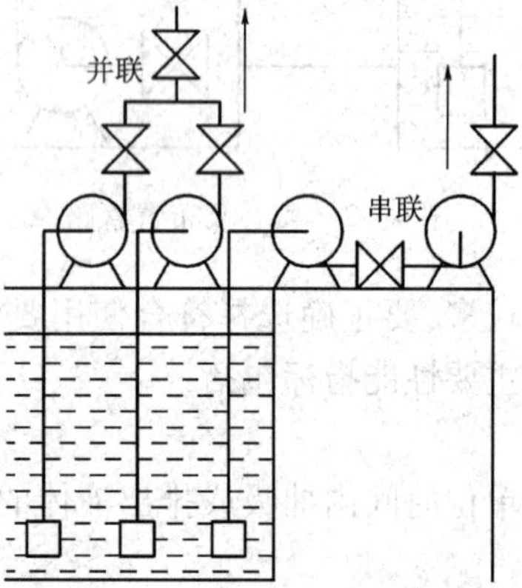

图4-3 离心泵运行示意图

并联:需要加大流量又想使用原泵时采用,两泵将液体经同一管道送到使用地点。

串联:在需要增大压头又想使用原泵时采用,对同一管路来讲,不仅增大了压头,流量也有所增加。

1. 启动

(1)检查离心泵的各连接螺栓及地脚螺栓有无松动现象。

(2)检查离心泵及其管路的各连接部位有无泄漏情况。

(3)检查润滑油油位是否正常。

(4)手动盘车,应无摩擦或时松时紧现象,泵内应无杂音。

(5)灌泵,打开进口阀及出口阀,灌泵时应缓慢盘车,以排出叶轮及蜗壳的气体;拧开泵壳上放气孔的丝堵,看到有水流出后再重新拧上。

(6)关闭出口阀,将进口阀开到最大流量。

(7)关闭压力表阀。

(8)点动检查泵旋向。

(9)按下电源开关启动,将泵口阀门缓慢打开。

2. 运行

(1)泵运行中,随时检查轴承温度。

(2)检查有无泄漏情况。

(3)检查有无振动和杂音。

(4)检查压力表压力。

3. 停泵

(1)先关闭压力表阀,关闭出口阀。

(2)切断电源,打开排污阀。

4. 注意事项

(1)每班使用前,点动离心泵,确认无异常声响。

(2)定时巡检一次,确认离心泵运行正常。

(3)严禁在泵运转时进行维修、触动转动部位。

(4)严禁湿手接触电源开关,严禁用湿毛巾擦拭电器部分,严禁跨越设备。

IH 离心泵见图 4－4。

图 4－4　IH 离心泵

1—进口　2—出口　3—加油口　4—联轴器防护罩　5—防爆电机　6—基座　7—泵体

离心式卫生泵见图 4 - 5。

图 4 - 5　离心式卫生泵

四、常见故障及处理方法

常见故障及处理方法见表 4 - 1。

表 4 - 1　常见故障及处理方法

故障类型	故障原因	解决办法
出口压力小	1. 电动机反转 2. 进口阀门难以开启	1. 任意对调两根火线 2. 修理或更换进口阀门
无液体排出	1. 没有灌泵 2. 发生气缚 3. 进口门关闭 4. 吸入管路漏入空气	1. 重新灌泵 2. 排气,将吸入管路灌满液体 3. 开启进口阀 4. 拧紧松动的螺栓或更换密封垫
运转声音异常	1. 异物进入泵壳 2. 叶轮锁母脱落 3. 叶轮与泵壳摩擦 4. 轴承损坏 5. 填料压盖与轴或轴套摩擦	1. 清除异物 2. 重新拧紧或更换叶轮锁母 3. 调整泵盖密封垫厚度或调整轴承压盖垫片厚度 4. 更换轴承 5. 对称均匀地拧紧填料压盖
泵体振动	1. 联轴器找正不良 2. 吸液部分有空气进入 3. 轴承间隙过大 4. 轴弯曲 5. 叶轮磨损、腐蚀后转子不平衡 6. 地脚螺栓松动	1. 找正联轴器 2. 紧固螺栓或更换密封垫 3. 更换或调整轴承 4. 校直泵轴 5. 更换叶轮 6. 紧固螺栓

续表

故障类型	故障原因	解决办法
轴承过热	1. 中心线偏移 2. 缺油或油中杂质过多 3. 轴承损坏 4. 泵体轴承孔磨损，轴承外圈产生转动，有摩擦热产生 5. 轴承压盖压得过紧，轴承内没有间隙	1. 找正 2. 清洗轴承，更换润滑油 3. 更换轴承 4. 更换泵体或修复轴承孔 5. 增加垫片厚度
填料密封泄漏过大	1. 填料没有装够应有的圈数 2. 填料的装填方法不正确 3. 填料压盖没有压紧	1. 加充填料 2. 重新装填料 3. 拧紧压盖螺母
机械密封泄漏过大	1. 弹簧压力不足 2. 密封面划伤 3. 密封元件材质选用不当	1. 调整或更换弹簧 2. 研磨密封面 3. 更换耐蚀性能更好的材质
密封垫泄漏	1. 紧固螺栓没有拧紧 2. 密封垫断裂 3. 密封面有径向划痕	1. 适当拧紧紧固螺栓 2. 更换密封垫 3. 修复密封面或予以更换
电流过大	1. 填料压盖太紧 2. 泵轴向蹿量过大，叶轮与泵入口密封环发生摩擦 3. 中心线偏移 4. 零件卡住	1. 调整填料压盖的松紧度 2. 调整轴向蹿量 3. 找正中心线 4. 检查修理

第二节　其他常见的泵

一、旋涡泵

1. 旋涡泵的构造

旋涡泵（图 4－6）主要由叶轮和与叶轮呈同心圆的泵壳组成。叶轮是个圆盘，周边铣有凹槽，呈辐射状排列，叶轮与泵体间有截面积不变的环形通道，通道的一端与吸入口相连，另一端与压出口相连。吸入口与压出口在泵的上方两侧，其间有一隔板，用以分隔吸入口与压出口。隔板与叶轮之间的间隙很小，一般为 0.15～0.3mm。

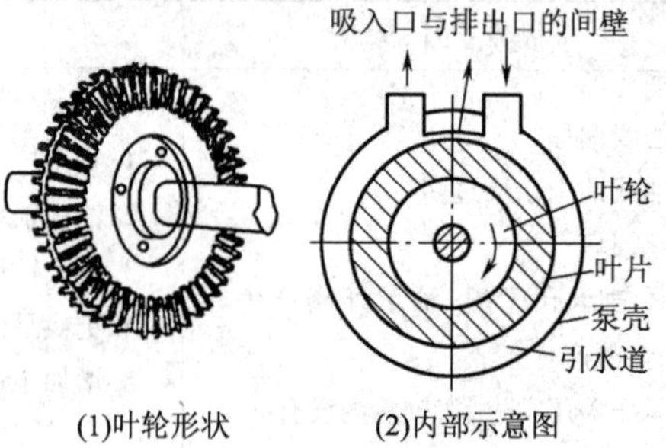

图4-6 旋涡泵示意图

2. 旋涡泵的工作原理

旋涡泵的工作原理和离心泵相似，也是基于离心力的作用。当叶轮高速旋转时，液体在离心力的作用下，自叶轮外缘甩出，但由于流道不大，又呈螺旋状卷回叶轮外缘，这样连续下去，液体在流道内就形成了旋涡运动，故名旋涡泵。

液体每经过一次由叶片甩出，能量就增加一次。这样，液体由吸入口至排出口经过多次的叶轮凹槽和流道之间反复运动，而获得了较高的静压能，单个叶轮就起到类似多级离心泵的作用。所以在同样转速和叶轮大小的情况下，旋涡泵的扬程比离心泵高得多。

3. 旋涡泵的性能特点（与离心泵相比）

（1）扬程较高，流量较小。在同样大小的叶轮和转速下，其扬程比离心泵高2～4倍，可达100m左右，而流量通常 $<20m^3/h$。适用于小流量高扬程的场合。

（2）结构较简单。其结构简单、紧凑，加工制造较容易。叶轮、泵壳等都可用耐腐蚀材料（如用耐酸不锈钢、工程塑料、玻璃钢等）制作，做成耐腐蚀泵。

（3）效率较低。液体在泵内能量损失较多，故其效率一般不超过45%。

（4）不宜输送黏度较大的液体或含有固体的悬浮液。

二、往复泵

1. 往复泵的构造和工作原理

往复泵由泵体（包括液缸）、活塞（或柱塞）、吸入阀和排出阀等构成。活塞在液缸内做往复运动。如图4-7所示为单作用泵，活塞右移时，泵内形成负压，排出阀被下压而关闭，吸入阀被泵外液体推开，液体经吸入阀进入泵内；活塞左移时，泵内液体向下压，关闭吸入阀，向上顶开排出阀，液体经排出阀排出泵外。为稳定流量常用双作用泵或差动泵。活塞移动的距离称为冲程，活塞一往一复称为一次循环。

双作用泵和差动泵见图4-8，图4-9。

2. 往复泵的安装

往复泵一般用于要求排出压力高而排液量较小的场合。往复泵（通常是柱塞

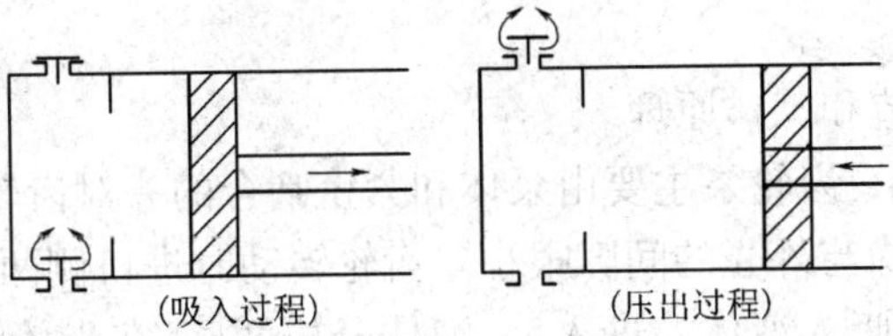

图 4－7　单作用泵

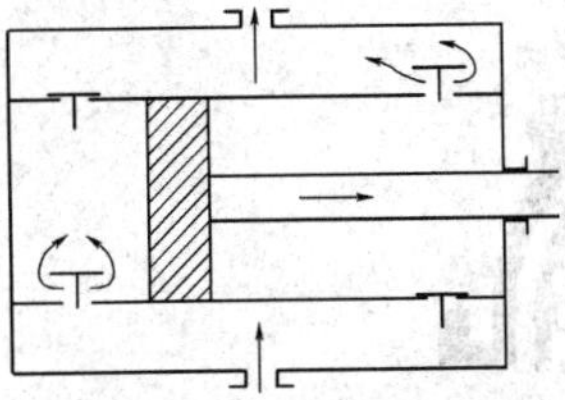

图 4－8　双作用泵

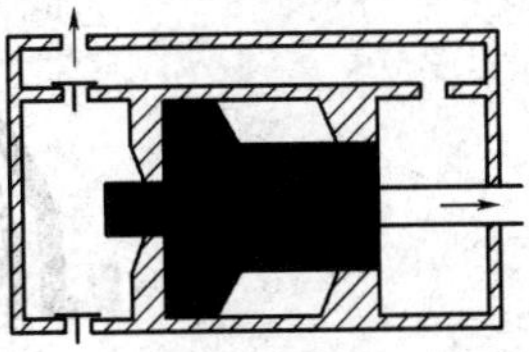

图 4－9　差动泵

泵)可作为计量泵,通过传动调节机构而改变柱塞的冲程,从而调节排液量。多缸计量泵是用一台电机驱动两个以上的液缸,不仅能使每个液缸流量固定,还能使几种液体按比例输送。

图 4－10 所示为往复泵管路安装图。为防止停泵时物料倒冲,一般在排出截止阀之前安装止逆阀(停泵后应及时关闭截止阀,以免止逆阀长期受力);并在排出管上设安全阀,防止因超压发生事故。往复泵流量调节可采用回流支路的方法,使部分液体回流至吸入管。

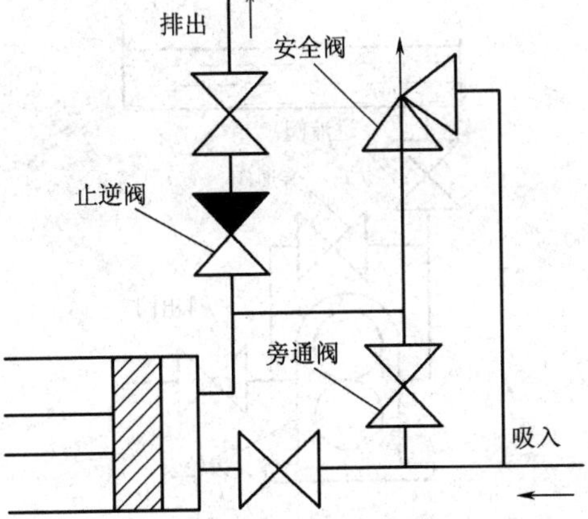

图 4－10　往复泵管路安装图

三、齿轮泵

1. 齿轮泵的构造和工作原理

如图4－11所示，齿轮泵主要由泵体和紧密啮合的一对齿轮（其中一个是主动轮）组成，齿轮的外缘与外壳的间隙很小。齿轮转动时进口侧两轮的啮合齿相互拨开，形成局部负压而吸入液体。进入后，液体分成两路，在齿轮与泵壳的空隙中被齿轮推着前进，压送到出口，形成高压排出。齿轮泵内都设有安全阀，它由弹簧顶着，当排出压强过高时，高压液体可自动打开安全阀返回吸入口。

图4－11　齿轮泵示意图

图4－12为齿轮泵管路安装图。齿轮泵启动时其出口阀门应先开启，依靠旁路阀门调节流量。齿轮泵的允许吸上高度较小，因此一般装液面之下为宜。

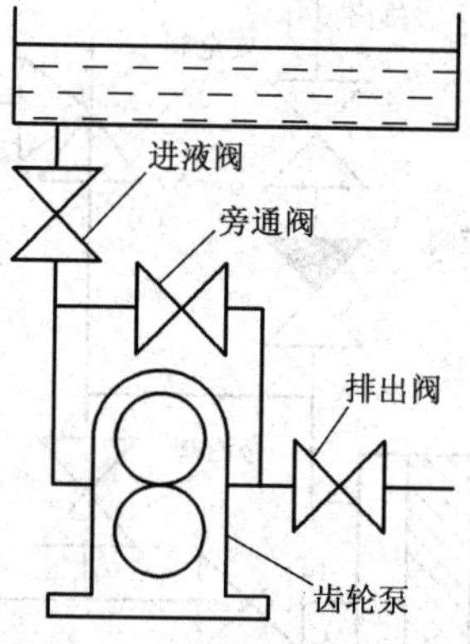

图4－12　齿轮泵管路安装图

2. 齿轮泵的特点

(1)结构简单、紧凑、体积小，操作可靠，管理使用方便，可与电动机直接相连。

(2)流量与往复泵一样仅与转子转速有关，几乎不随压强而改变，且较往复泵更均匀。

(3)产生的液压较高而流量较小。

(4)适宜输送黏度大的液体(如，油类)。

(5)由于缝隙较小，不宜输送含有固体的悬浮液。

四、螺杆泵

1. 螺杆泵的构造和工作原理

螺杆泵(图 4－13)主要由泵壳与一个或一个以上螺杆所构成。螺杆在具有内螺旋的泵壳中转动，将液体沿轴向推进，最后挤压至排出口而排出。

2. 螺杆泵的特点

(1)无噪声，无振动，流量均匀，效率比齿轮泵高。

(2)螺杆转速高时出口压强可达 17.5MPa。

(3)泵壳内衬硬橡胶，可输送悬浮液。

(4)适用于在高压下输送黏稠液体。

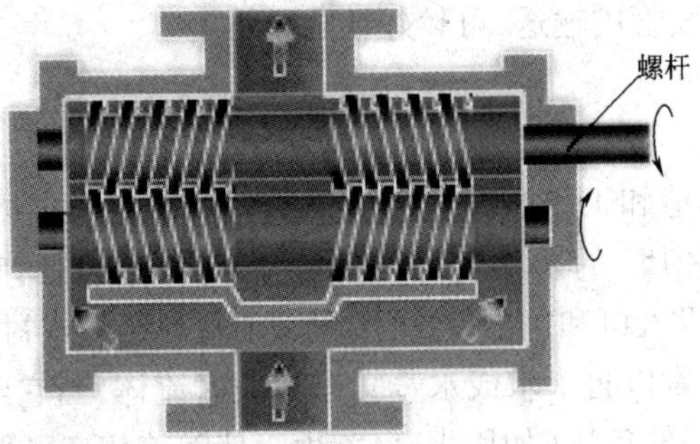

图 4－13　双螺杆泵示意图

五、蠕动泵

1. 蠕动泵构造和工作原理

蠕动泵(图 4－14)主要由一个中心主动滚轮外接若干个等距离从动滚轮和若干条贴在压板弧面上的硅胶管所组成。为达到精确输送的目的，现多采用步进电机为动力。步进电机驱使主动滚轮转动，由于摩擦力的作用，主动滚轮又带动各从动滚轮陆续从硅胶管上面滚压而过，把硅胶管内的流体一股一股地挤出泵外。

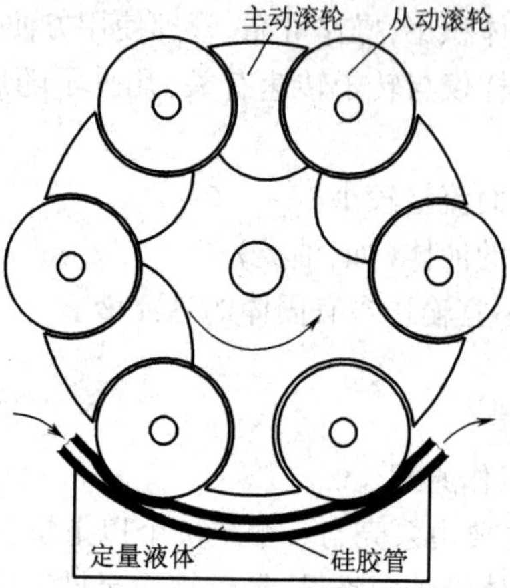

图 4－14　蠕动泵示意图

2. 蠕动泵的特点

(1)体积小,重量轻,使用方便,无噪声。

(2)可定时定量,正反双向输送液体和气体。

(3)流量精确恒定,连续可调,可按比例自动配液。

(4)流体在硅胶管内输送,可较好地防止污染。

六、喷射泵

1. 喷射泵的构造和工作原理

喷射泵(图 4－15)的泵体内无活动部分,其构造包括:喷射流体管、喷嘴(喉部)、吸入流体管、吸入口和排出口,可用耐腐蚀材料制作或衬以抗腐蚀材料。输送液体用的喷射泵通常以自来水或水蒸气作为喷射流体,当它经喷嘴(喉部)高速喷出时,由于形成了局部负压(如用水蒸气,由于伴随着相变可形成较大的体积变化,因而产生更大的负压),就可以把需要输送的流体吸入并带出喷射泵。

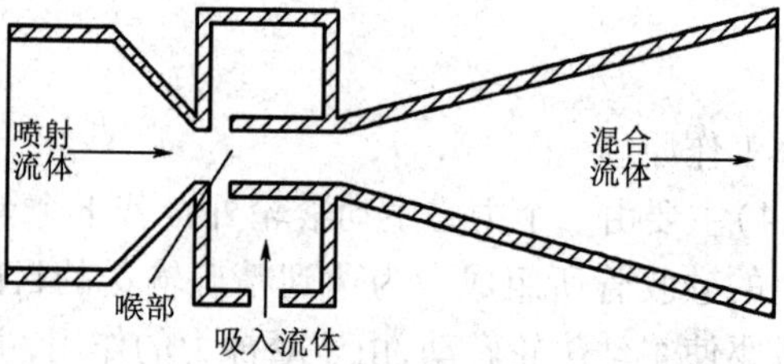

图 4－15　喷射泵示意图

2. 喷射泵的特点

(1)构造简单,几乎不用维修。

(2)效率很低,为10% ~25%。

(3)用于液体加热、气体吸收等场合。

(4)在喷射流体和吸入流体压强变化不大时,调好两流体的流量后锁定阀门,前面再各装一个阀门作为开关,可实现酸、碱等液体的定浓度输送。

七、磁力驱动泵

1. 磁力驱动泵的构造和工作原理

全封闭磁力驱动耐酸泵的外磁钢与驱动轴相联结为驱动件,内磁钢与叶轮相联结为从动件,驱动轴转动时,通过磁力耦合作用带动泵内的叶轮同步转动。其实质就是一台特殊的离心泵,如图4－16所示。

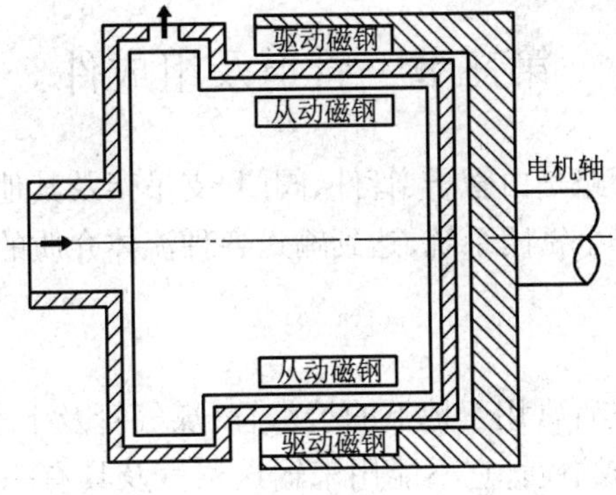

图4－16　磁力驱动泵示意图

2. 磁力驱动泵的特点

(1)无泄漏,无污染。

(2)运转平稳,低噪声,维修方便。

(3)故适用于输送剧毒、易燃、易爆、易污染以及其他贵重、高纯度的液体。

八、轴流泵(旋桨泵)

轴流泵是依靠高速旋转的螺旋桨沿轴向推进液体,如图4－17所示,其泵轴上的螺旋桨(叶轮)装于肘管内,轴承填料装在机壳壁内,它特别适合低压输送液体。

九、管道泵

管道泵属于离心泵,可直接安装在管道当中,不用底座,安装方便。因为没有填料箱,所以不会泄漏,还具有体积小、重量轻、节电、效率高等优点,如图4－18所示,是一种能耐受酸、碱、盐、氧化剂等强腐蚀介质的管道泵,可耐高温150℃。

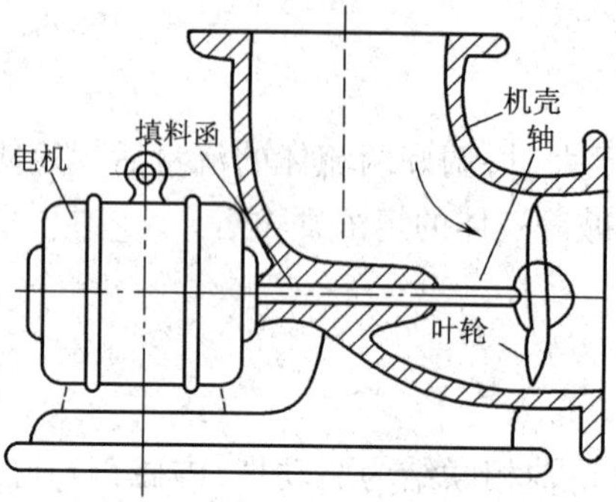

图 4－17 轴流泵示意图

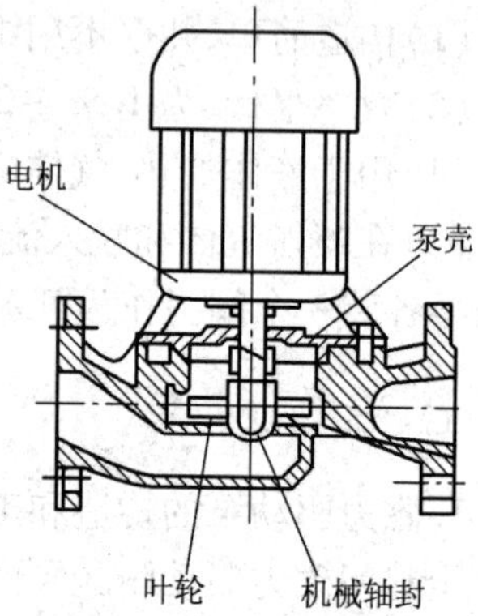

图 4－18 管道泵示意图

第三节 管道及组成件

在工业生产中,管路是由管子、管件、阀门、支吊架及其他附件构成的。管路通过和设备连接,构成一个密闭系统,达到输送各种流体介质的目的。

一、管子

(1)铸铁管 铸铁管常用于地下的给水管、煤气管及下水管等。由于质脆、不耐压和可能因砂眼造成泄漏,它不能用来输送蒸汽及具有一定压强的爆炸性或有毒的气体。铸铁管之间的联接方式有承插式(图 4－19)和法兰式(图 4－20)。承插式多用于地下或不常检修的地方,法兰式多用于大管径、密封要求较高的场合。

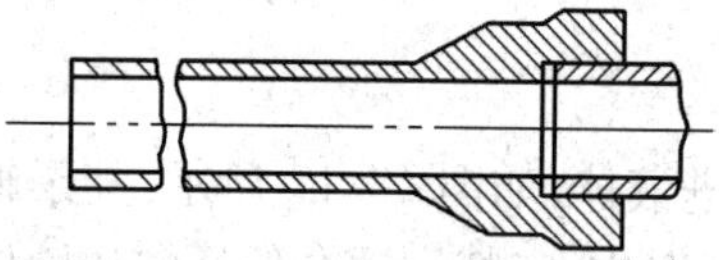

图 4－19 承插式连接

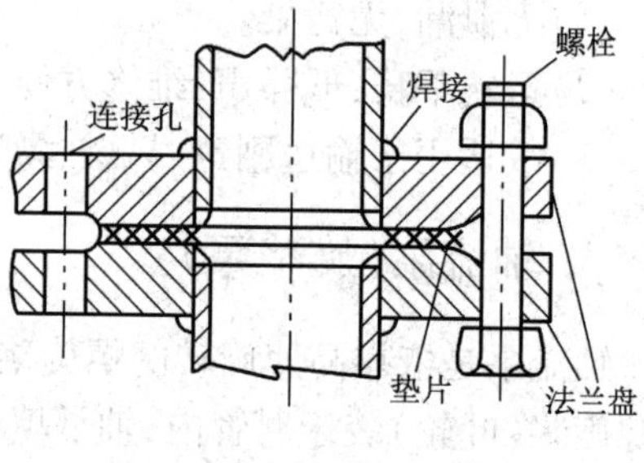

图 4－20 法兰式连接

(2)无缝钢管 无缝钢管材质均匀,具有较高的强度,可用于输送蒸汽、物料及具有一定压力的易燃或有毒的物料等。其材质通常为不锈钢、碳钢、优质碳钢、耐热铬钢等。无缝钢管的规格用“外径×壁厚”表示。

(3)焊接钢管　常见的焊接钢管和镀锌焊接钢管多用于输送水、煤气、压缩空气、蒸汽等流体。焊接钢管分为普通管(可耐表压达1MPa)及加厚管(可耐表压达6MPa)。这类焊接钢管常用螺纹连接。

(4)有色金属管　铜管、铝管等也常由于它们优良的传热性能或具有一定的耐腐蚀能力而被较多地采用。

(5)非金属管　常用的有聚乙烯管、聚氯乙烯管、聚丙烯管、工程塑料管等塑料管及各种橡胶管等。聚乙烯管由高压或低压聚乙烯挤出成形,有耐腐蚀、耐溶剂、无毒、质轻等优点。聚氯乙烯管分为硬管和软管,可用于低压输送60℃以下的料液,但由于普通聚氯乙烯塑料所含的增塑剂等对人体有害,如其有可能污染药物及其盛放容器,应改用无毒的聚丙烯管、工程塑料管等。制药生产也可能用到陶瓷管和玻璃管等。

二、管件

管路施工时常需将各段管子连接起来,另外尚需变换方向、改变管径、增加分支管路等。管件与管子间的连接方式有:承插式连接、焊接、螺纹连接和卡子连接。

不经常拆卸的管间连接可以采用焊接,焊接的优点是:①紧密性好;②投资少。但对需拆卸的管路、物料对焊缝有腐蚀及不准动火的管路则采用其他各种连接以便拆卸。

常用的管件有:法兰、活接头、管接头、弯头、三通、四通、异径管等。

(1)活接头(图4-21)　通常用于小直径(直径相同)管路,以螺纹方式与管子连接,连接时管子不必旋转。

(2)法兰　在需要连接的两管端部分别焊上法兰盘(盘周边有可以穿过紧固螺栓的孔均布),即制成两个法兰。在两个法兰之间装好密封用的垫片后,可用紧固螺栓将两个法兰连接起来。垫片可根据流体性质、温度、压力等选用橡胶、石棉板、聚四氟乙烯等。法兰的优点是:①装卸方便;②密封可靠;③适用性好(对温度、压力和管径)。

各类管件见图4-22。

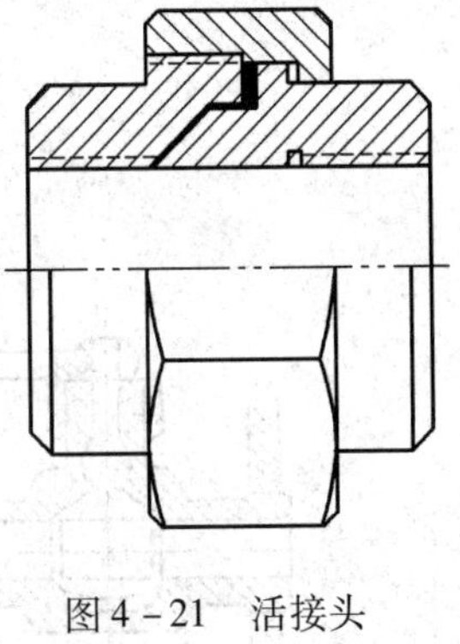

图4-21　活接头

三、阀门

阀门由阀体、启闭机构、阀盖三大部分组成。

阀门的作用如下:

(1)启闭作用　切断或沟通管内的流动。

(2)调节作用　调节管内流体流量、流速。

(3)节流作用　使流体通过阀门后产生很大的压力降。

(4)其他作用　自动启闭;维持一定压力;阻汽排水。

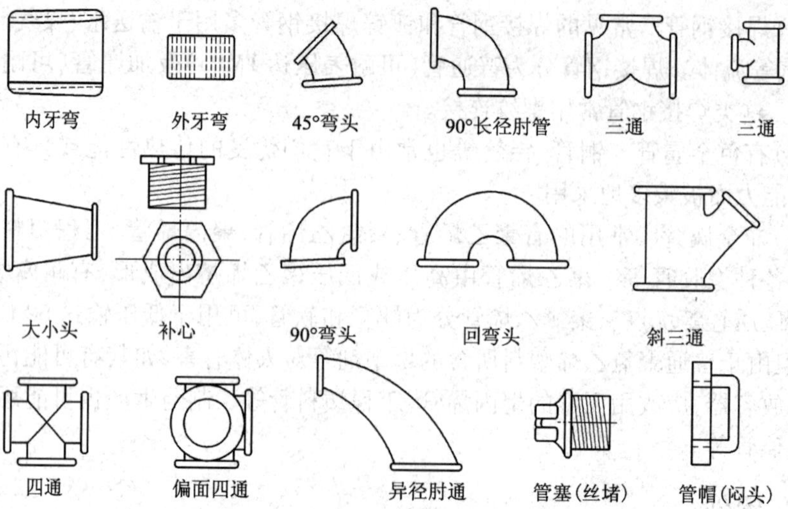

图4-22　各类管件

常用的阀门有球阀、旋塞阀、截止阀、闸阀等。

(1)球阀(图4-23)　以一个中间开孔的球体作阀芯,靠旋转球体控制阀的启闭。其特点:①结构简单;②体积小;③开关迅速;④流体阻力小。它可用于含有悬浮物的液体管路,不宜用于需较精密调节流量。

(2)旋塞阀(考克)(图4-24)　利用一个中间开孔的锥体作阀芯,靠旋转锥体控制阀的启闭。与球阀相同,其开满和闭紧之间约为90°,其特点与球阀相似。

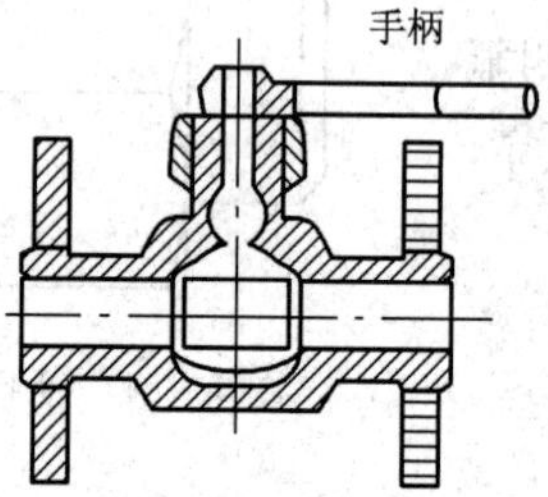

图4-23　球阀

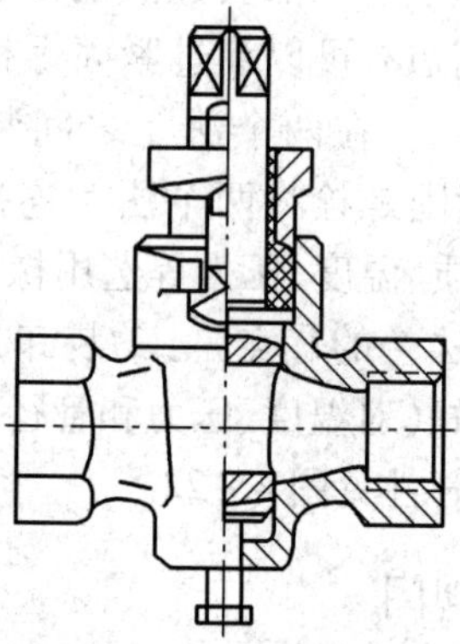

图4-24　旋塞阀

(3)截止阀(图4-25)　利用装在阀杆底部的阀盘(旋转阀杆时可随之一起升降)与阀座内的阀体相配合来控制阀的启闭。其特点:①容易调节流量;②制造维修方便。适用于蒸汽等介质;不适用于黏度较大、含有沉淀颗粒的介质;因阻力较大,也不用适于高真空系统。

(4)闸阀(图4-26)　在阀杆底部装有与介质流动方向垂直的阀板,旋转阀杆时可随着一起升降,利用其升降来控制阀的启闭。闸阀的特点:①流体阻力小;②密封性能好;③具有一定的流量调节性能。适于制成大口径的阀门,通常被用在液体管路中。

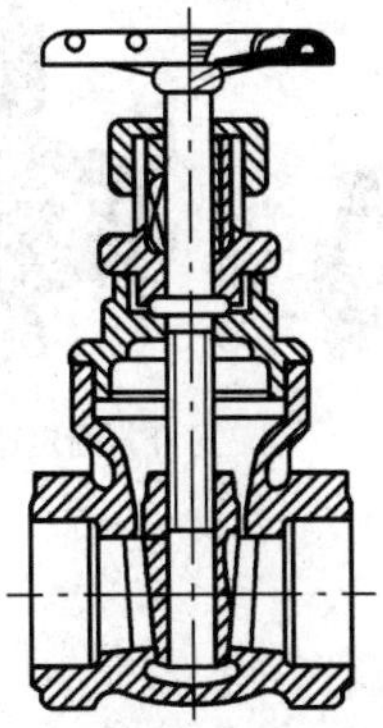

图4-25　闸阀

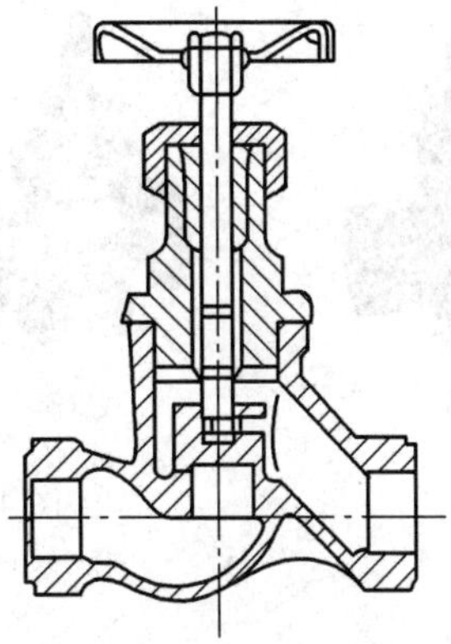

图4-26　截止阀

(5)止逆阀(止回阀)(图4-27)　升降式止逆阀,当液体顺向(图中箭头所示)流动时液体将阀盘顶起而通过,当液体逆向流动时,阀盘因自身重量落到阀体的阀座上将流道关闭。

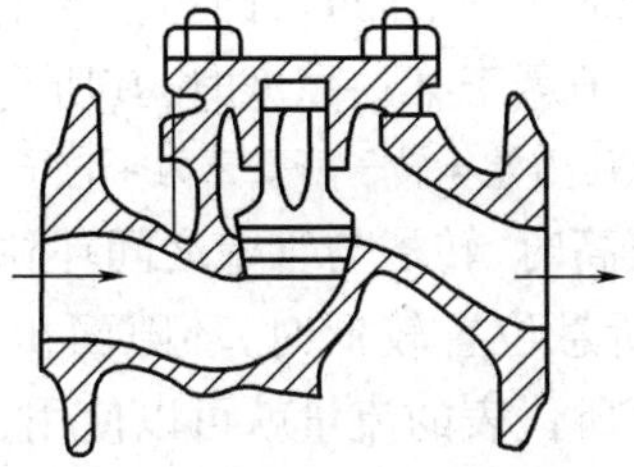

图4-27　止逆阀

(6)其他常用阀门　除上述五种阀门外,制药企业还经常用到隔膜阀、疏水阀、减压阀、节流阀、安全阀等。

隔膜阀:用一个隔膜把阀体内腔与阀盖内腔及驱动部件隔开,避免污染输送的液体。

疏水阀:能自动排出凝结水、空气及其他不凝结气体,并阻水蒸气泄漏的阀门。

减压阀:借助气源(或水源)自身的动力将其压力降低,以获得稳定的气源(或水源)。

节流阀:启闭件多为圆锥流线型,通过它改变通道截面积而达到调节流量和压力。

安全阀:正常情况处于常闭状态,管路或装置中介质压力超过规定值时自动打开排放。

(7)阀门实体样例　见图 4－28。

旋塞阀　减压阀　止回阀　对开式固定球阀(大口径)

图 4－28　阀门实体样例

第四节　流体输送常用仪表

一、转子流量计

如图 4－29 所示,转子流量计的外壳是一个略微呈上粗下细的玻璃管,管壁上有刻度格。玻璃管垂直放置,流体由下口进,上口出。管内有一个密度比流体略大的转子(也称浮子),转子顶部有一个凸台,凸台上刻有斜槽,凸台下面为圆柱体,再往下为一个圆锥体。当转子悬于某一高度时,其所受合力为零。

转子上下压力差＝转子所受重力＋转子所受浮力

转子在管内所悬位置较高时,转子与管壁之间环隙面积较大,这时流体的流量也较大;反之,转子在管内所悬位置较低时,环隙面积较小,这时流体的流量也较小。在出厂前标定管壁刻度所代表的流量就可以使用了。

转子顶部凸台上的斜槽,受流体作用有切向力,使得转子低速旋转,使转子避免因接触管壁造成测量误差。

二、弹簧管压强计

弹簧管压强计俗称压力表,它广泛用于设备及管道内压强的测量,其结构如图 4－30 所示,在金属外壳里装有一个约 3/4 圆周的环形金属弹簧管,弹簧管的截面为椭圆形,椭圆的长轴与环管面垂直,短轴与环管面平行。环管自由端是封闭的,通过连杆、扇形齿轮、齿轮与指针相连接;固定端通过底座与被测容器或管道相连通。当环管内的压强大于管外大气压强时,管内压力的合力使环管自由端向外伸展。伸展变形经连杆与齿轮系统的放大,驱使指针顺时针转动。环管内压强越大,自由端向外伸展变形越大,指针转动角度越大。它测量出的压强数据为“表压”,范围很大,可达0～1000MPa。

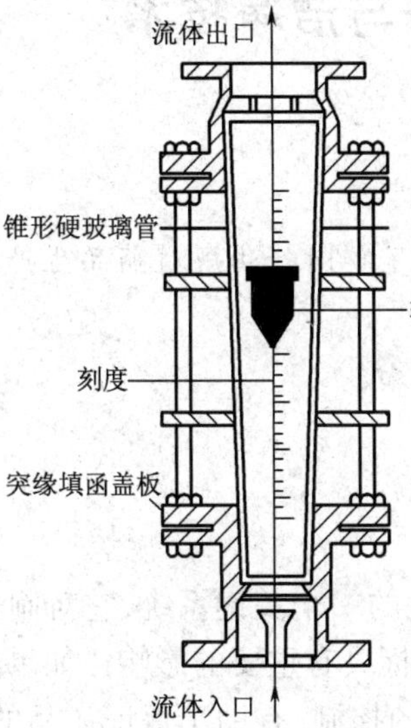

图4－29　转子流量计

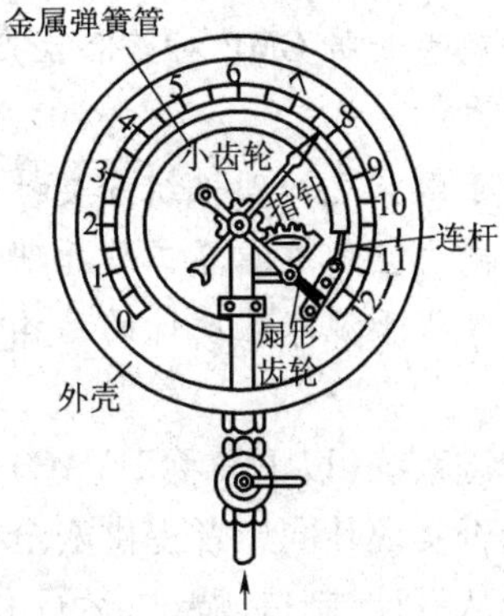

图4－30　弹簧管压强计

它也可用来测量真空度,当环管内的压强小于管外大气压强时,管内压力的合力使环管自由端向里弯曲,指针逆时针转动。环管内压强越小,自由端向里弯曲变形越大,指针转动角度越大。测得的数据为“真空度”。

【思考题】

1. 说明离心泵的构造和工作原理。离心泵常用哪些性能指标?
2. 说明离心泵的汽蚀现象。离心泵的吸上高度决定于哪些因素?
3. 旋涡泵与离心泵相比在性能上有何特点?
4. 试述往复泵和齿轮泵的工作原理和特点。
5. 试述蠕动泵的构造、工作原理和特点。
6. 试述螺杆泵的构造、工作原理和特点。
7. 画出离心泵管路布置图和喷射泵示意图。
8. 药厂常用的管子、管件、阀件主要有哪几种? 什么是法兰? 有何优点?

第五章　空气处理设备与洁净技术

【学习目标】

1. 熟悉新版GMP对药品生产环境基本要求，了解国外法规对药品生产环境基本要求。

2. 了解空气处理机组分类标准，掌握其组成形式。

3. 熟悉空气过滤器工作原理。

4. 掌握干湿球湿度计的结构、原理。

空调系统（以下简称HVAC）是制药生产企业的一个关键系统，它对制药生产企业能否实现其向患者提供安全有效的产品的目标具有重要的影响。如果药品生产环境从设计、制造、调试、运行和维护进行有效的控制，有助于保证产品的质量，提高产品的可靠性，降低空调系统初期投资成本和后期的运转成本。

第一节　空气净化基础

一、空气洁净技术的发展及其重要性

空气洁净技术最早产生于第二次世界大战期间的美国，当时主要是应用于军事领域，为了适应战争的需要（1939年发现了铀核的裂变，1945年投向日本广岛），空气净化的核心——高效过滤器在当时研制成功。

我国在20世纪60年代初期对高效过滤器及层流洁净室研制成功，在1975年以后得到迅猛的发展。它的应用领域包括，军事方面：如，飞机、导弹、核武器；工业部门：光学、机械、化工、宇航、半导体、电子；其他方面：医疗、制药、生物工程、动物饲养。

临床经验证明，用于静脉注射的和滴眼液等制剂，在生产过程中如被尘埃等微粒所污染，一定数量的微粒等异物随药剂进入人体血液循环系统可能出现以下情况：

（1）人体有300亿根微血管，最细的仅几微米，某些较大的微粒可能直接造成血管阻塞，引起局部缺水或水肿。

（2）如果红细胞聚集在侵入的微粒等异物上，可能形成血栓，导致血管闭塞和静脉炎。

（3）微粒侵入组织，在巨噬细胞的包围和培植下，可能引起异物肉芽肿。

（4）微粒等异物的相互作用，可能引起过敏反应和血小板减少的症状。

而注射针剂或输液药剂在生产过程中受到微生物污染,则不仅会导致药品变质,药效降低,还可能引起临床预料不到的疾病。最常见的是由于微生物所产生的多糖物,引起患者的热原反应。染菌较多的输液药剂还可能引起脓肿败血症及内毒素中毒,其后果严重。

片剂、散剂、胶囊和油膏等普通制剂,如生产过程中受到微生物污染,也可能引起临床的感染疾病。

二、空气净化的基础知识

空气洁净技术就是通过阻隔式超细(亚微米量级)玻璃纤维过滤器把绝大部分微粒(固相的、液相的或固液两相的)阻留下来,保证过滤后的空气所含控制粒径以上的微粒数量在标准以内。

空气中的微生物主要附着在灰尘上,个别情况也可能单独悬浮在空气中。微生物污染的特点是,它具有生长、繁殖及延续生物学全过程的能力。只要条件适宜,就会通过细胞分裂繁殖成大的生物群体,这是与空气中其他粒状污染物根本不同的一点。而且微生物有极强的繁殖能力,以细菌为例:在温、湿度适宜的条件下,一般每 1/3 ~ 1/2h 可分裂繁殖一次,其繁殖量可用下式计算:

$$N_t = 2gt$$

式中　N_t——繁殖 t 小时后的细菌数,个

g——细菌每小时繁殖的代数,取 2 ~ 3 代/h

t——繁殖时间,h

此外,细菌的生存能力极强,对恶劣环境有极强的抵抗力。它们能耐高温、高寒,还能抗宇宙辐射和太阳紫外线。长期使用某一杀菌剂后,细菌还会自生耐药性。这些特点都是大气气溶胶中一般非生物性粒状污染物质所没有的。

微粒中的有生命微粒——细菌,虽然很小,但由于它都只能附着在比其自身大得多的其他微粒上传播,因而具有较大的沉降"等价直径"。细菌的沉降等价直径从 3 ~ 10μm 不等。病毒和细菌相比甚至不能单独进行物质代谢,不能在无生命的培养基上生长,而必须寄生在某种活细胞内才能繁殖。因此它在空气中也是有载体的,可以认为它是以群体形式存在的。实验证明,它的等价直径从 1 ~ 3μm 不等,均视场合而定,都比上述 0.5μm 大得多,所以高效过滤器对空气中的细菌和病毒的过滤效率比对 0.5μm 微粒的过滤效率大得多。

空气洁净技术应用主要通过洁净室来实现。

生物洁净室——以有生命微粒的控制为对象。如一般生物洁净室,主要控制有生命微粒对工作对象的污染。同时其内部材料要能经受各种灭菌剂侵蚀,内部一般保持正压。实质上这是一种结构和材料允许做灭菌处理的工业洁净室,可用于食品工业(防止变质、生霉)、制药工业(高纯度、无菌制剂)、医疗设施(手术室、病房、各种制剂室、调剂室)、动物实验设施(无菌动物饲育)和研究实验设施(理

化、洁净实验室）等部门。

工业洁净室——以无生命微粒的控制为对象。主要控制无生命微粒对工作对象的污染，其内部一般保持正压。它适用于精密工业（精密轴承等）、电子工业（集成电路等）、宇航工业（高可靠性）、化学工业（高纯度）、原子能工业（高纯度、高精度、防污染）和胶片工业（高级航空胶片）等部门。

生物洁净室与工业洁净室的区别见表5－1。

表5－1　生物洁净室与工业洁净室的区别

生物洁净室	工业洁净室
需控制微粒、微生物的污染，室内需定期消毒灭菌，内装修材料及设备应能承受药物腐蚀	控制微粒污染，内装修及设备以不产尘为原则，仅需经常擦抹以免积尘
人员和设备需经吹淋、清洗、消毒、灭菌方可进入	人员和设备需经吹淋或纯水清洗后进入
不可能当时测定空气的含菌浓度，需经48h培养，不能得到瞬时值	室内含尘浓度可连续检测、自动记录
需除去的微生物粒径较大，可采用HEPA（High Efficiency Particulate Air Filter）过滤	需除去的是≥0.1μm的尘埃粒子，高度洁净室需用ULPA（Ultra Low Penetration Air Filter）过滤
室内污染源主要是人体发菌	室内污染源主要是人体发尘

（一）洁净室污染源

1. 大气尘（新风）

室外大气的含尘浓度见表5－2。

表5－2　室外大气的含尘浓度

地区	计重浓度	计数浓度（≥0.5μm）	
	mg/m^3	个/L	个/m^3
市区	0.1～0.35	$5\times10^4\sim23.3\times10^4$	$15\times10^5\sim70\times10^5$
郊区	0.05～0.3	$2\times10^4\sim10\times10^4$	$10\times10^5\sim30\times10^5$
农村	0.01～0.1	$1\times10^4\sim3.3\times10^5$	$3\times10^5\sim10\times10^5$

2. 作业人员发尘（主要尘源）

作业人员发尘量见表5－3、表5－4。

表5－3　作业人员发尘量（一）　［粒/（人·min）≥0.5μm］

序号	人员动作	普通工作服	洁净工作服	
			分套型	全套型
1	立	339000	113000	5580
2	坐	302000	112000	7420

续表

序号	人员动作	普通工作服	洁净工作服	
			分套型	全套型
3	臂上下运动	2980000	298000	18600
4	上体前屈	2240000	538000	24200
5	臂自由运动	2240000	298000	20600
6	头部运动	631000	151000	11000
7	上体转动	850000	266000	14900
8	屈身	3120000	605000	37400
9	踏步	2800000	861000	44600
10	步行	2920000	1010000	56000

表 5－4　　作业人员发尘量(二)　　[粒/(人·min)≥0.5μm]

序号	工作服型式及材料	动作	
		坐(四肢、头部自由活动)	走动
1	全套型粗织尼龙工作服	38.3×10^4	322×10^4
2	分套型密织尼龙工作服	18.1×10^4	128×10^4
3	分套型密织尼龙工作服内衬的确良工作服	7.2×10^4	73.8×10^4
4	棉的确良工作服	20.5×10^4	108×10^4
5	电力纺工作服	101×10^4	677×10^4
6	普通服装	210×10^4	300×10^4

3. 建筑围护结构产尘(屋顶、墙、地板)

洁净室建筑表面发尘量见表 5－5。

表 5－5　　洁净室建筑表面发尘量　　[粒/(min·m^2 地面)≥0.5μm]

序号	建筑表面发尘量	资料来源
1	$(0.8\sim1)\times10^4$	原电子部十一院《设计通讯》,1975 年
2	$(0.3\sim0.9)\times10^4$	原电子部十一院《苏州半导体器件一厂洁净室测定》,1978 年
3	0.77×10^4	原电子部十一院《北京西城半导体材料厂水平层流洁净室测定报告》,1975 年
4	4.5×10^4	原电子部十一院《出国考察报告》,1974 年

4. 洁净室建筑表面发尘量与作业人员发尘量的比较

洁净室建筑表面发尘量与作业人员发尘量的比较见表5－6。

表5－6　洁净室建筑表面发尘量与作业人员发尘量的比较

项目 粒径	洁净室建筑表面发尘量/[粒/(min·m^2地面)]	作业人员发尘量/[粒/(人·min)]	
		静止(基本静止)	人员正常操作
≥0.5μm	1.25×10^4	10×10^4	50×10^4

工艺生产过程产尘与生产设备、生产工艺、生产过程有关。

(二)过滤机理

空气过滤器捕集灰尘,主要依靠如下五种机械物理效应:惯性效应、拦截效应、扩散效应、筛效应、静电效应。为了便于说明,假设灰尘均为球形,并且与过滤器内部纤维接触时会因范德华力粘在纤维上。

1. 惯性效应

较大的灰尘粒子在气流中做惯性运动。气流遇纤维绕行,较大的灰尘因惯性来不及绕过而直接撞到纤维上。气流速度越高,灰尘粒径越大,纤维越细,纤维数量越多,灰尘因惯性力撞击纤维的可能性越大。惯性效应示意图见图5－1。

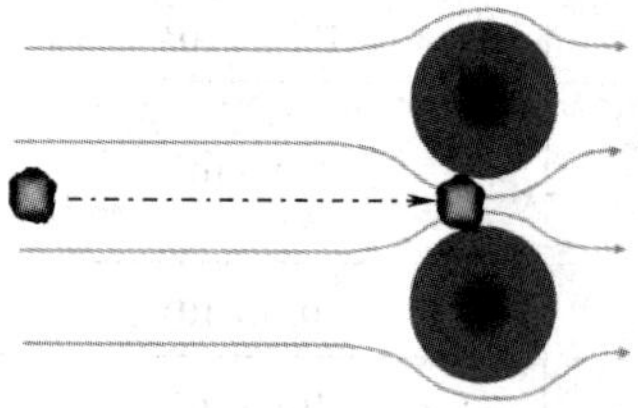

图5－1　惯性效应示意图

2. 拦截效应

小而轻的灰尘随气流运动。当气流绕过纤维时,擦到纤维表面的灰尘被拦截下来。拦截效应与气流速度无关。灰尘粒径越大,纤维越细,纤维越密,拦截效应越强。因此,为了获得好的拦截效应必须增加滤料中的纤维数量。拦截效应示意图见图5－2。

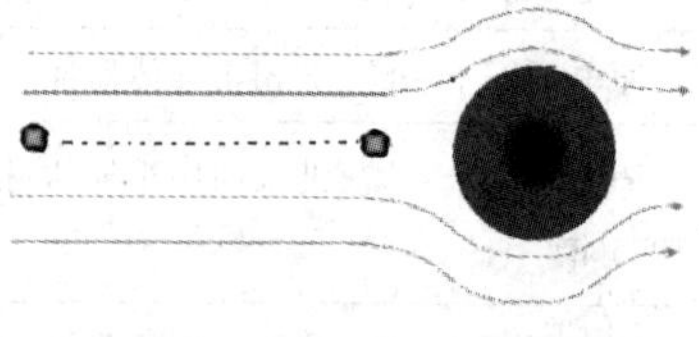

图5－2　拦截效应示意图

3. 扩散效应

小于 1μm 的灰尘因受空气分子的撞击，通常做无规则扩散运动，也称布朗运动。如果撞到纤维上就会被捕获。灰尘粒径越小，纤维越细，气流速度越小，扩散运动就越剧烈，灰尘撞击纤维的机会越多。扩散效应示意图见图 5－3。

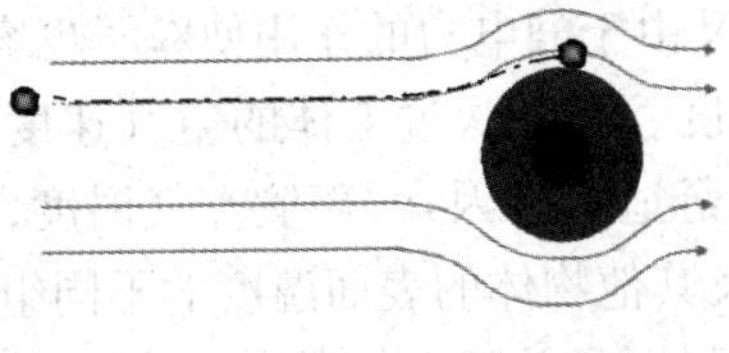

图 5－3　扩散效应示意图

4. 筛效应

灰尘的直径如果大于纤维之间的间隙，就会被拦住。筛效应示意图见图 5－4。

综上所述，要使空气过滤器对小灰尘粒子过滤效果好，其过滤材料中必须含有数量足够多的细纤维。

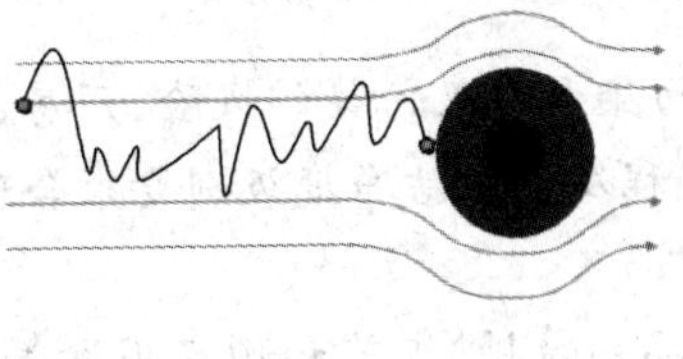

图 5－4　筛效应示意图

5. 静电效应

过滤器纤维和空气中的灰尘因此由于多种原因可能带上静电，灰尘会因此吸引到纤维上。但在实际使用中，空气中的烟气和有机气体会使这种静电效应很快消失。纤维很粗的化纤新过滤器往往因自带静电而有较高的初始效率，但在实际使用中过滤效果骤减。用户在选用这种过滤时，应倍加小心。静电效应示意图见图 5－5。

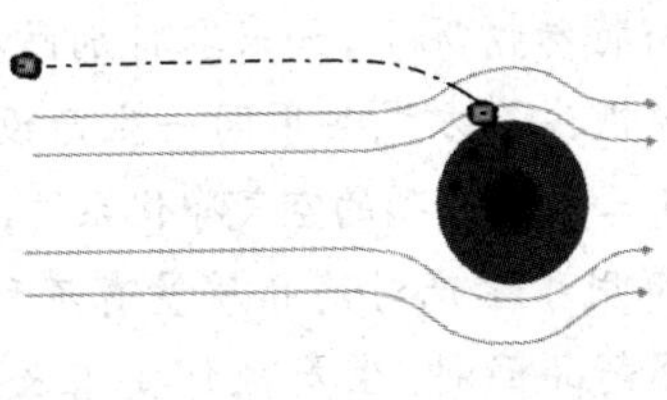

图 5－5　静电效应示意图

(三)工作环境与安全

生产的品种不同,其工艺对温湿度的要求也不相同。总的原则是,温湿度波动范围越小越好。湿度过高产生的问题比较多。相对湿度超过55%,冷却水管壁上会结露,产品易发生受潮变质,同时管路也易生锈。此外,湿度太高时将通过空气中的水分子把尘埃吸附在表面难以清除。相对湿度越高,粘附的粒子越难去掉,但当相对湿度低于30%时,又由于静电力的作用使粒子也容易吸附于表面。

人体舒适感与空气温度、湿度、吹过人体的空气速度、工作强度等有关。等效温度是根据"人体热平衡,舒适感的因素,环境空气温度,环境的相对湿度,人体附近空气流速,围护物表面及其他物体的表面温度的不同组合,可以符合于一个相同的冷热感觉"的综合气象条件,是关于空气温度、相对湿度、空气流动速度的多种组合的一个温度指标,即人体的实感温度。具体来讲所谓等效温度,是应对于相对湿度为50%,流速为0.15m/s时的等效空气湿度。

第二节　药品生产环境的相关法规

一、《药品生产质量管理规范》(2010年修订版)对药品生产环境的基本要求

第四十六条　为降低污染和交叉污染的风险,厂房、生产设施和设备应当根据所生产药品的特性、工艺流程及相应洁净度级别要求合理设计、布局和使用并符合下列要求:

(一)应当综合考虑药品的特性、工艺和预定用途等因素,确定厂房、生产设施和设备多产品共用的可行性,并有相应评估报告;

(二)生产特殊性质的药品,如高致敏性药品(如青霉素类)或生物制品(如卡介苗或其他用活性微生物制备而成的药品),必须采用专用和独立的厂房、生产设施和设备。青霉素类药品产尘量大的操作区域应当保持相对负压,排至室外的废气应当经过净化处理并符合要求,排风口应当远离其他空气净化系统的进风口;

(三)生产β-内酰胺结构类药品、性激素类避孕药品必须使用专用设施(如独立的空气净化系统)和设备,并与其他药品生产区严格分开;

(四)生产某些激素类、细胞毒性类、高活性化学药品应当使用专用设施(如独立的空气净化系统)和设备;特殊情况下,如采取特别防护措施并经过必要的验证,上述药品制剂则可通过阶段性生产方式共用同一生产设施和设备;

(五)用于上述第(二)、(三)、(四)项的空气净化系统,其排风应当经过净化处理;

(六)药品生产厂房不得用于生产对药品质量有不利影响的非药用产品。

第四十八条　应当根据药品品种、生产操作要求及外部环境状况等配置空调净化系统,使生产区有效通风,并有温度、湿度控制和空气净化过滤,保证药品的生

产环境符合要求。

洁净区与非洁净区之间、不同级别洁净区之间的压差应当不低于10Pa。必要时,相同洁净度级别的不同功能区域(操作间)之间也应当保持适当的压差梯度。

口服液体和固体制剂、腔道用药(含直肠用药)、表皮外用药品等非无菌制剂生产的暴露工序区域及其直接接触药品的包装材料最终处理的暴露工序区域,应当参照"无菌药品"附录中D级洁净区的要求设置,企业可根据产品的标准和特性对该区域采取适当的微生物监控措施。

二、《药品生产质量管理规范》(2010年修订版)对空气悬浮粒子、微生物限度的基本要求

(一)对空气悬浮粒子的基本要求

《药品生产质量管理规范》(2010年修订版)无菌药品附录如下:

第八条　洁净区的设计必须符合相应的洁净度要求,包括达到"静态"和"动态"的标准。

第九条　无菌药品生产所需的洁净区可分为以下4个级别:

A级:高风险操作区,如灌装区、放置胶塞桶和与无菌制剂直接接触的敞口包装容器的区域及无菌装配或连接操作的区域,应当用单向流操作台(罩)维持该区的环境状态。单向流系统在其工作区域必须均匀送风,风速为0.36~0.54m/s(指导值)。应当有数据证明单向流的状态并经过验证。

在密闭的隔离操作器或手套箱内,可使用较低的风速。

B级:指无菌配制和灌装等高风险操作A级洁净区所处的背景区域。

C级和D级:指无菌药品生产过程中重要程度较低操作步骤的洁净区。

以上各级别空气悬浮粒子的标准规定如表5-7所示:

表5-7　《药品生产质量管理规范》(2010年修订版)悬浮粒子最大允许数/m^3

洁净级别	静态		动态③	
	≥0.5μm	≥5.0μm②	≥0.5μm	≥5.0μm
A①	3520	20	3520	20
B	3520	29	352000	2900
C	352000	2900	3520000	29000
D	3520000	29000	不做规定	不做规定

注:①为确认A级洁净区的级别,每个采样点的采样量不得少于1m^3。A级洁净区空气悬浮粒子的级别为ISO4.8,以≥5μm的悬浮粒子为限度标准。B级洁净区(静态)的空气悬浮粒子的级别为ISO5,同时包括表中两种粒径的悬浮粒子。对于C级洁净区(静态和动态)而言,空气悬浮粒子的级别分别为ISO7和ISO8。对于D级洁净区(静态)空气悬浮粒子的级别为ISO8。测试方法可参照ISO14644-1。

②在确认级别时,应当使用采样管较短的便携式尘埃粒子计数器,避免≥5.0μm悬浮粒子在远程采样系统的长采样管中沉降。在单向流系统中,应当采用等动力学的取样头。

③动态测试可在常规操作、培养基模拟灌装过程中进行,证明达到动态的洁净度级别,但培养基模拟灌装试验要求在最差状况下进行动态测试。

(二)对微生物限度基本要求

《药品生产质量管理规范》(2010年修订版)无菌药品附录如下:

第十一条　应当对微生物进行动态监测,评估无菌生产的微生物状况。监测方法有沉降菌法、定量空气浮游菌采样法和表面取样法(如棉签擦拭法和接触碟法)等。动态取样应当避免对洁净区造成不良影响;成品批记录的审核应当包括环境监测的结果。

对表面和操作人员的监测,应当在关键操作完成后进行。在正常的生产操作监测外,可在系统验证、清洁或消毒等操作完成后增加微生物监测。新版洁净区微生物监测的动态标准见表5-8。

表5-8　新版洁净区微生物监测的动态标准①

洁净度级别	浮游菌/(CFU/m^3)	沉降菌(φ90mm)/(CFU/4h)②	表面微生物	
			接触碟(φ55mm)/(CFU/碟)	5指手套/(CFU/手套)
A		<1	<1	<1
B	10	5	5	5
C	100	50	25	—
D	200	100	50	—

注:①表中各数值均为平均值。

②单个沉降碟的暴露时间可以少于4h,同一位置可使用多个沉降碟连续进行监测并累积计数。

(三)对无菌药品生产过程的环境要求

无菌药品按其最终去除微生物方法的不同,分为可最终灭菌无菌药品和非最终灭菌无菌药品两类。新GMP对无菌药品各生产工艺过程的洁净度做了明确规定。

《药品生产质量管理规范》(2010年修订版)无菌药品附录如下:

第十三条　无菌药品的生产操作环境可参照表格中的示例进行选择。

洁净度级别	最终灭菌产品生产操作示例
C级背景下的局部A级	高污染风险①的产品灌装(或灌封)
C级	1. 产品灌装(或灌封) 2. 高污染风险②产品的配制和过滤 3. 眼用制剂、无菌软膏剂、无菌混悬剂等的配制、灌装(或灌封) 4. 直接接触药品的包装材料和器具最终清洗后的处理

续表

洁净度级别	最终灭菌产品生产操作示例
D级	1. 轧盖 2. 灌装前物料的准备 3. 产品配制（指浓配或采用密闭系统的配制）和过滤，直接接触药品的包装材料和器具的最终清洗

注：①此处的高污染风险是指产品容易长菌、灌装速度慢、灌装用容器为广口瓶、容器须暴露数秒后方可密封等状况；

②此处的高污染风险是指产品容易长菌、配制后需等待较长时间方可灭菌或不在密闭系统中配制等状况。

洁净度级别	非最终灭菌产品的无菌生产操作示例
B级背景下的A级	1. 处于未完全密封①状态下产品的操作和转运，如产品灌装（或灌封）、分装、压塞、轧盖②等 2. 灌装前无法除菌过滤的药液或产品的配制 3. 直接接触药品的包装材料、器具灭菌后的装配以及处于未完全密封状态下的转运和存放 4. 无菌原料药的粉碎、过筛、混合、分装
B级	1. 处于未完全密封①状态下的产品置于完全密封容器内的转运 2. 直接接触药品的包装材料、器具灭菌后处于密闭容器内的转运和存放
C级	1. 灌装前可除菌过滤的药液或产品的配制 2. 产品的过滤
D级	直接接触药品的包装材料、器具的最终清洗、装配或包装、灭菌

注：①轧盖前产品视为处于未完全密封状态；

②根据已压塞产品的密封性、轧盖设备的设计、铝盖的特性等因素，轧盖操作可选择在C级或D级背景下的A级送风环境中进行。A级送风环境应当至少符合A级区的静态要求。

三、国外法规对药品生产受控环境的基本要求

国外相关的药品生产管理法规，包括欧洲药品管理局（EMEA）、美国食品和药物管理局（FDA）、世界卫生组织（WHO）等，在其各自颁布的药品生产质量管理文件中，对无菌药品的生产环境的空气悬浮粒子数、微生物限度等做了具体规定。

1. 欧盟的欧洲药品管理局(EMEA)的GMP基本要求

欧盟的欧洲药品管理局(EMEA)的GMP,第四卷,“附录1,无菌医药产品的制造”(2009年3月1日生效,其中轧盖条款2010年3月1日生效)中,对无菌药品生产环境的洁净等级做了规定,见表5-9,表5-10。

表5-9 EMEA对空气悬浮粒子的要求

洁净级别	静态		动态	
	≥0.5μm	≥5μm	≥0.5μm	≥5μm
A	3520	20	3520	20
B	3520	29	352000	2900
C	352000	2900	3520000	29000
D	3520000	29000	不做规定	不做规定

表5-10 EMEA对微生物限度的要求

洁净级别	浮游菌/(CFU/m³)	沉降菌/(φ90mm)(CFU/4h)	表面微生物	
			接触碟/(φ55mm)(CFU/碟)	5指手套/(CFU/手套)
A	<1	<1	<1	<1
B	10	5	5	5
C	100	50	25	—
D	200	100	50	—

2. 美国食品和药物管理局(FDA)的基本要求

美国食品和药物管理局(FDA),《工业指南——用无菌工艺生产的无菌药品》(2004年10月),对无菌药品的生产环境洁净等级做了规定,见表5-11。

表5-11 FDA对空气悬浮粒子和微生物限度的要求

空气洁净分级 0.5μm微粒/(个/ft³)	静态		动态	
	ISO分级	大于0.5μm微粒数/(个/ft³)	浮游菌行动限/(CFU/m³)	沉降菌行动(φ90mm沉降碟)/(CFU/4h)
100	5	3520	1	1
1000	6	35200	7	3
10000	7	352000	50	5
100000	8	3520000	100	50

注:$1ft^3 = 28.3168dm^3$。

3. 世界卫生组织（WHO）的基本要求

世界卫生组织（WHO）在其专家委员会技术报告 TRS902,2002,附录6,对无菌药品的生产环境的洁净等级做了规定,见表5-12,表5-13。

表5-12　WHO对空气悬浮粒子的要求

洁净级别	静态最大允许微粒数/m^3		动态最大允许微粒数/m^3	
	0.5~5.0μm	>5μm	0.5~5.0μm	>5μm
A	3500	0	3500	0
B	3500	0	350000	2000
C	350000	2000	3500000	20000
D	3500000	20000	不做规定	不做规定

表5-13　WHO对微生物限度的要求

洁净级别	空气样/（CFU/m^3）	沉降碟（Φ90mm）/（CFU/4h）	接触碟（Φ55mm）/（CFU/碟）	5指手套/（CFU/手套）
A	<1	<1	<1	<1
B	10	5	5	5
C	100	50	25	—
D	200	100	50	—

4. 国际标准化组织（ISO）的基本要求

国际标准化组织（ISO）下属的技术委员会TC209,在编号ISO14644-1的文件中,对洁净室受控环境的悬浮粒子浓度做了规定,见表5-14。

表5-14　国际标准化组织对洁净受控环境中悬浮粒子浓度的要求

ISO级别（N）	大于或等于所示粒径的粒子最大浓度限值					
	0.1μm	0.2μm	0.3μm	0.5μm	1μm	5μm
ISO1级	10	2	—	—	—	—
ISO2级	100	24	10	4	—	—
ISO3级	1000	237	102	35	8	—
ISO4级	10000	2370	1020	352	83	—
ISO5级	100000	23700	10200	3520	832	29
ISO6级	1000000	237000	102000	35200	8320	293
ISO7级	—	—	—	352000	83200	2930
ISO8级	—	—	—	3520000	832000	29300
ISO9级	—	—	—	35200000	8320000	293000

注：因测量方法具有不确定性,确定级别水平的浓度数据的有效数字不应超过3个。

中国《药品生产质量管理规范》(2010年修订版)与欧盟EMEA的GMP在洁净室分级、空气悬浮粒子浓度、微生物限度等指标上,完全一致。但中国《药品生产质量管理规范》(2010年修订版)对非无菌药品的生产环境,明确规定参照无菌药品的D级标准。而其他相关法规无此要求。

第三节　空气处理设备

HVAC(暖通空调)设备是实现用户对受控洁净室环境条件要求的主要设备。GMP区域所使用的HVAC设备,与运行系统的相关控制装置及操作工序相配套,主要实现以下功能:

(1)维持洁净室内的温度;

(2)维持洁净室与相邻环境的正压和负压要求,有效防止交叉污染;

(3)将HVAC系统对空调空间所造成的空气污染降到最低程度;

(4)满足室内通风要求,并为保持室内正压提供补风;

(5)通过加湿或除湿处理,保持室内相对湿度;

(6)如有要求,可提供维持洁净室洁净度分级和断面风速所需的空气流量。

一、空气处理机组

空气处理机组(简称空调机组)是HVAC(暖通空调)系统的主要设备,通过不同功能的组合可以实现对空气的混合、过滤、冷却、加热、加湿、除湿、消声、加压输送等。空气处理设备的风量、供冷量、供热量、机外静压、噪声及漏风率等性能的优劣直接关系到洁净室受控环境条件的实现与否。

(一)分类

空气处理机组属于成套设备,通常是由对空气进行一种或几种处理功能的单元段组合而成的。其组件包括金属箱体、风机、加热和冷却盘管、加湿器、空气过滤装置等。

国家标准《组合式空调机组》(GB/T14294—2008)对组合式空调机组的分类等进行了规定:

空气处理机组按结构型式可分为:卧式W、立式L、吊顶式D及其他Q。

按用途特征可分为:通用机组T、新风机组X、净化机组J及其他专用机组Z。

空气处理机组的基本规格可按额定风量表示,见表5-15。

表5-15　组合空调机组的基本规格

规格代号	2	3	4	5	6	7	8	10	15	20	25
额定风量/(m^3/h)	2000	3000	4000	5000	6000	7000	8000	10000	15000	20000	25000
规格代号	30	40	50	60	80	100	120	140	160	200	
额定风量/(m^3/h)	30000	40000	50000	60000	80000	100000	120000	140000	160000	200000	

(二)空气处理机组常用功能组合形式

空气处理机组的功能段可以根据需要自由组合,也可以独立做成一部分。

根据暖通空调的系统设计,满足 GMP 受控环境的主要有如下几种较为经济、常用的功能段组合形式。

1. 最常规方式

(1)空气处理机组常用功能组合形式　见图 5 -6。

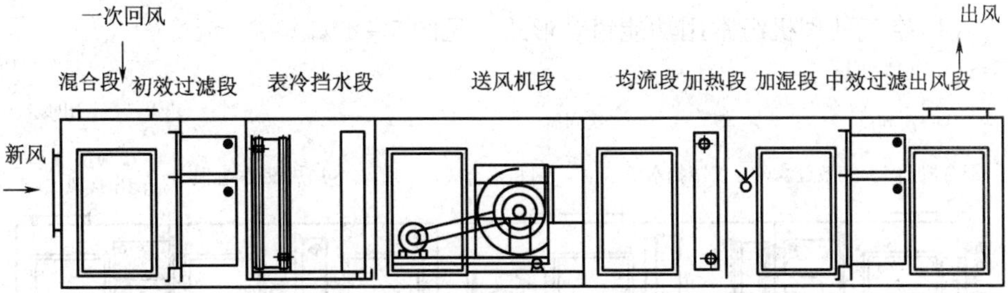

图 5 -6　最常规空气处理机组常用功能组合形式

(2)组合特点

①本组合具有净化空调系统必备的功能段,故适合于净化空调系统及一般中央空调系统;

②功能段组合简单,总长较短;

③一次回风方式;

④当混合段仅有一个风口时,可用于全新风处理的新风机组;

⑤当室内回风空气比较干净时,也可直接将回风口设置在初效过滤段之后。

2. 最经济的带初、中效过滤净化的空调机组功能段组合

(1)空气处理机组常用功能组合形式　见图 5 -7。

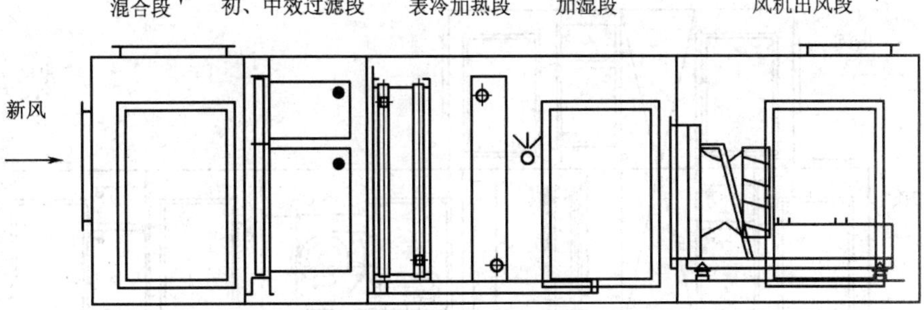

图 5 -7　最经济的带初、中效过滤净化的空调机组功能段组合

(2)组合特点

①本组合选用板式的初效过滤器,适用于新风较清洁的地区;

②表冷器和加热器放置于一个段内,缩短机组的总长度;

③选用无蜗壳风机,电机与风机直接联动,无皮带粉尘产生,对末端高效过滤有效保护;

④一次回风方式。

3. 适合有二次回风的系统使用的空调机组功能段组合

(1)空气处理机组常用功能组合形式　见图5-8。

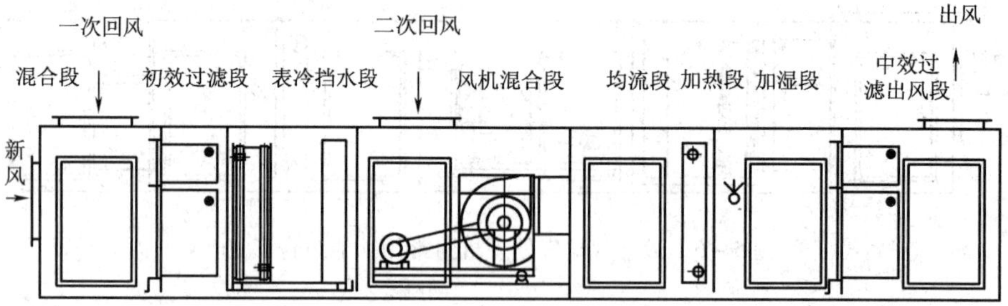

图5-8　适合有二次回风的系统使用的空调机组功能段组合

(2)组合特点

①本组合具有净化空调系统必备的功能段,故适合于净化空调系统及一般中央空调系统;

②功能段组合简单,总长较短;

③二次回风方式。

4. 带能量回收的空调系统使用的空调机组功能段组合

(1)空气处理机组常用功能组合形式　见图5-9。

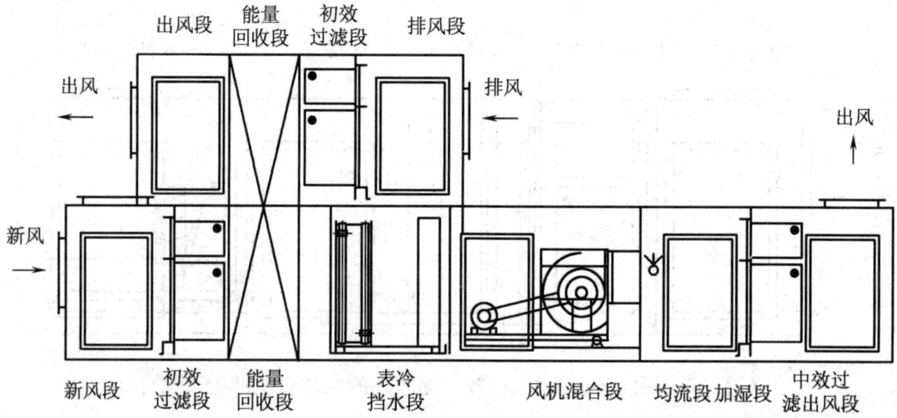

图5-9　带能量回收的空调系统使用的空调机组功能段组合

(2)组合特点

①本组合适用于排风量较大的空调系统。利用排风的能量先对新风进行预处理(夏季预冷,冬季预热),使空调系统更节能;

②具有净化空调系统必备的功能段,故适合于净化空调系统及一般中央空调系统;

③空调机组总长较长;

④新风、送风、回风、排风的管道需合理设计。

5. 配有转轮除湿的空调系统使用的空调机组功能段组合

(1)空气处理机组常用功能组合形式　见图5-10。

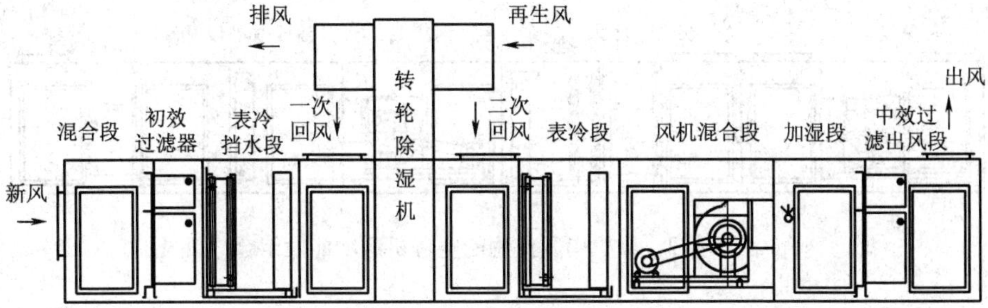

图5-10　配有转轮除湿的空调系统使用的空调机组功能段组合

(2)组合特点

①本组合适用于湿度要求值较低的系统;

②具有净化空调系统必备的功能段,故适合于净化空调系统及一般中央空调系统;

③功能段总长较长;

④二次回风方式;

⑤转轮除湿机再生所需的再生风、排风等需合理设计,风管系统较复杂。

6. 风机段一备一用的空调系统使用的空调机组功能段组合

(1)空气处理机组常用功能组合形式　见图5-11。

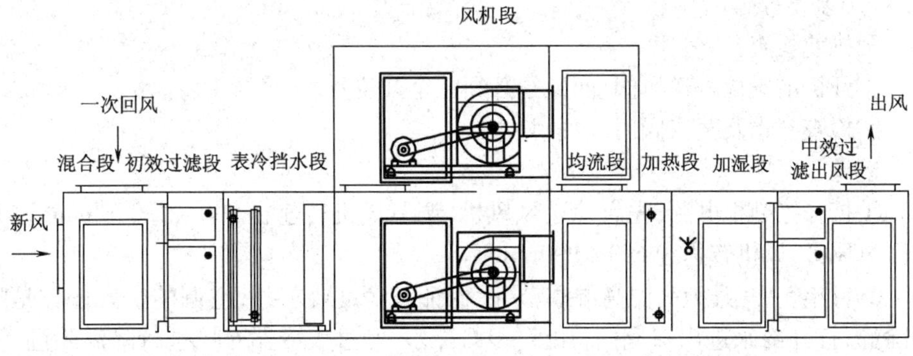

图5-11　风机段一备一用的空调系统使用的空调机组功能段组合

(2)组合特点

①本组合适用于运行不能中止的空调系统。风机一备一用,风机出风口带有止回阀。

②具有净化空调系统必备的功能段,故适合于净化空调系统及一般中央空调系统。

③两风机段可根据机房布局采用上下关联或左右并联设置。

7. 风机串联使用的空调机组功能段组合

(1)空气处理机组常用功能组合形式　见图5-12。

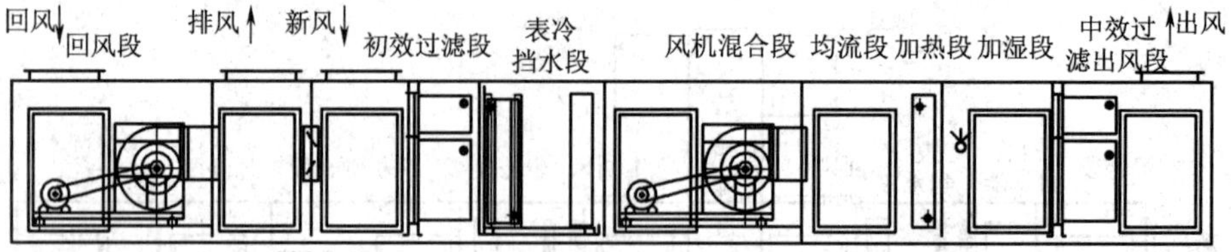

图5-12　风机串联使用的空调机组功能段组合

(2)组合特点

①本组合应用于系统阻力较大、回风风管与送风风管宜分开的空调系统。

②具有净化空调系统必备的功能段,故适合于净化空调系统及一般中央空调系统。

③排风量、回风量通过调节阀进行调节。

④两风机的配电要求比通常其他系统要复杂一些。

⑤以上各组合不是独立不变的,根据使用环境的不同,加以综合选用。

(三)实体设备

(1)空调机组的结构、原理

空调机组的结构见图5-13。

空调系统主要是将参数不符合工艺要求的空气,通过合理的气流组织,达到洁净要求,同时利用表冷器、加热器、加湿器等进行温、湿度调节。

(2)基本操作

开机前检查:

①开机前需检查送风阀、回风阀必须在全开位置。

②检查冷水及蒸汽阀门应关闭。

运行:

①打开控制柜电源,先启动送风风机,调节风机转速在900~1200r/min,再开启回风风机,风机转速为600~900r/min。

②每年5~9月为高温高湿季节,除保证洁净度要求外,空调的主要任务是降温除湿,打开冷水进出口阀门,用5~9℃冷水,经过表冷器对风进行降温除湿,天

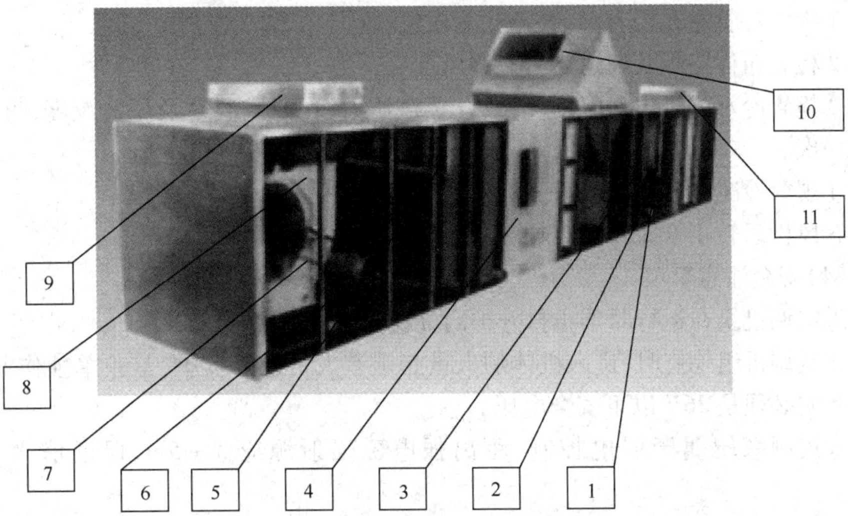

图 5－13　空调机组结构

1—回风机　2—初效过滤器　3—表冷器　4—加湿器　5—中效过滤器　6—电机
7—皮带　8—送风机　9—送风口　10—回风口　11—新风口

气潮湿时，打开并调整蒸汽阀门，通过加热器降低风的相对湿度，以达到工艺要求。

③11 月至次年 3 月为冬季操作，则需打开蒸汽阀门，加热和加湿以达到工艺要求，如遇气候异常，则根据实际情况进行调节。

④新风比调节：当室外温、湿度达到或接近工艺要求时，开大新风阀，同时开大排风阀，增大新风比，减少循环风。当室外温、湿度与工艺要求相差过大，则关小新风阀，同时关小排风阀，减少排风，以便节约能源。

⑤控制区正压值的维持：过滤器更换初期，适当调低变频器频次，降低风机转速，以后逐渐调高变频器频次以提高风机转速。因过滤器的堵塞送风量将逐渐减少。

⑥更换初效、中效过滤器时，要关闭风机，防止外面空气直接进入风道污染高效，初效、中效过滤器。换完后，必须认真检查是否有漏气处或密封不严处，并进行密封处理，中效过滤器缓冲段彻底处理干净，方可封闭门板，空调使用的初效、中效过滤器每个月更换、清洗一次，如遇特殊气候或风量偏小时，可适当缩短更换周期。

停机：

①正常停机：生产结束后，若车间进行大消毒，先关闭冷水及蒸汽阀门，稍后关闭风机开关。先关闭外围回风送风，再关闭万级空调回风送风。车间不消毒时，先关闭外围空调，把万级空调回风调节在 200 ~ 500r/min，电机转速调节在 500 ~ 900r/min，保证压差符合工艺要求。

②紧急停机：接到无菌室事故报警后，要立刻停机并关闭冷水、蒸汽管道阀门。

(3)日常维护、保养

①检查各管道是否有跑、冒、滴、漏现象。

②检查箱体门板及风道是否有漏风现象。

③检查冷水的进出口温度和压力、蒸汽压力、无菌室温度及相对湿度,每小时记录一次。

④观察冷凝排放是否畅通。

⑤风机运转正常无异常声响。

(4)安全注意事项

①空调机组在运行时禁止打开护门,以防发生危险。

②空调机组检修时,进入机体的人员必须有人员在外监护,禁止单独作业,所采用照明必须是36V以下安全电压。

③控制系统属于弱电控制,距离强电磁辐射源应3~5m,保证信号不受干扰。

④控制器面板设定的参数不得随意改动,每半年进行一次系统校验和维护。

(四)常见故障及处理方法

常见故障及处理方法见表5-16。

表5-16　常见故障及处理方法

故障现象	故障原因	解决办法
风量小	初效、中效过滤器堵塞	清洗或更换初效、中效过滤器
	三角带松,风机丢转	通知维修更换
	门板漏风,密封不严	通知维修重新密封
温度降不下来	冷水进、出口温度高	降低冷水温度
风机有异常声响	轴承缺油或损坏	通知维修加油或更换

(五)空调机组主要部件

1.风机和驱动装置

应用于HVAC系统的通风机一般多采用离心式或轴流式通风机,作为系统的送风机、回风机、排风机,不同的使用场所根据其性能特点可选用不同的风机类型。

风机一般安装在空气处理机的供气侧,可采用无蜗壳风机/送气风机或装有排放塞和清洗板的离心风机。风机可采用直接驱动或皮带驱动方式。排气/抽气工作一般采用直接驱动或皮带驱动翼式轴流风机或离心式风机。

(1)离心式通风机　离心式通风机和离心泵一样,在蜗壳形泵体内装一高速旋转的叶轮。借叶轮产生的离心力使气体获得较大的动能,而后再转变成静压能将气体送出。图5-14为其结构简图。

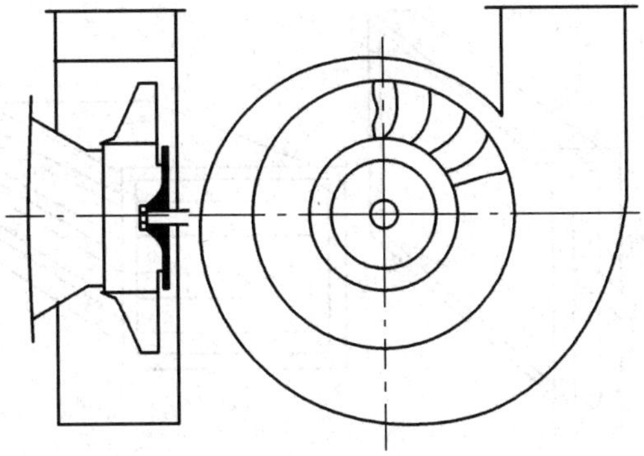

图 5－14　离心式通风机

依照离心通风机所产生的风压(表压)的大小分为：

低压离心通风机≤1000Pa；

中压离心通风机 1000～3000Pa；

高压离心通风机 3000～15000Pa。

(2)轴流式通风机　轴流式通风机是在机壳内装有与家用电扇叶一样的叶轮，当叶轮由电机带动做高速旋转时推动气体沿轴向流动。轴流式通风机产生的风压很小，一般只作通风换气之用。

2. 加热和冷却盘管的类型　冷却盘管属于热传导装置，由一根带有传热翅片的盘管组成，这些翅片可减少水蒸气所含的显热量以及可能存在的潜热量，其冷却介质可以是冷却液气态制冷剂。制药行业的应用场合一般需通过冷却维持环境条件。用于冷却的盘管主要有表面冷却器[简称表冷器(图 5－15)]和直接蒸发器。

用于空气加热的根据其介质有蒸汽盘管，热水、乙二醇或者高温气态盘管，属于热传导装置，是由一根带有传热翅片的盘管组成，可提高所经过的空气流的显热量。

图 5－15　表冷器

空气电加热元件也可称为“加热盘管”。

放置在除湿机的下游位置，用于除去送风中的过量显热的盘管为再冷却盘管。

3. 空气过滤器

空气处理设备应根据受控环境要求的洁净度配置各级别的空气过滤器。空气处理设备留有检修及更换过滤器的空间；过滤器能从检修门取出。各级空气过滤器前后应安装压差计，便于观察过滤器阻力的变化。测量接管应通畅，安装严密。过滤段后有足够的出风空间。

初效、中效过滤器见图 5－16。

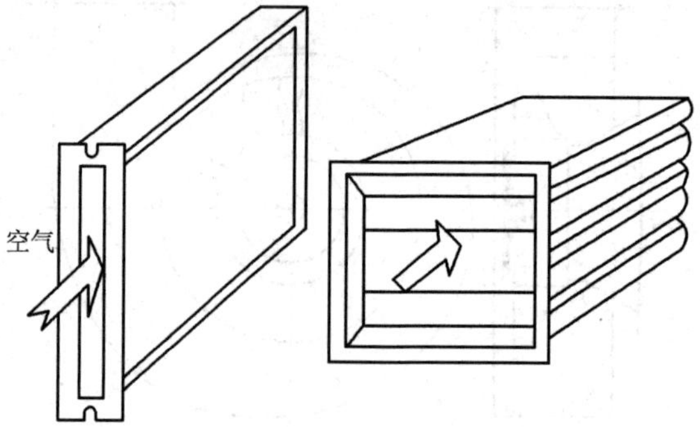

图 5－16　初效、中效过滤器示意图

高效过滤器见图 5－17。

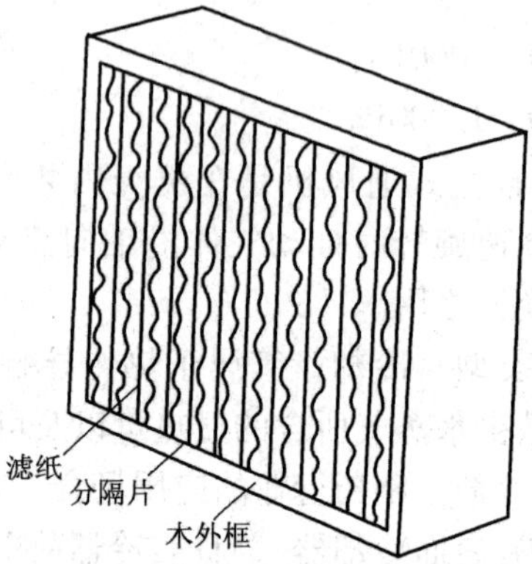

图 5－17　高效过滤器示意图

【思考题】

1. 简述《药品生产质量管理规范》(2010 年修订版)对药品生产环境的基本要求。

2. 简述国外法规对药品生产环境的基本要求。

3. 简述空气过滤器工作原理。

4. 画出实体空调机组净化流程图。

第六章　间壁式换热设备

【学习目标】

1. 掌握常用的换热设备结构、原理。
2. 熟悉热交换方式。
3. 熟悉换热器特点。

换热设备是进行各种热量交换的设备，通常称作热交换器或简称换热器。在制药生产中，许多过程都与热量传递有关。例如，生产药品过程中的磺化、硝化、卤化、缩合等许多化学反应，均需要在适宜的温度下，才能按所希望的反应方向进行，并减少或避免不良的副反应；在反应器的夹套或蛇管中，通入蒸汽或冷水，进行热量的输入或取出；对原料提纯或反应后产物的分离、精制的各种操作。如蒸发、结晶、干燥、蒸馏、冷冻等，也都离不开热量的输入或取出；此外，生产中的加热炉、设备和各种管路，常包以绝热层，来防止热量的损失或导入，也都属于热量传递问题。

由于使用条件的不同，换热设备有多种形式与结构。如根据换热目的不同，换热设备可分为加热器、冷却器、冷凝器和再沸器。若按冷、热流体传热方法的不同可分为直接接触式换热器（又称混合换热器，冷热流体在器内直接接触传热）、间壁式换热器（冷热流体被换热器器壁隔开传热）和蓄热式换热器（热流体和冷流体交替进入同一换热器进行传热，制药上应用极少）。

制药工业生产中最常用的换热设备是间壁式换热器，按换热面形状的不同，可分为管式换热器（换热面为管状的）和板式换热器（换热面为板状的）。一般板式换热器单位体积的传热面积及传热系数比管式换热器大得多，故又被称作高效换热器。

第一节　管式换热器

管式换热器通常有蛇管换热器、套管换热器。

一、蛇管换热器

蛇管换热器是最早出现的换热器，图 6－1 所示为几种常见的蛇管形状。它又可分为沉浸式和喷淋式两种。

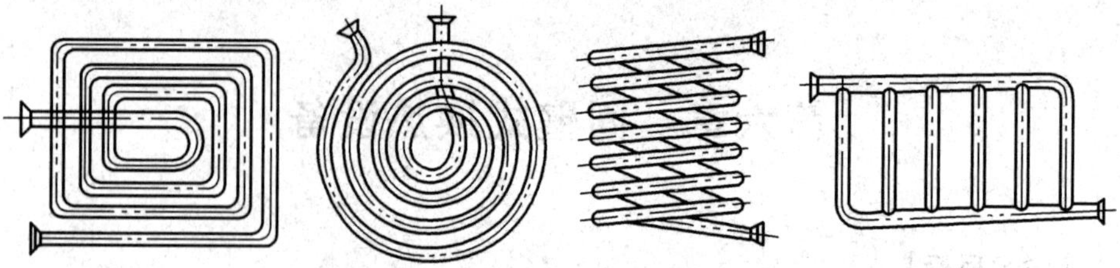

图6－1　常见的蛇管形状

1. 沉浸式蛇管换热器

蛇管多用金属管按容器形状或生产要求弯绕成各种形状，沉浸在容器中，两种流体分别在管内、外通过管壁进行热交换。

优点：①结构简单。②操作方便。③材料面广。④价格低廉。

缺点：①传热系数小。②所占体积大。

2. 喷淋式蛇管换热器

喷淋式蛇管换热器如图6－2所示，冷却水由位于上方的管子向下均匀喷出，淋在竖直固定的蛇管的外壁上，与管内的流体进行热交换。通常管内的流体是“下进上出”（由下方的口进，由上方的口出），与冷却水呈逆流流动。换热器通常装在室外，空气流动较快可以使管外表面的水蒸发快，吸收更多的热量。

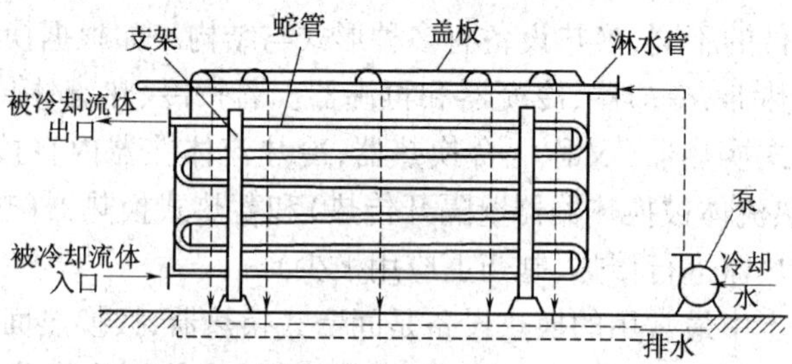

图6－2　喷淋式换热器

与沉浸式相比其优点：①传热系数大。②用水量较少。

缺点：①结构笨重。②占地面积大。

二、套管换热器

套管换热器如图6－3所示，是先用不同直径的两种管子制成同心套管，再根据需要将若干个套管由U形管连接而成。传热面两侧的流体多采用逆向流动，且流速较快。适用于流量较小、传热面积不大及高压的场合。

优点：①结构简单。②传热面易调。③传热系数较大。

缺点：①安装、检修工作量大。②易泄漏。③体积大。

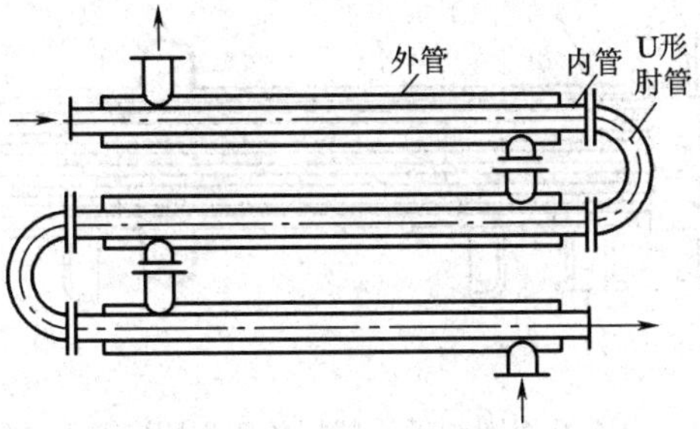

图 6-3　套管式换热器

三、管壳换热器

管壳换热器又称为列管式换热器，是目前应用最广泛的一种管式换热器。虽然同一些新型的换热器相比，它在传热效率、结构紧凑性及金属材料耗量方面有所不及，但其坚固的结构、耐高温高压性能、成熟的制造工艺、较强的适应性及选材范围广等优点，使其在工程应用中仍占据主导地位。

管壳换热器主要由壳体、管束、管板、封头等部件构成。一些小直径的管子（称为换热管）固定在管板上形成一组管束，管束外套有圆筒形薄壳，即壳体。进行热交换时，一种流体在管内流动，其行程称为管程；另一种流体在管束与壳体的空隙中流动，称为壳程。管束的壁面即为传热面。由于管束和壳体结构的不同，管壳换热器又可以进一步划分固定管板式、浮头式、填料函式和 U 形管式。

1. 固定管板式换热器

固定管板式换热器主要是由壳体、管束、管板、管箱及折流板等组成，管束和管板是刚性连接在一起的。所谓“固定管板”是指管板和壳体之间也是刚性连接在一起的，相互之间无相对移动（图 6-4）。这种换热器结构简单、制造方便、造价较低；在相同直径的壳体内可排列较多的换热管，而且每根换热管都可单独进行更换和管内清洗；但管外壁清洗较困难。当两种流体的温差较大时，会在壳壁和管壁中产生温差应力，一般当温差大于 50℃ 时就应考虑在壳体上设置膨胀节（补偿圈）以减小或消除温差应力。适用于壳程流体清洁，不易结垢，管程常要清洗，冷热流体温差不太大的场合。

优点：结构简单、紧凑、能承受较高的压力，造价低，管程清洗方便，管子损坏时易于堵管或更换。

缺点：不易清洗壳程，壳体和管束中可能产生较大热应力。

2. 浮头式换热器

浮头式换热器的一端管板是固定的，与壳体刚性连接，另一端管板是活动的，与壳体之间并不相连，其结构如图 6-5 所示。活动管板一侧总称为浮头，浮头式

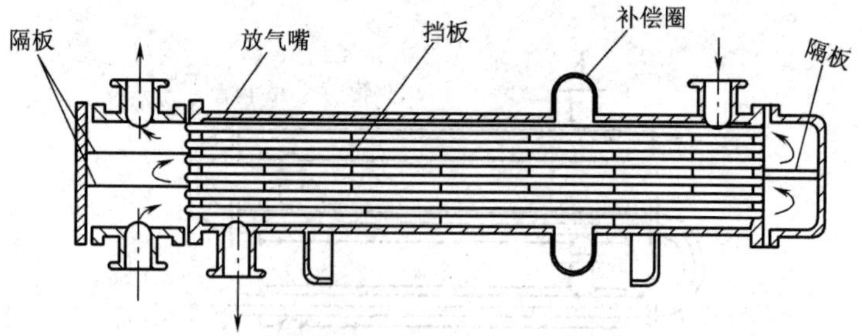

图6-4 具有补偿圈和折流挡板的四程固定管板式换热器

换热器的管束可从壳体中抽出，故管外壁清洗方便，管束可在壳体中自由伸缩，所以无温差应力。但结构复杂、造价高，浮头处若密封不严会造成两种流体混合且不易察觉。适用于冷热流体温差较大，介质易结垢常需要清洗的场合。

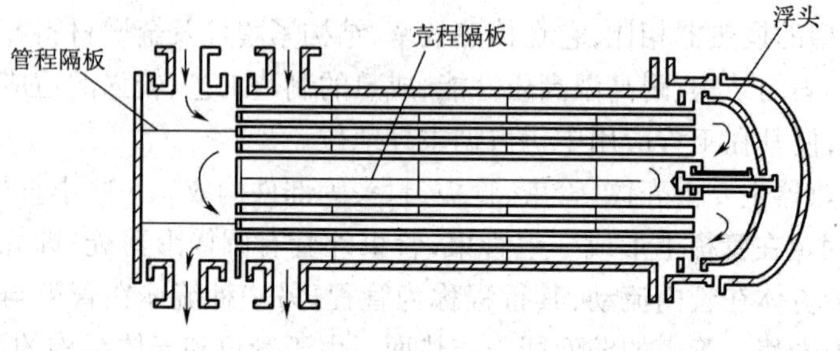

图6-5 浮头式换热器

3. U形管式换热器

U形管式换热器不同于固定管板式换热器和浮头式换热器，只有一块管板，换热管做成U字形、两端都固定在同一块管板上；管板和壳体之间通过螺栓固定在一起，其结构如图6-6所示。这种换热器结构简单、造价低，管束可在壳体内自由伸缩，无温差力，也可将管束抽出清洗且还节省了一块管板；但U形管管内清洗困难且管子更换也不方便，由于U形弯管半径不能太小，故与其他管壳式换热器相比布管较少，结构不够紧凑。

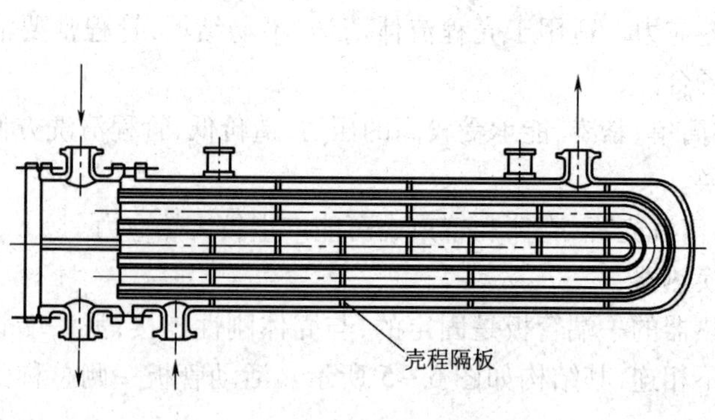

图6-6 U形管式换热器

U形管式换热器适用于冷热流体温差较大、管内走清洁不结垢的高温、高压、腐蚀性较大的流体的场合。

4. 填料函式换热器

填料函式换热器与浮头式换热器很相似,只是浮动管板一端与壳体之间采用填料函密封(图6-7)。这种换热器管束也可自由伸缩、无温差应力,具有浮头式换热器的优点,且结构简单、制造方便、易于检修清洗,特别是对腐蚀严重、温差较大而经常要更换管束的冷却器,采用填料函式换热器比浮头式换热器和固定管板式换热器更为优越;但由于填料密封性所限,不适用于壳程流体易挥发、易燃、易爆及有毒的情况。目前所使用的填料函式换热器直径大多在700mm以下,大直径的用得很少,尤其在操作压力及温度较高的条件下采用更少。

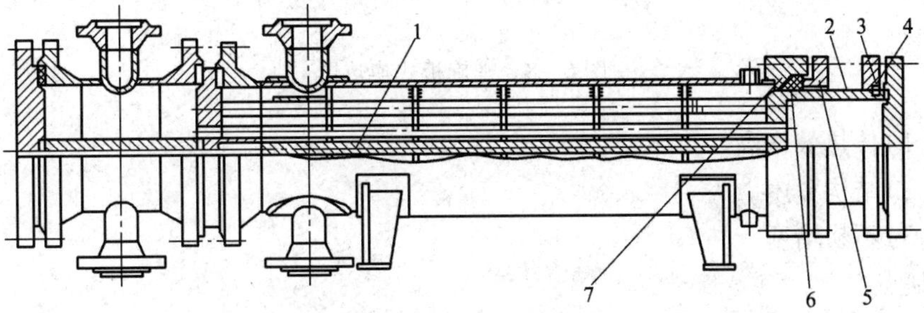

图6-7　填料函式换热器

1—纵向隔板　2—浮动管板　3—活套法兰　4—部分剪切环

5—填料压盖　6—填料　7—填料函

第二节　板式换热器

板式换热器是针对管式换热器单位体积的传热面积小、结构不紧凑、传热系数不高的不足之处,研制、开发出来的一类换热器,它使传热操作大为改观。

板式换热器包括螺旋板式换热器、平板式换热器、伞板式换热器和板壳式换热器以及板翅式换热器等。

一、螺旋板式换热器

螺旋板式换热器是在中心隔板上焊接两张平行的钢板并卷制成两个相互隔离的螺旋体通道,侧面由端盖封住并连接有各种接管(图6-8)。一种流体由一个通道的外层管口进入向中心流动,并从中心处的管口流出;另一种流体则从另一个通道的中心处管口进入向外层流动,并从外层管口流出。

螺旋板式换热器的优点:

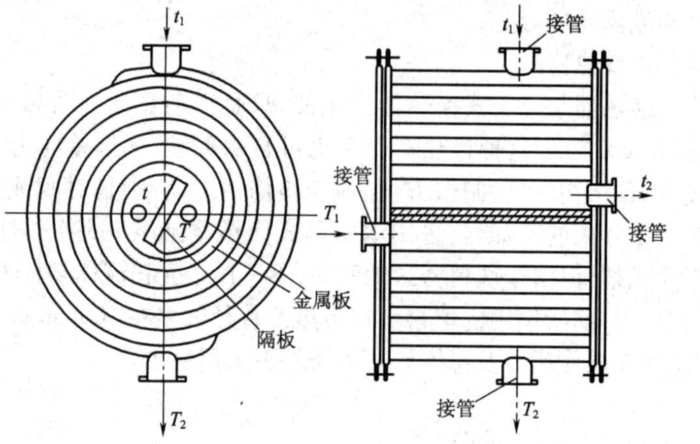

图 6-8　螺旋板式换热器

(1)传热效率高。

(2)结构紧凑。

(3)不易堵塞。

缺点:

(1)加工质量要求高。

(2)检修和清洗困难。

(3)不耐高温和高压。

二、平板式和伞板式换热器

平板式换热器由一组长方形金属板组成,金属板通常冲压成各种形式的波纹面(图 6-9 为人字形波纹板片),以增大流体的湍流程度与传热面积。在两板之间空隙的周边及孔道的周边压有垫片,使两块金属板保持一定的间隙并且无泄漏。金属板的四角可根据设计需要决定是否开孔,以形成进、出或穿过两板间隙的孔道,流道设计的基本原则:①冷、热两种流体应从每块金属板的两侧流过;②流体应较薄地均匀分布;③流体的湍流程度大又能顺利通过。图 6-10 为混合流程平板换热器的流向示意图。

平板式换热器的优点:

(1)传热系数大。

(2)检修、清洗均较方便。

缺点:

(1)密封面大,易泄漏。

(2)温度、压力受限。

有些厂家用滚压法制成了带有锥度的伞形板片,将这些伞形板片组装起来就构成了伞板式换热器。

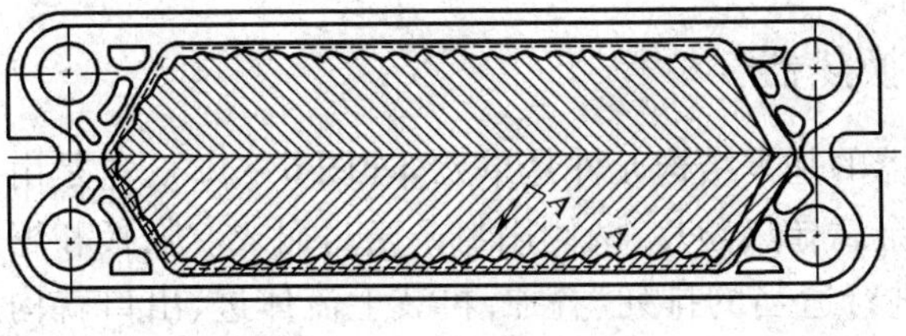

图6-9　人字形波纹板片

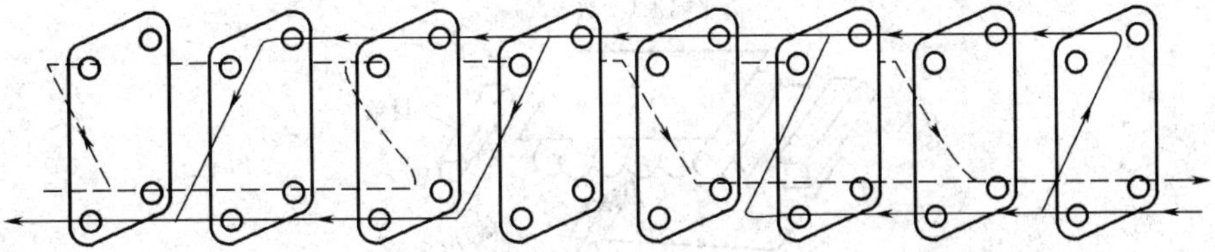

图6-10　混合流程平板换热器的流向示意图

三、板壳式换热器

板壳式换热器又称薄片式换热器或膜式换热器。主要由板束和壳体组成，其横截面如图6-11所示，板束由压成许多凹槽形状的金属板组合而成，两种流体分别从两金属板相对凹槽所封闭的空间内外流过。

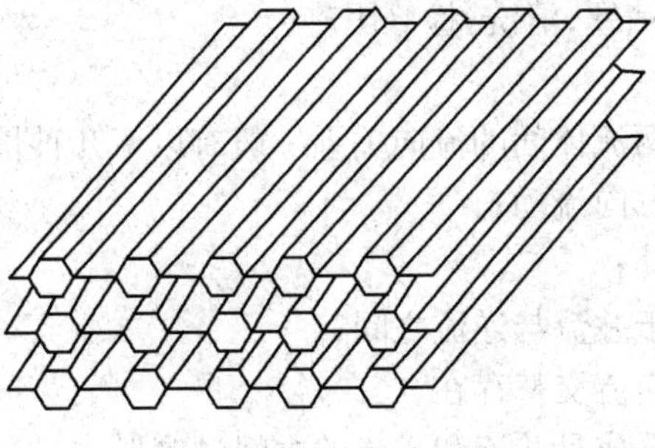

图6-11　板壳式换热器的横截面

与列管换热器相比，板壳式换热器的优点：

(1)传热系数高。

(2)结构紧凑。

(3)容易清洗。

缺点：

制造工艺较复杂。

四、板翅式换热器

板翅式换热器的基本结构元件是单元体（图6－12），它是由两块金属隔板之间夹装着波纹状金属导热翅片，两侧用封条密封而成。隔板和翅片的材质常用铝合金，将单元体进行适当的排列、叠加，再装上流体进、出口就构成了板翅式换热器。波纹翅片的作用：①扩大传热面积；②增大流体的湍流程度；③对平隔板起着支撑作用。

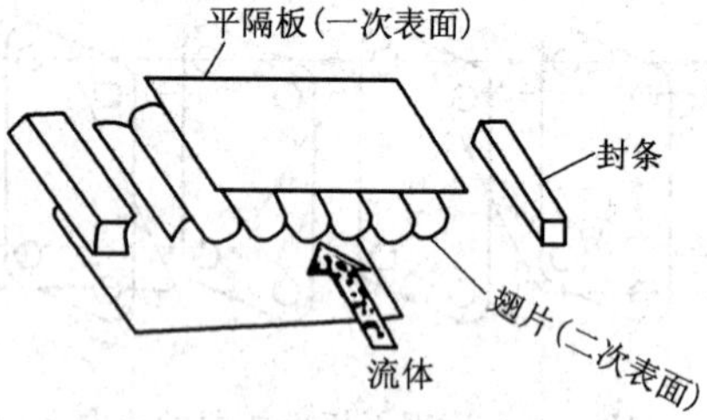

图6－12　板翅式换热器的单元体

板翅式换热器的优点：

（1）传热系数很大。

（2）结构紧凑，单位体积传热面积可达2500～4000m^2/m^3。

（3）操作温度范围广。

缺点：

（1）结构复杂，易堵塞，清洗、检修困难；

（2）造价高。

间壁式换热器内两流体间的流向关系一般有以下几种情况：

并流——向同一方向流动；

逆流——相向流动；

错流——交角界于并流与逆流之间；

折流——并流与逆流交替存在。

错流和折流可以看成是并流和逆流的中间过渡形式。

在无相变且其他条件都相同的情况下，逆流时的平均温度差比并流时大，传递相同热量所需传热面积比并流时小，因此除非特殊情况一般都选择逆流操作。

为解决腐蚀问题，近年来发展了一些新型材料的换热器，其中非金属材料有：石墨、聚四氟乙烯、玻璃等，稀有金属材料有：钛和钽等。

【思考题】

1. 按本书方法分类，管式换热器和板式换热器各包括哪些换热器？

2. 画出列管换热器和热管换热器示意图。

3. 画图说明克服列管换热器热应力补偿的方法。

4. 间壁式换热器内两流体间的流向关系一般有哪几种？哪种较好？为什么？

5. 平板式换热器的板片通常冲压成什么形状？有何益处？换热器流道设计的原则是什么？

6. 判断下面使用换热器的思路是否正确。

(1) 用饱和蒸汽加热料液时，二者的进出方式应为：蒸汽“低进、高出”，料液“高进、低出”。

(2) 列管冷凝器竖直安装，且管程通蒸汽冷凝，壳程通冷却水。

(3) 壳程通蒸汽的卧式列管冷凝器中，为保证彻底冷凝，只在外壳低处开排汽口。

(4) 为保证足够的换热时间，关小换热器的流体进出口阀门。

第七章　反应设备

【学习目标】

1. 掌握反应釜结构。
2. 熟悉发酵设备结构、特点。
3. 了解反应釜、发酵罐内件特点。

反应设备是用来进行化学反应的装置，通常称为反应器。参加反应的物料可以是气相、液相或固相，而不同相的反应物在进行化学反应时，对反应器的要求是不同的。

第一节　反应釜

在制药企业，釜式搅拌反应器（即反应釜）广泛地用于溶解、稀释、配料等多种传递过程或化学反应过程。为使分散相在连续相中很好地分散，保持均匀的悬浮或乳化，加快溶解，强化相间的传质、传热等，设备上常设搅拌装置及传热装置（如夹套、盘管等）。反应釜有立式容器中心搅拌、偏心搅拌、倾斜搅拌、卧式容器搅拌等类型。其中立式容器中心搅拌反应器是最典型的一种。

一、反应釜的组成

反应釜（图 7－1）主要由搅拌装置、罐体、轴封、动力装置组成，为物料提供反应空间和反应条件。

搅拌装置由搅拌轴、搅拌器、传动装置组成。搅拌轴将来自传动装置的动力传递给搅拌器，搅拌器使釜内物料均匀混合，强化釜内的传热和传质过程。轴封是指搅拌轴与搅拌罐之间的密封，防止罐内介质泄漏或外界空气进入罐内。

反应釜的动力配置包括：电动机减速机、联轴器等。减速机一般采用机械式的减速器。在反应釜中常用的减速器有：V 带传动减速器、蜗轮蜗杆减速器、摆线针轮行星减速器、齿轮减速器等。联轴器：常用夹壳联轴器（图 7－2）、弹性柱销联轴器（图 7－3）等。

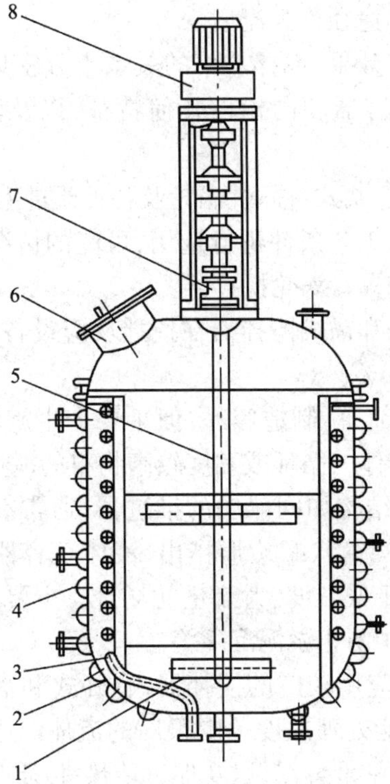

图 7－1　反应釜

1—搅拌器　2—罐体　3—盘管　4—半盘管夹套　5—搅拌轴
6—人孔　7—轴封　8—传动装置

图 7－2　夹壳联轴器

图 7－3　弹性柱销联轴器

二、常用搅拌器

搅拌器又称搅拌桨或搅拌叶轮，是搅拌反应器的关键部件。其功能是提供过程所需要的能量和适宜的流动状态。搅拌器旋转时把机械能传递给流体，在搅拌器附近形成高湍动的充分混合区,并产生一股高速射流推动液体在搅拌容器内循环流动。这种循环流动的途径称为流型。

搅拌器的流型与搅拌效果、搅拌功率的关系十分密切。搅拌容器内的流型取决于搅拌器的形式、搅拌容器和内构件几何特征,以及流体性质、搅拌器转速等因素。

常用的搅拌器有框式、桨式、锚式、涡轮及各种改进型的搅拌器,如莱宁搅拌器等。根据介质、罐体长径、工艺条件进行选用,可能的情况要做实验。通气式气液搅拌器主要有圆盘涡轮和翼盘涡轮搅拌器。

桨式、推进式、涡轮式和锚式搅拌器在搅拌反应设备中应用最为广泛,据统计占搅拌器总数的75% ~80%。

(1)桨式搅拌器结构简单、制造容易,但主要产生旋转方向的液流,且轴向流动范围较小。主要用于流体的循环或黏度较高物料的搅拌。

(2)推进式搅拌器的结构如同船舶的推进器,通常有三瓣叶片。搅拌时流体由桨叶上方吸入,下方以圆筒状螺旋形排出,液体至容器底再沿壁面返至桨叶上方,形成轴向流动。适用于低黏度、大流量的场合。主要用于液 - 液混合,使温度均匀,在低浓度固 - 液系中防止淤泥沉降等。

(3)涡轮式搅拌器是应用较广的搅拌器,有开式和盘式两类。能有效地完成几乎所有的搅拌操作,并能处理黏度范围很广的流体。适用于低黏度到中黏度流体的混合、液 - 液分散、固 - 液悬浮,以及促进传热、传质和化学循环。

(4)框式和锚式搅拌器则与以上三种有明显的差别,其直径与反应器罐体的直径很接近。这类搅拌器转速低,基本上不产生轴向液流,但搅动范围很大,不会形成死区。搅拌混合效果不太理想,适合于对混合要求不太高的场合。

(5)螺旋式搅拌器是由桨式搅拌器演变而来,其主要特点是消耗的功率较小,单螺旋搅拌器的消耗功率是锚式搅拌器的1/2,并主要适合于在高黏度、低转速下使用。

各式搅拌器见图7 - 4。

三、提高搅拌效果的方法

对低黏度液体,当搅拌器转速较高时,容易产生切向流,它将影响搅拌效果,尤其对多相系物料的混合或乳化,由于离心力的作用,不但达不到混合效果,反而会使系统的物料分离或分层。另外,剧烈旋转的液体结合旋涡作用,对搅拌轴产生冲击作用,从而影响搅拌器的使用寿命。为此通常在釜体内增设挡板或导流筒,以改善反应器内流体的流动状态。

1. 打旋现象及其消除

打旋现象见图7 - 5。

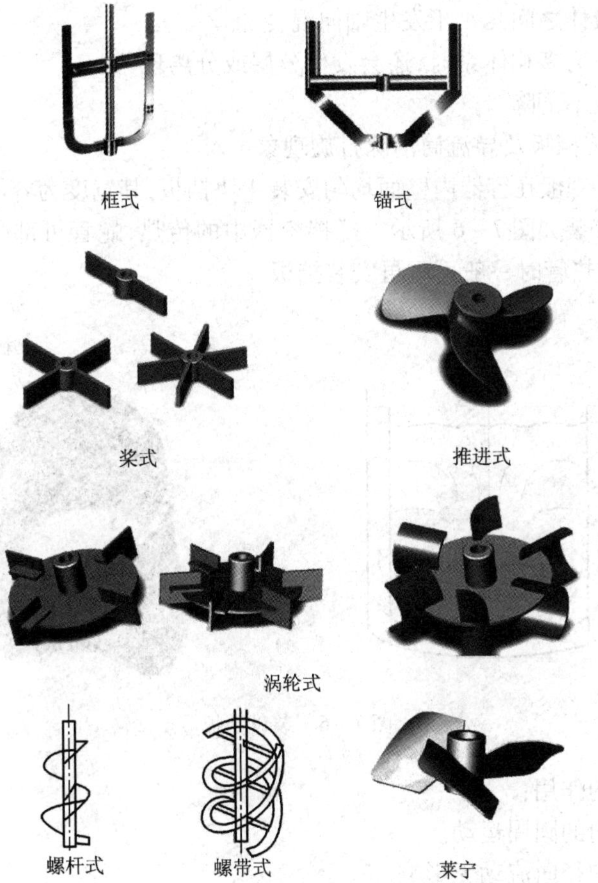

图7－4　各式搅拌器

图7－5　打旋现象

打旋现象危害：

(1)各层液体之间几乎不发生轴向混合。

(2)当物料为多相体系时,还会发生分层或分离现象。

(3)搅拌效率下降。

可通过安装挡板及导流筒消除打旋现象。

(1)挡板　一般在容器内壁面均匀安装4块挡板,其宽度为容器直径的1/12～1/10。挡板的安装如图7-6所示。搅拌容器中的传热,蛇管可部分或全都代替挡板,装有垂直换热管时一般可不再安装挡板。

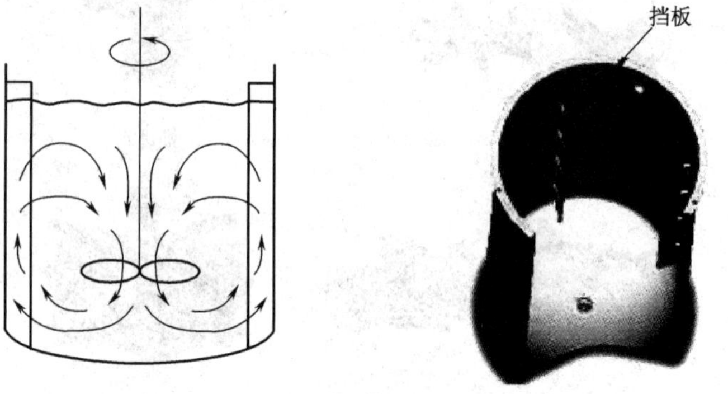

图7-6　装设挡板

装设挡板的作用：

①破坏釜内的圆周运动。

②对轴向和径向流动无影响。

③釜内液面的下凹现象基本消失。

④提高了混合效果。

(2)导流筒　无论搅拌器的类型如何,液体总是从各个方面流向搅拌器,在需要控制流型的速度和方向以确定某一特定流型时,可在反应器内设置导流筒。导流筒是一个上下开口的圆筒,安装在搅拌器的外面,常用于推进式和涡轮式搅拌器中,如图7-7和图7-8所示。安装导流筒后,一方面提高了对液体的搅拌程度,加强了搅拌器对液体的直接机械剪切作用;另一方面由于限定了液体的循环路径,确立了充分循环的流型,使器内所有物料均能通过导流筒内的强烈混合区,减少了走短路的机会。

装设导流筒的作用：

①使桨叶排出的液体在导流筒内部和外部形成轴向循环流动;

②提高了循环流量和混合效果;

③有助于消除短路与流动死区。

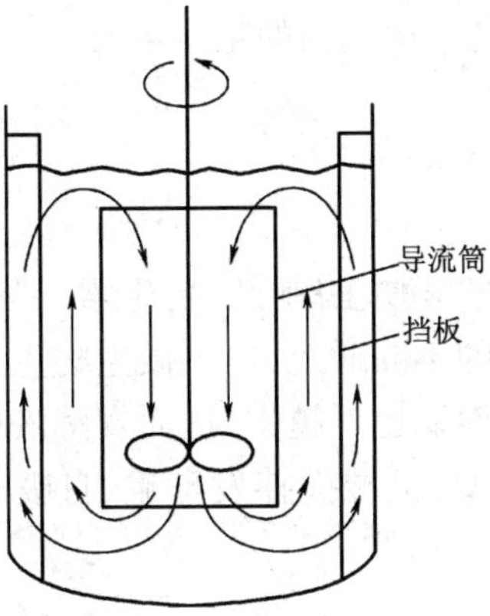

图 7-7　推进式搅拌

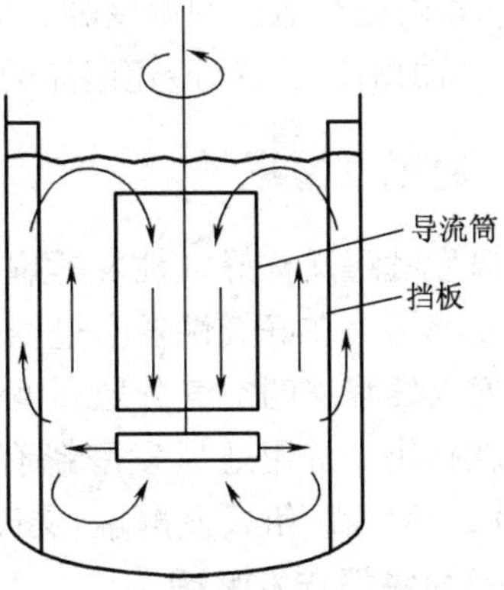

图 7-8　涡轮式搅拌

2. 不对称安装

将搅拌器偏心且倾斜地安装在容器内，破坏了离心力的产生，抑制了漩涡，增加了液体的湍动程度。

第二节　发酵设备

发酵是指微生物使有机物发生分解等作用的过程，例如菌种的培养、药物中间体的生长、药物的合成等可通过发酵完成。发酵设备是发酵工厂中主要的设备，它提供了一个适应微生物生命活动和生物代谢的场所，发酵过程与发酵设备的容积、气体、液体、温度、热交换、pH 调整有很大关系。由于微生物分厌氧和通风两大类，故供微生物生存和代谢的生产设备也就各不相同。不论厌氧或通风发酵设备，除了满足微生物培养所必要的工艺要求外，还得考虑材质的要求以及加工制造难易程度等因素。

发酵使用的容器为发酵釜，又称发酵罐。

制药工业发酵操作，有间歇操作、连续操作和半连续操作三种，但主要是间歇操作。间歇操作通常采用发酵釜，特点是将所需的原料一次加入发酵釜中，完成规定的发酵过程后即取出全部物料，将釜内清洗干净。整个过程是投料—发酵—出料—清洗。由于发酵过程中既无物料加入，又无物料输出，所以是恒容过程。

由于药品生产的规模不大，品种多，生产工艺复杂，而间歇发酵釜具有装置简单、操作方便、适应性强等优点，因此广泛适用于制药工业。

使用发酵釜要注意的问题：

(1) 釜内管道、阀门系统中避免使用金属铜，防止铜离子抑制微生物的生长，使成品或半成品提取率下降。

(2)釜内壁应光滑,无死角,内部附件越少越好,有利于投料前彻底灭菌。

(3)釜内应有适宜的温度和相应的强度,以利于微生物的正常生长。

(4)增加消泡装置,避免泡沫的产生。

一、通风发酵罐

通风发酵罐又称好气性发酵罐,如谷氨酸、柠檬酸、酶制剂、抗生素、酵母等发酵用的发酵罐。在好气性发酵过程中,需要空气的不断通入,以供微生物生长所需的氧。通入发酵液的空气分散程度越高,其比表面积也就越大,进而发酵液中氧的溶解也就越快。常用通风发酵罐有以下几种类型:机械搅拌发酵罐、自吸式发酵罐、气升式发酵罐、伍式发酵罐、文氏管发酵罐。

(一)机械搅拌发酵罐

1.机械搅拌发酵罐的基本要求

一个性能优良的机械搅拌发酵罐必须满足以下基本要求:

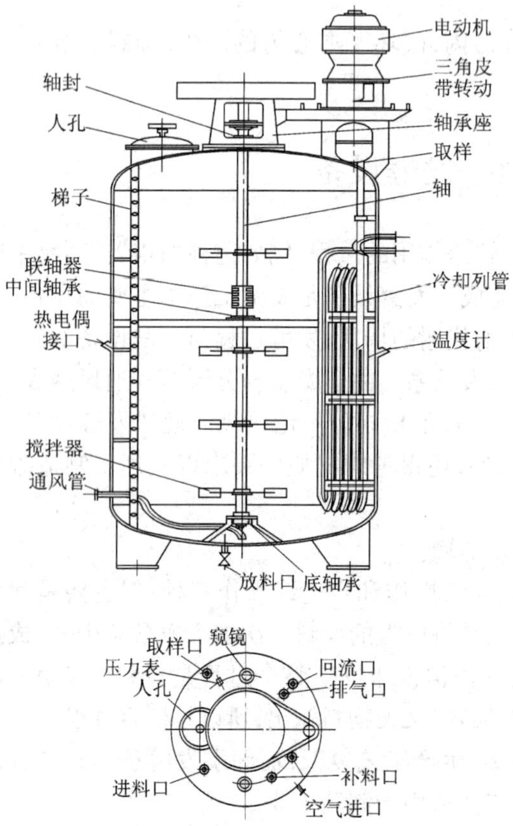

图7－9　大型机械搅拌发酵罐

(1)发酵罐应具有适宜的径高比;发酵罐的高度与直径之比一般为1.7～4,罐身越长,氧的利用率越高;

(2)发酵罐能承受一定压力;

(3)发酵罐的搅拌通风装置能使气液充分混合,保证发酵液必须的溶解氧;

(4)发酵罐应具有足够的冷却面积;

(5)发酵罐内应尽量减少死角,避免藏垢积污,灭菌能彻底,避免染菌;

(6)搅拌器的轴封应严密,尽量减少泄漏。

2.机械搅拌发酵罐的结构

机械搅拌发酵罐主要部件包括:罐身、轴封、消泡器、搅拌器、联轴器、中间轴承、挡板、空气分布管、换热装置和人孔以及管路等,如图7－9和图7－10所示。

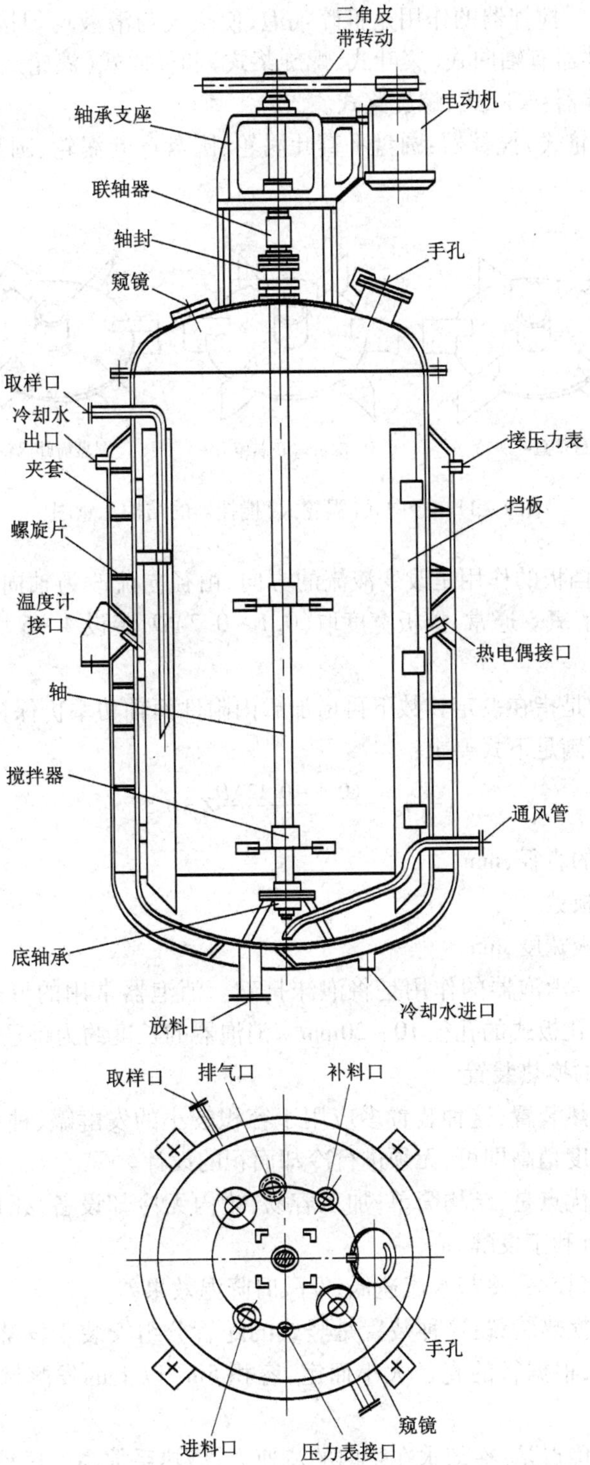

图 7－10　小型机械搅拌发酵罐

(1)搅拌器　搅拌器的作用是打碎气泡,使空气与溶液均匀接触,使氧溶解于发酵液中。搅拌器有轴向式(桨叶式、螺旋桨式)和径向式(涡轮式)两种。

轴向式搅拌器:桨叶式、螺旋桨式。

径向式(涡轮式)搅拌器:圆盘平直叶涡轮、圆盘弯叶涡轮、圆盘箭叶涡轮如图 7-11 所示。

图 7-11　径向式(涡轮式)搅拌器的结构示意图

(2)挡板　挡板的作用是改变液流的方向,由径向流改为轴向流,促使液体剧烈翻动,增加溶解氧。通常,挡板宽度取(0.1~0.2)D,装设 4~6 块即可满足全挡板条件。

全挡板条件是指在一定转数下再增加罐内附件而轴功率仍保持不变。要达到全挡板条件必须满足下式要求:

$$\left(\frac{W}{D}\right)Z=\frac{(0.1\sim0.12)D}{D}Z=0.5$$

式中　D——罐的直径,mm

　　　Z——挡板数

　　　W——挡板宽度,mm

(3)消泡器　消泡器的作用是将泡沫打破。消泡器常用的形式有锯齿式、梳状式及孔板式。孔板式的孔径 10~20mm。消泡器的长度约为罐径的 0.65。

(4)发酵罐的换热装置

①夹套式换热装置:这种装置多应用于容积较小的发酵罐、种子罐;夹套的高度比静止液面高度稍高即可,无须进行冷却面积的设计。

这种装置的优点是:结构简单;加工容易,罐内无冷却设备,死角少,容易进行清洁灭菌工作,有利于发酵。

缺点:传热壁较厚,冷却水流速低,发酵时降温效果差。

②竖式蛇管换热装置:这种装置是竖式的蛇管分组安装于发酵罐内,有四组、六组或八组不等,根据管的直径大小而定,容积 $5m^3$ 以上的发酵罐多用这种换热装置。

这种装置的优点是:冷却水在管内的流速大;传热系数高。这种冷却装置适用于冷却用水温度较低的地区,水的用量较少。

缺点：气温高的地区，冷却用水温度较高，则发酵时降温困难，发酵温度经常超过40℃，影响发酵产率，因此应采用冷冻盐水或冷冻水冷却，这样就增加了设备投资及生产成本。此外，弯曲位置比较容易蚀穿。

③竖式列管（排管）换热装置：这种装置是以列管形式分组对称装于发酵罐内。

优点：加工方便，适用于气温较高，水源充足的地区。

缺点：传热系数较蛇管低，用水量较大。

3. 常见故障及处理方法

常见故障及处理方法见表7－1。

表7－1　常见故障及处理方法

故障现象	产生原因	处理方法
搅拌转速降低	1. 皮带打滑 2. 皮带损坏断裂 3. 电机电压不足 4. 电机缺相运行	1. 调整皮带张口 2. 更换 3. 检查电源系统 4. 立即停机检查处理
机械密封泄漏	1. 机械密封动、静环面损坏 2. 动静环密封动、静面损坏 3. 罐内压力过高	1. 重新研磨或更换 2. 更换 3. 调低压力
出料不畅通	1. 出料管堵塞 2. 原料管穿孔、损坏 3. 空气压力不足	1. 排除积物 2. 补焊或更换 3. 加大空气压力
罐内发出异常响声	1. 搅拌器松脱或拆断 2. 拉杆松动或拆断 3. 轴瓦磨损严重，轴摆动过大 4. 主轴直线度严重超差 5. 内部换热盘管附件松动	1. 修理或更换 2. 紧固、调整或更新 3. 更换 4. 调整 5. 紧固或焊接
电机电源过大	1. 负载过大 2. 绕组绝缘降低	1. 检查处理 2. 检修或更换
搅拌轴晃动过大	1. 传动支架座松动 2. 联轴夹壳松动或损坏 3. 搅拌轴磨损严重 4. 拉杆松动或断裂	1. 紧固 2. 紧固或更换 3. 更换或修理 4. 修理或更换
整机振动大	1. 罐身基础松动偏歪 2. 地脚螺栓松动 3. 电机振动超标 4. 传动系统安装不合要求	1. 修理基础 2. 紧固 3. 检修轴承及内部 4. 调整

（二）自吸式发酵罐

自吸式发酵罐是一种不需要空气压缩机，而在搅拌过程中自动吸入空气的发酵罐。这种设备的耗电量小，能保证发酵所需的空气，气液接触十分良好，气泡分散较细，吸入空气中70% ~80%的氧被利用。

1. 自吸式发酵罐的结构

自吸式发酵罐的主体结构包括：罐体、自吸搅拌器及导轮、轴封、换热装置、消泡器。

自吸式发酵罐结构示意图见图7－12。

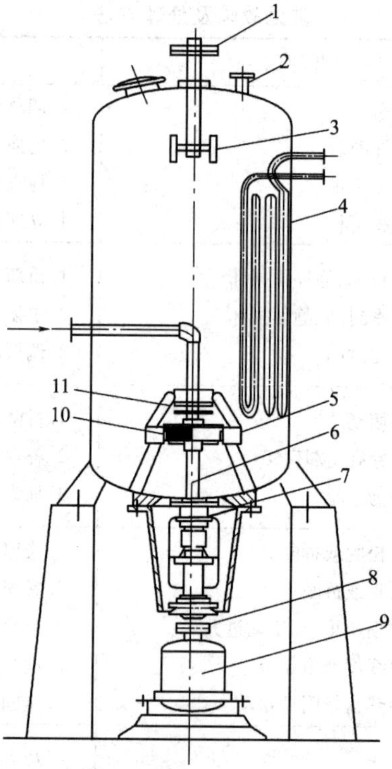

图7－12　自吸式发酵罐结构示意图

1—皮带轮　2—排气管　3—消泡器　4—冷却器　5—定子　6—轴　7—双端面轴封
8—联轴器　9—电机　10—转子　11—端面轴封

机械搅拌自吸式发酵罐结构示意图见图7－13。

2. 自吸式发酵罐的充气原理

自吸式发酵罐的主要构件是自吸搅拌器及导轮，简称为转子（图7－14，图7－15）及定子（图7－16，图7－17）。转子由箱底向上升入的主轴带动，当转子转动时空气则由导气管吸入。转子的形式有九叶轮、六叶轮、三叶轮、十字形叶轮等，叶轮均为空心形。

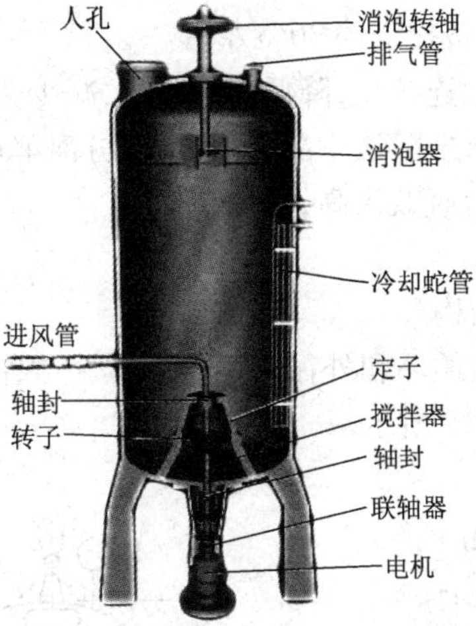

图 7－13　机械搅拌自吸式发酵罐结构示意图

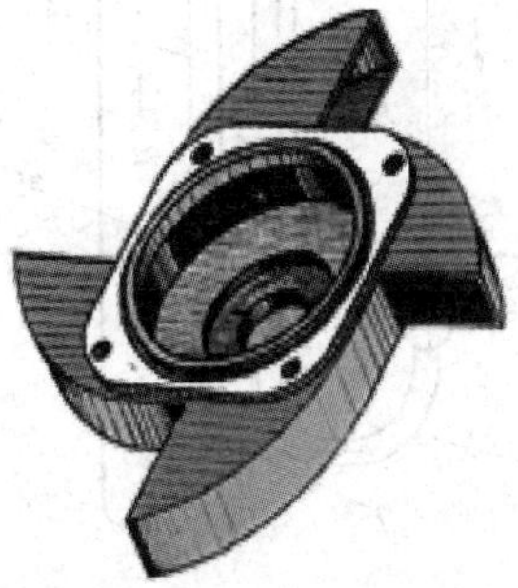

图 7－14　转子结构示意图

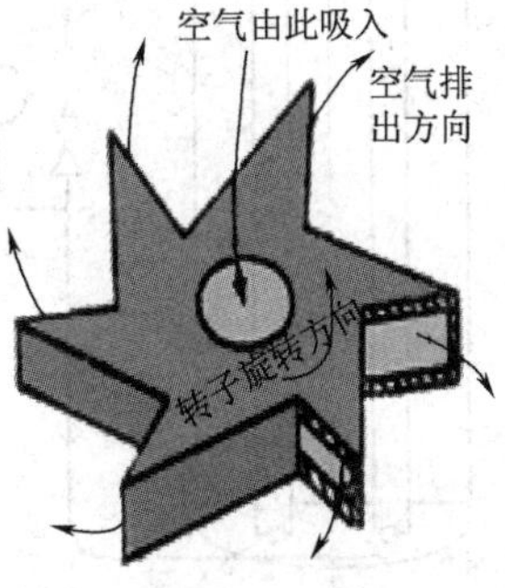

图 7－15　转子原理示意图

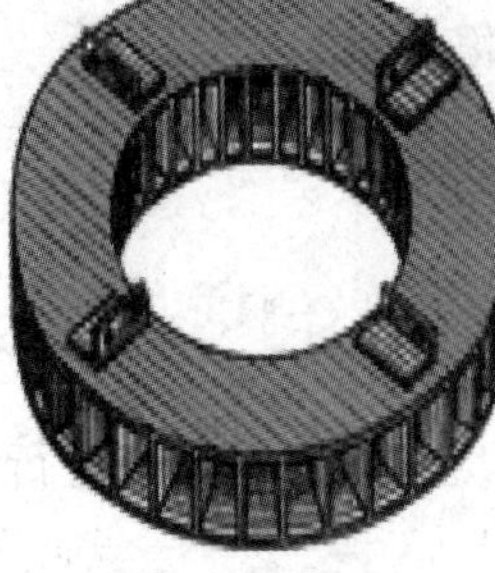

图 7－16　定子结构示意图

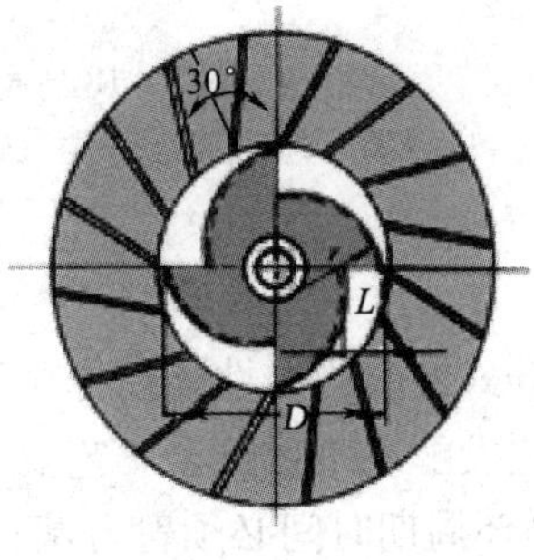

图 7－17　定子原理示意图

3. 自吸式发酵罐的特点

(1)节约空气净化系统中的空气压缩机及附属设备,减少厂房占地面积。

(2)减少工厂发酵设备投资约30%左右。

(3)设备便于自动化、连续化,降低劳动强度,减少劳动力。

(4)酵母发酵周期短,发酵液中酵母浓度高,分离酵母后的废液量少。

(5)设备结构简单,溶氧效果高,操作方便。

(三)气升式发酵罐

1. 气升式发酵罐的结构

气升式发酵罐分为内循环和外循环两种。其主要结构包括:罐体、上升管、空气喷嘴。其结构如图7－18所示。

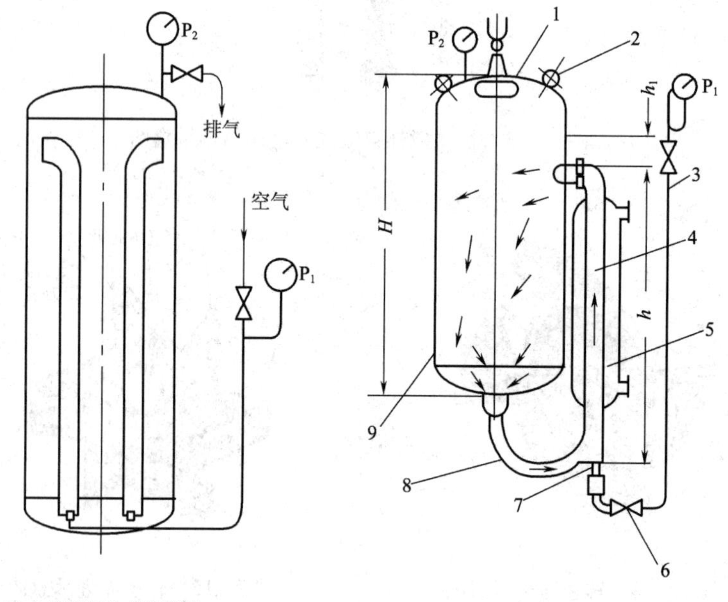

(1)内循环气升式发酵罐

(2)外循环气升式发酵罐

图7－18　气升式发酵罐的结构示意图

1—人孔　2—视镜　3—空气管　4—上升管　5—冷却夹套　6—单向阀门　7—空气喷嘴　8—带升管　9—罐体

2. 气升式发酵罐的性能指标

气升式发酵罐是否符合工艺要求及经济指标,应从下面几方面进行考虑:

(1)循环周期时间必须符合菌种发酵的需要;

(2)选用适当直径的喷嘴。具有适当直径的喷嘴才能保证气泡分割细碎,与发酵液均匀接触,增加溶氧系数。

3. 气升式发酵罐的特点

(1)结构简单,冷却面积小。

(2)无搅拌传动设备,节省动力约50%,节省钢材。

(3)操作时无噪音。

(4)料液装料系数达80%~90%,而不须加消泡剂。

(5)维修、操作及清洗简便,减少杂菌感染。

但气升式发酵罐还不能代替好气量较小的发酵罐,对于黏度较大的发酵液溶氧系数较低。

(四)伍式发酵罐

1. 伍式发酵罐结构

伍式发酵罐的主要部件是套筒、搅拌器(图7-19)。

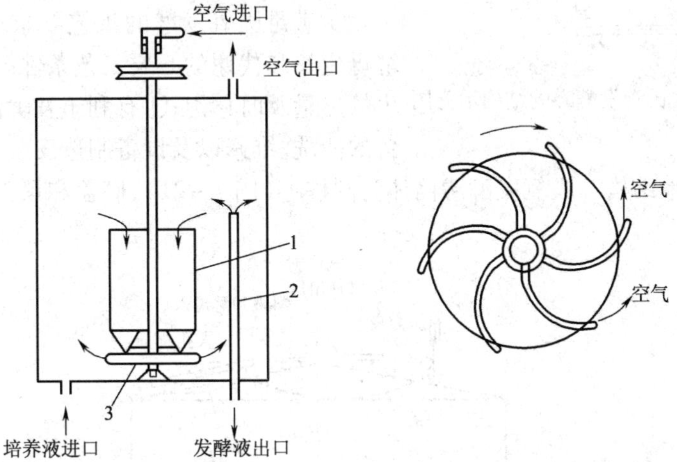

图7-19　伍式发酵罐的结构示意图

1—套筒　2—溢流管　3—搅拌器

2. 通气原理

搅拌时液体沿着套筒外向上升至液面,然后由套筒内返回罐底,搅拌器是用六根弯曲的空气管子焊于圆盘上,兼作空气分配器。空气由空心轴导入经过搅拌器的空心管吹出,与被搅拌器甩出的液体相混合,发酵液在套筒外侧上升,由套筒内部下降,形成循环。

设备的缺点是结构复杂,清洗套筒较困难,消耗功率较高。

(五)文氏管发酵罐

文氏管发酵罐的工作原理是用泵将发酵液压入文氏管中,由于文氏管的收缩段中液体的流速增加,形成真空将空气吸入,并使气泡分散与液体混合,增加发酵液中的溶解氧。文氏管发酵罐的结构示意图如图7-20所示。这种设备的优点

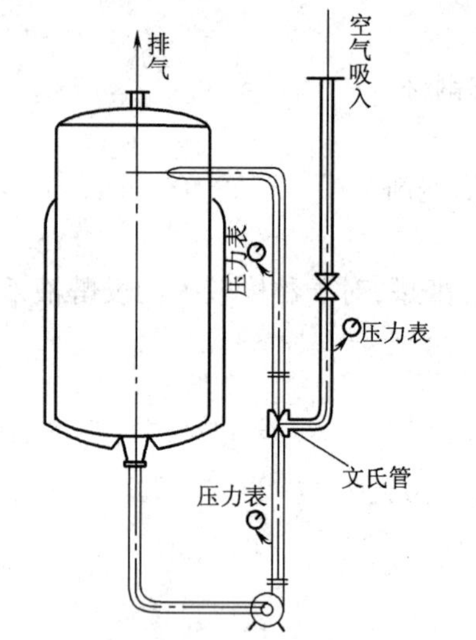

图 7－20　文氏管发酵罐的结构示意图

是：吸氧的效率高，气、液、固三相均匀混合，设备简单，无须空气压缩机及搅拌器，动力消耗省。

设备的缺点是气体吸入量与液体循环量之比较低，对于好氧量较大的微生物发酵不适宜。

二、厌氧发酵罐

厌氧发酵罐又称嫌气性发酵罐，如丙酮－丁醇、酒精等发酵用的发酵罐。发酵过程不需要通气。因此在设备放大、制造和操作时，都比好氧发酵设备简单得多。厌氧发酵设备的基本要求如下：

①满足厌氧发酵的工艺要求；②满足厌氧酵母生长和代谢的必要工艺条件。③将发酵产生的热量及时移走；④有利于发酵液的排出，设备的清洗、维修以及设备制造安装方便。

（1）基本结构　厌氧发酵罐筒体为圆柱形（图 7－21），底盖和顶盖均为碟形或

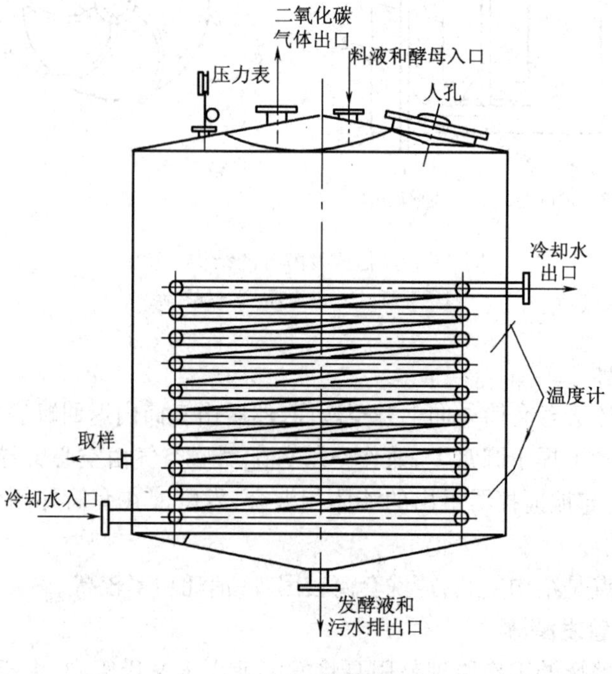

图 7－21　厌氧发酵罐结构示意图

锥形的立式金属容器。罐顶装有废汽回收管、进料管、接种管、压力表、各种测量仪表接口管及供观察清洗和检修罐体内部的人孔等。罐底装有排料口和排污口，对于大型发酵罐，为了便于维修和清洗，往往在近罐底也装有人孔。罐身上下部装有取样口和温度计接口。

(2)发酵罐的冷却装置　根据发酵罐的大小不同，厌氧发酵罐通常采用以下冷却装置：

①中小型发酵罐：多采用罐顶喷水淋于罐外壁表面进行膜状冷却。

②大型发酵罐：由于罐外壁冷却面积不能满足冷却要求，所以，罐内装有冷却蛇管或罐内蛇管和罐外壁喷洒联合冷却装置。

③也有采用罐外列管式喷淋冷却的方法，此法具有冷却发酵液均匀、冷却效率高等优点。

厌氧发酵罐结构冷却示意图见图7－22。

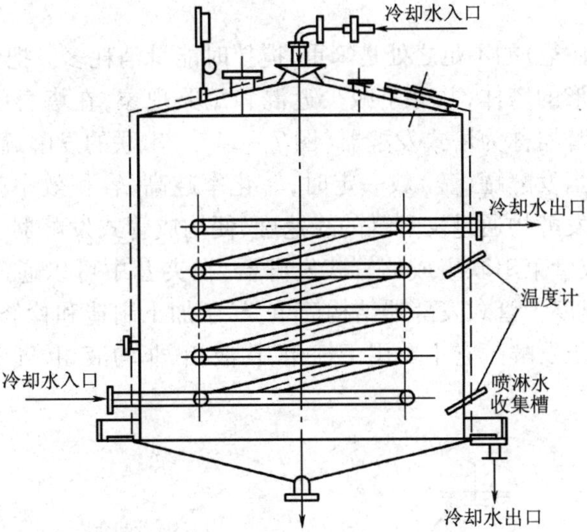

图7－22　厌氧发酵罐结构冷却示意图

(3)厌氧发酵罐的洗涤装置　大型厌氧发酵罐通常采用水力喷射洗涤装置(图7－23)。

三、塔式与管式发酵器

在连续发酵罐(釜)中，连续加进物料时，由于搅拌器剧烈搅拌，而使部分应离开发酵罐的物料被卷了回来，继续留在发酵罐中，部分新加入的物料未来得及发酵就流出了发酵罐。发酵物料的停留时间有长有短，这种使发酵过的物料和新鲜物料部分混合的现象称为返混。返混的结果使发酵物的浓度降低，发酵的速度减慢，发酵时间延长。

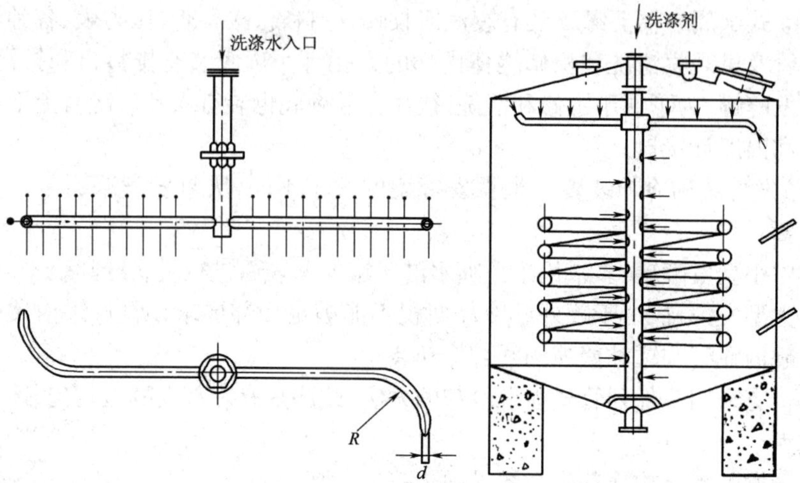

图 7－23　厌氧发酵罐洗涤装置的结构示意图

釜式发酵罐(釜)的不足之处是笨重、搅拌时能量消耗多。把多釜串联成一个整体,组成圆筒形的塔体,并为了减少返混和短路现象,在塔身中安装折流板和填料,这样的发酵器称为塔式发酵器(图 7－24)。串联的发酵罐(釜)数越多,容积效率就越高;当发酵罐(釜)数一定时,转化率越高,容积效率就越低。增大设备长径比,增大发酵物通过发酵罐的线速度,便构成管式发酵器。图 7－25 所示为由多段套管或管束串联组成的管式发酵器,在夹套中可以通入加热剂或冷却剂控制发酵的温度。管式发酵器结构简单,易于加工制造和检修,金属管子能耐高压,可用于加压发酵。它主要用于气相、均液相、非均液相、气液相、液固相、固相等物料的发酵。

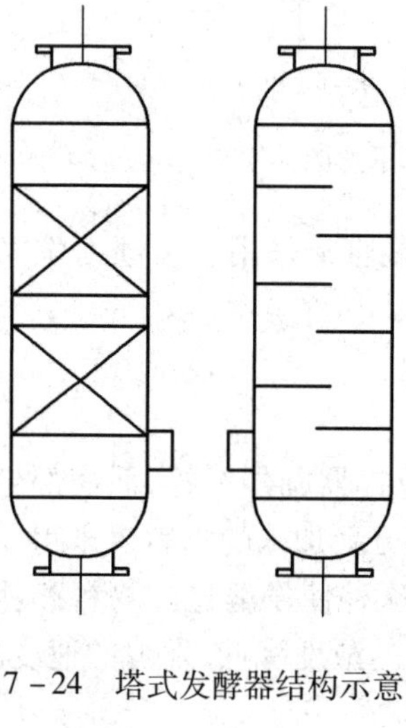

图 7－24　塔式发酵器结构示意图

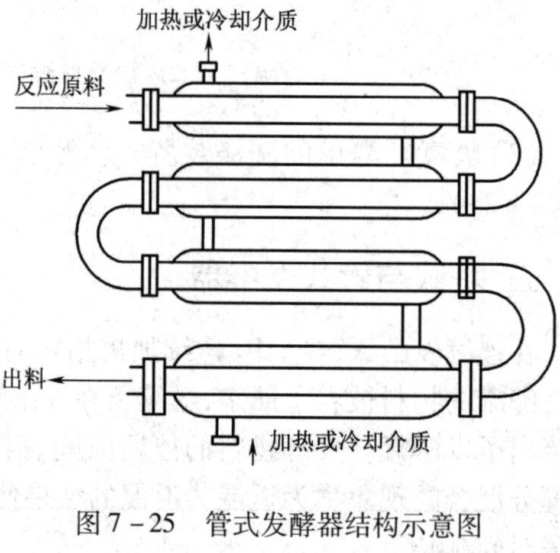

图 7－25　管式发酵器结构示意图

由于受塔高和管长的限制,发酵物在塔式发酵器或者管式发酵器中停留时间不能太长,所以对发酵速度慢、反应时间长的物质不宜采用此方法,而应采用间歇发酵罐生产。

【思考题】

1. 简述反应釜的结构。
2. 使用发酵罐要注意哪些问题?
3. 试比较各种发酵设备的结构及特点。

第八章　分离设备

【学习目标】

1. 熟悉除尘设备。
2. 熟悉板框过滤设备。
3. 掌握真空过滤设备。

依靠机械作用力，对固－液、液－液、气－液、气－固等非均相混合物进行分离的设备均称为机械分离设备。

在制药生产中，常会产生含有大量尘灰或雾沫的气体及产品悬浮在液体内的悬浮液。为了回收有用物料、获得产品、净化气体，都必须进行非均一相的分离操作。如从母液中分离固体的成品或半成品；药物经气流干燥后的产品或半成品；反应液中取得结晶产品等过程都是分离操作。另外，非均相系的分离在环境保护、三废处理方面也具有重要意义。常用的非均相分离方法主要有以下三种。

(1)过滤法　使非均相物料通过过滤介质，将颗粒截留在过滤介质上而得到分离。

(2)沉降法　颗粒在重力场或离心力场内，借自身的重力或离心力使之分离。

(3)离心分离　利用离心力的作用，使悬浮液中微粒分离。

第一节　除尘设备

一、袋式(布袋)过滤器

在袋式过滤器中，由棉、毛或合成纤维织物做成滤袋，套在与进风口连接的花板的短管上。进风式过滤器有上进风和下进风两种(图 8－1，图 8－2)，由上部或下部进口进入滤袋，颗粒被留于袋内，净化后的空气由滤袋逸出。上进风式气流与尘粒落下方向一致，效果较好。下进风式气流与尘粒落下方向相反，逆向流动，使下落颗粒有被扬起的可能，因此，效果不够理想。一般滤袋的直径为 120～300mm，袋长为 2～3.5m。

二、旋风分离器

旋风分离器(图 8－3)的主体部分为圆筒形，下部为圆锥形。含尘气体从上部

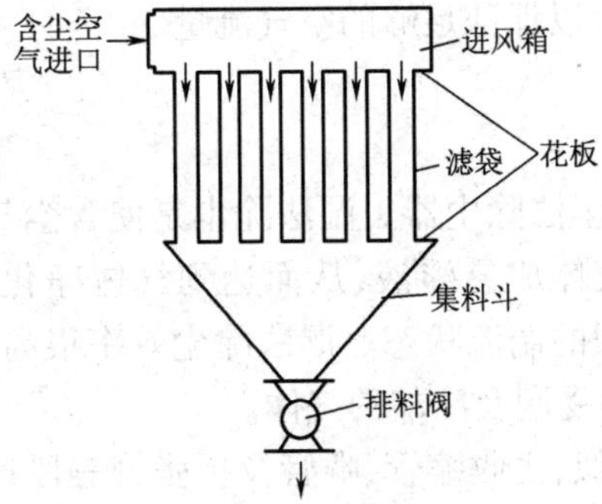

图 8－1　上进风式袋滤器示意图

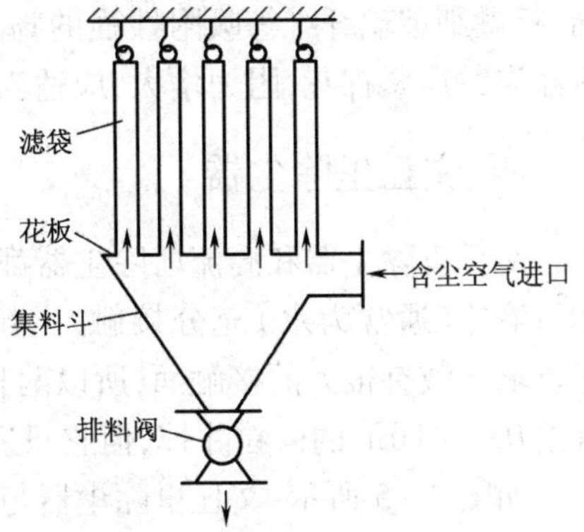

图 8－2　下进风式袋滤器示意图

侧面的矩形进气管以切线进入，气流沿筒内壁做由上而下的螺旋运动，到达底部后又自下而上沿筒中心旋转至排出管排出。气流在旋转过程中，粉尘在离心力的作用下被甩向室壁，并被下旋的气流带至锥底，落于集料斗而与气体分离。

三、立式圆筒空气过滤器

在抗生素发酵等过程中，需要大量无菌洁净空气，为此需要用空气过滤器除去细小尘粒与细菌。图 8－4 所示的立式圆筒空气过滤器，内装活性炭、脱脂棉、玻璃

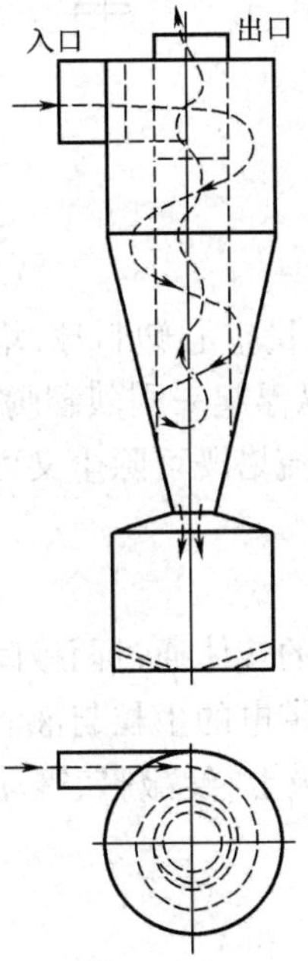

图 8－3　标准型旋风分离器示意图

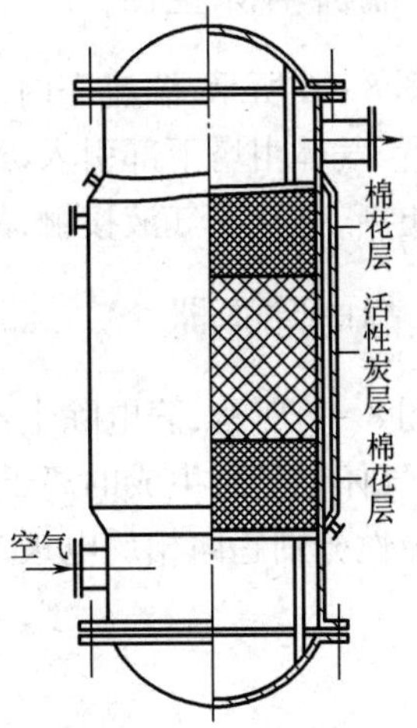

图 8－4　立式圆筒空气过滤器

棉、超微细玻璃纤维等吸附性强的物质,空气流速一般取0.1～0.3m/s,如果使用活性炭并压紧棉花,阻力增大,应适当增大风压,以保证足够的空气流量。

四、文丘里除尘器

文丘里除尘器和湍流塔除尘器都是常用的湿法除尘器。湿法除尘是使含尘气体与液体(通常为水)充分接触,尘粒粘附于液体成悬浮液,从而达到气体净化。它要求气液有很大的接触面,所以两相处于剧烈的湍流状态。湿法除尘效率很高,可把0.1～1μm的微粒除掉,但它只适用于不怕受潮及冷却的气体。

如图8-5所示,文丘里除尘器与喷射泵相似,由收缩管、喉管及扩张管三段连接而成。水通过在喉管周边均布的许多小孔流入,被高速气流碰撞形成雾状液滴,促使尘粒湿润而聚结增大并随气体进入旋风分离器而与气体分离。

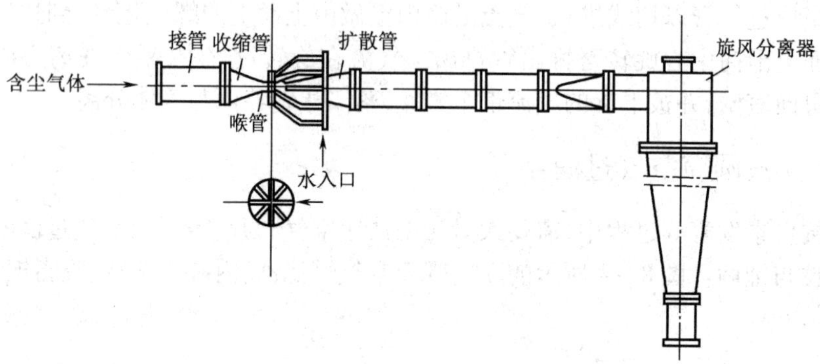

图8-5 文丘里除尘器

五、湍流塔除尘器

如图8-6所示,湍流塔内多孔筛板上放置一定量空心塑料球,塔上部有液态喷淋装置,气体由塔下部引入,经筛孔喷出,使小球悬浮起来剧烈翻腾碰撞,造成液膜不断更新,强化了气液接触,故除尘效率很高。湍流塔既可除尘又可作吸收用。

六、静电除尘器

如图8-7所示,静电除尘器使含有尘粒或雾滴的气体通过两极间的高压直流静电场,气体电离后生成的离子附于尘粒或雾滴上,带电的尘粒与液滴在电场作用下依其极性分别趋向相反电极,被中和后沉积于电极上,经敲打、震动或冲洗而落入灰斗。

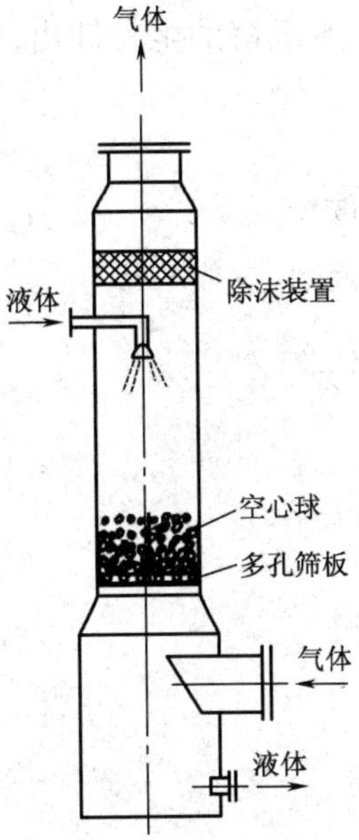

图 8－6　湍流塔除尘器

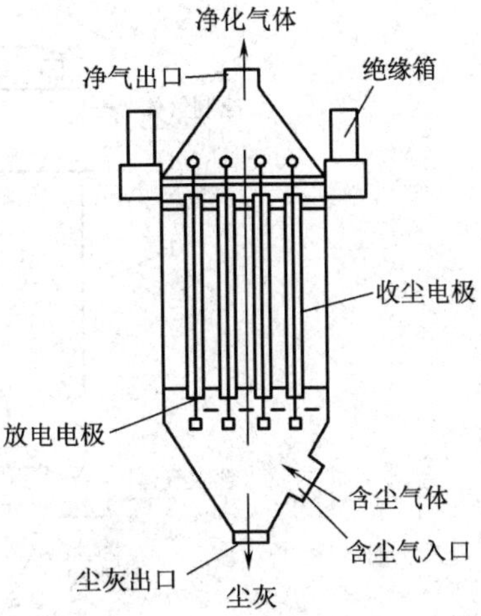

图 8－7　静电除尘器

静电除尘器的优点：

(1)能够捕集 0.1μm 或更小的尘粒与雾滴。

(2)分离效率可达 99.99%。

(3)阻力较小，气体处理量很大。

(4)可以处理 500℃左右的高温气体。

静电除尘器的缺点：

(1)造价高。

(2)管理要求严格。

(3)不能处理易爆气体。

七、脉冲式袋滤器

如图 8－8 所示，脉冲式袋滤器主要由滤袋及其骨架、壳体、清灰装置、灰斗和排灰阀等部分组成，是利用袋状滤布对非均相混合物进行分离的设备，目前主要用于空气的净制。

袋式分离器的结构较为简单，几个滤袋合为一组，垂直装在一个底部为锥形的金属容器内，袋的下口紧套在花板的短管上，上端悬挂在一个可以振动的框架上。滤器内的滤带依次进行过滤、卸尘操作：含尘气体自袋式过滤器的一侧进入后，经花板从袋的下端进入袋内，气体穿过滤袋而灰尘则被留在袋的内表面上，净制后的气体经过气体出口溢出，以上称为过滤。从相反方向由袋外向内吹入空气，同时借滤袋上端的自动振动机械使滤袋颤动，这样就将袋内所截留的尘粒卸出，称为卸尘。过滤与卸尘工序的交替由自动控制器控制。

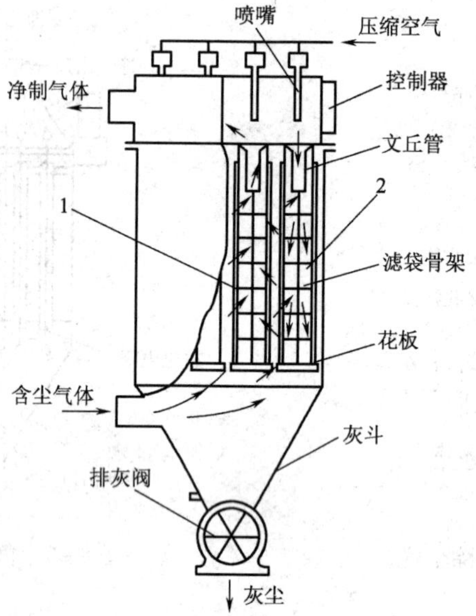

图 8 - 8　脉冲式袋滤器结构示意图
1—正在过滤的滤袋　2—正在卸尘的滤袋

第二节　过滤设备

一、板框压滤机

板框压滤机(图 8 - 9、图 8 - 10)由多块带凸凹纹路的滤板和滤框交替排列于机架而构成。板和框一般制成方形，其角端均开有圆孔，这样板、框装合，压紧后即构成供滤浆、滤液或洗涤液流动的通道。框的两侧覆以滤布，空框与滤布围成了容纳滤浆和滤饼的空间。

(一) 板框压滤机构成

板框压滤机(图 8 - 11)主要有机架、压紧机构、过滤机构构成。

1. 机架

机架：是板框压滤机的基础部件，两端是止推板和压紧机，两侧的大梁将二者连接起来，大梁用以支撑滤板、滤框和压紧板。

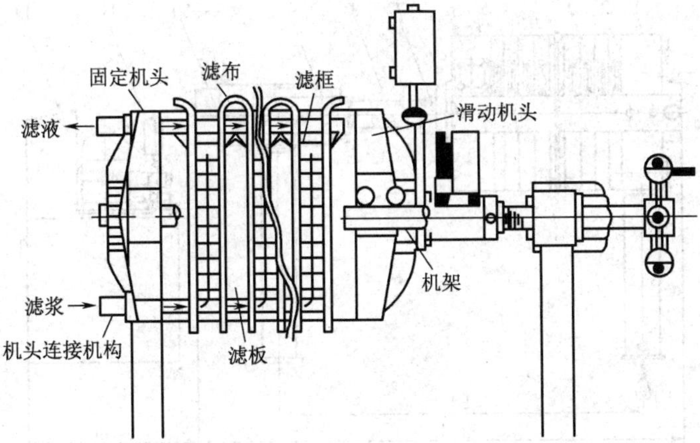

图8－9　板框压滤机结构示意图

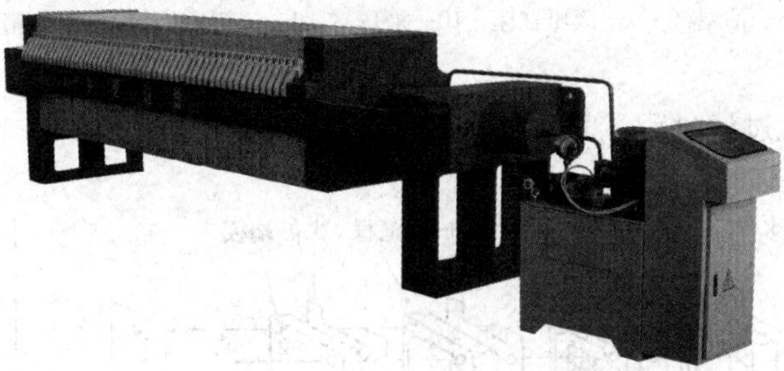

图8－10　板框压滤机实体设备示意图

止推板：它与支座连接将压滤机的一端坐落在地基上，厢式压滤机的止推板中间是进料孔，四个角还有四个孔，上两角的孔是洗涤液或压榨气体进口，下两角为出口。

压紧板：用以压紧滤板、滤框，两侧的滚轮用以支撑压紧板在大梁的轨道上滚动。

大梁：是承重构件，材料为优质钢板或优质槽钢，根据使用环境防腐的要求，可选择硬质聚氯乙烯、聚丙烯、不锈钢包覆或新型防腐涂料等涂覆。

2. 压紧机构

手动压紧：千斤顶。

机械压紧：电动机减速器、齿轮、丝杆和固定螺母。

液压压紧：液压站、油缸、活塞、活塞杆以及活塞杆与压紧板连接的法兰卡片。

3. 过滤机构：

滤板、滤框、滤布。

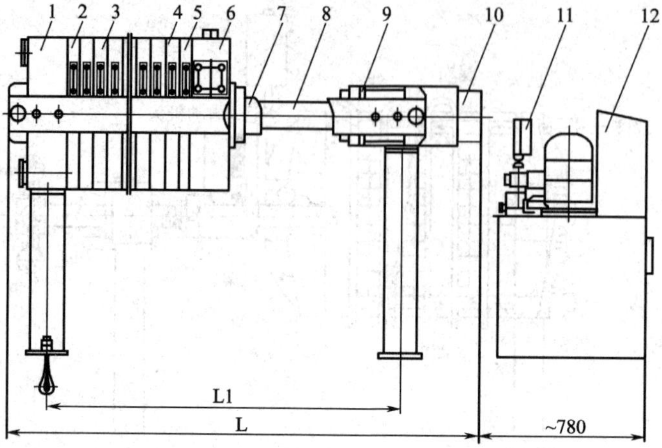

图 8－11　板框压滤机结构示意图

1—止推板　2—头板　3—滤板　4—滤布　5—尾板　6—压紧板　7—横梁
8—活塞杆　9—液压缸座　10—液压缸　11—液压站　12—电控箱

板框压滤机过滤过程示意图见图 8－12。

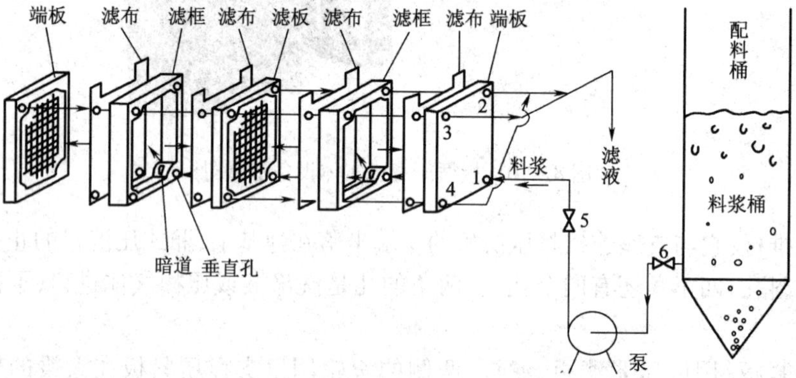

图 8－12　板框压滤机过滤过程示意图

1—料浆通道　2,3,4—滤液通道

(1)过滤　滤浆由总管入框→框内形成滤饼→滤液穿过饼和布→经每板上旋塞排出(明流)[从板流出的滤液汇集于某总管排出(暗流)]。

(2)洗涤　洗涤液由总管入板→滤布→滤饼→滤布→非洗涤板→排出。

置换洗涤:洗涤液行程与滤液相同。

明流过滤:每个滤板的下方出液孔上装有水咀,滤液直观地从水咀里流出。

暗流过滤:每个滤板的下方设有出液通道孔,若干块滤板出液孔连成一个出液通道，由止推板下方出液孔相连接的管道排出。

间歇操作：过滤、洗涤、卸渣、整理、装合。

(3)滤板及滤框形状及材质　板框通常为正方形，滤框的内边长为200～2000mm，框厚为16～80mm，过滤面积为1～1200m^2。

板和框（图8－13）用铸铁、铸钢、不锈钢、聚丙烯和橡胶等材料制造。聚丙烯滤板化学性能稳定，抗腐蚀性强，耐酸、碱、盐的侵蚀，无毒、无味，自重小，强度高，操作省力。金属滤板精铸成型，耐高温、高压，经久耐用。为降低滤渣的含水率，可采用橡胶隔膜板。

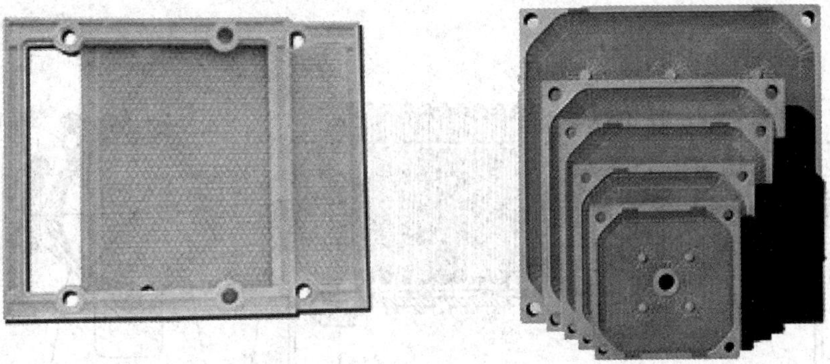

图8－13　板框压滤机滤板、滤框

滤布示意图见图8－14。

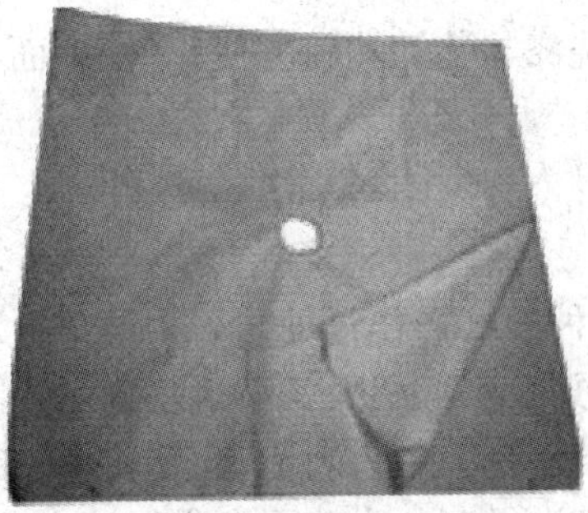

图8－14　滤布示意图

(二)板框压滤机的特点

(1)结构简单，价格低廉，占地面积小，过滤面积大。

(2)可根据需要增减滤板的数量，调节过滤能力。

(3)对物料的适应能力较强，过滤压力较高，对颗粒细小而液体黏度较大的滤浆，也能适用。

(4)间歇操作,生产能力低,卸渣清洗和组装阶段需用人力操作,劳动强度大,所以它只适用于小规模生产。

二、叶片压滤机

如图 8－15 所示,叶片压滤机主要由机架、机壳和许多滤叶组装而成,机壳分为上下两半,上半固定在机架上。一个滤叶构成一个过滤单元。过滤时滤浆由泵打入机壳内,滤液穿过各滤叶的滤布,由各滤叶排出口汇入总管道排出。过滤完毕,先行洗涤,打开机壳的下半部,自内向外吹送压缩空气,使滤饼松动自行卸下。

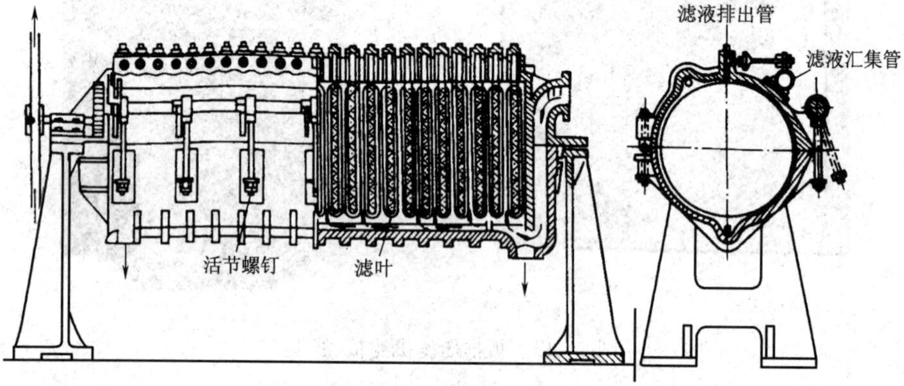

图 8－15　圆形叶片压滤机

其特点是:①使用时洗涤与装卸均较方便;②占地面积小;③过滤速度大;④滤饼厚度不易均匀。

三、转鼓真空过滤机

转鼓真空过滤机是一种连续操作过滤机,图 8－16 为其操作示意图。转鼓真空过滤机由转鼓、液槽、抽真空装置和喷气喷水装置组成。核心部件是转鼓和分布装置。设备的主体为一可转动的水平圆筒,其表面有一层金属网,网上覆盖滤布,筒的下部浸入滤液中,圆筒沿径向分为若干个小过滤室,每室分别有单独孔道通至转动盘,转动盘随圆筒旋转。转动盘与安装在支架上的固定盘之间的接触面密切配合,用弹簧压紧保持密封。在固定盘内侧面的凹槽,分别与滤液排出管(真空管)、洗涤水排出管(真空管)及空气吸进管相接。所以转动盘上的小孔有一部分与固定盘上连接滤液管的凹槽相通;另一部分与连接洗涤水管的凹槽相通;其余的与连接空气吹进管相通。由于转动盘与固定盘如此配合,使圆筒的各小过滤管分配到固定盘的三个凹槽上,故转动盘与固定盘合称为分配头。

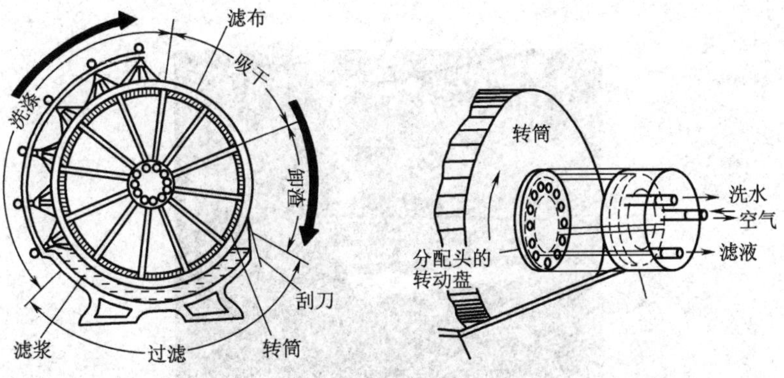

(1) 圆筒　　(2) 分配头

图 8－16　转鼓真空过滤机操作示意图

转筒旋转一周时，由于分配头的作用，使各小过滤室依次分别与滤液排出管、洗涤水排出管及空气吸进管相通。所以每个小过滤室可依次进行过滤、洗涤、吸干、吹松和卸渣等项操作。固定盘上三个凹槽有一定距离，所以可使各项操作不会相遇。

转鼓真空过滤机（图 8－17）的最大推动力为 0.1MPa，对滤饼阻力大的物料适应能力差。

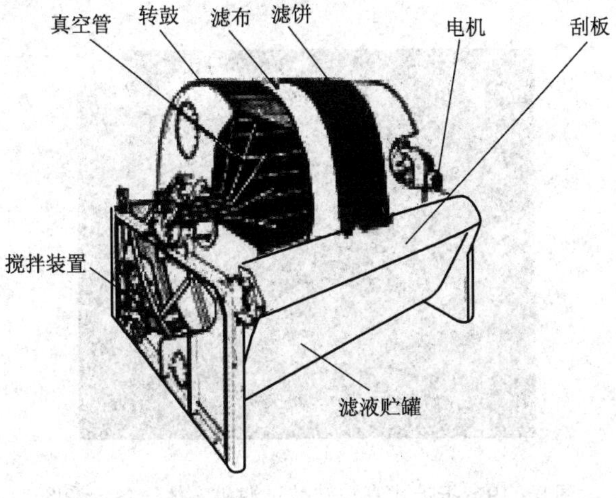

图 8－17　转鼓真空过滤机示意图

1. 预涂式真空转鼓过滤机

预涂式真空转鼓过滤机（图 8－18）通过在转鼓表面吸敷的预涂层作为辅助过滤介质，配合刮刀自动卸料，它有在真空过滤下连续自动工作的特点，专用于浓度较低、粒度细、胶质、易堵塞滤布的悬浮液的过滤分离，并可获得澄清度极高的滤液。

图 8－18　预涂式真空转鼓过滤实体设备示意图

2. 折带式真空转鼓过滤机

折带式真空转鼓过滤机(图 8－19)通过与转鼓同步运转的滤布,在真空(负压)作用下实现悬浮液的固液分离,经折带装置卸除滤饼并实现滤布的清洗再生。具有自动化程度高,操作连续,滤布易再生等特点,被广泛应用于化工、制药、环保等行业。

图 8－19　折带式真空转鼓过滤机实体设备示意图

刮刀式真空转鼓过滤机(图 8－20)通过与转鼓同步运转的滤布,在真空(负压)作用下实现悬浮液的固液分离,靠压缩空气反吹并经刮刀装置卸除滤饼,再由压缩空气反吹实现滤布的再生。该机适用于液固相浓度及相对密度适中,粒度较均匀的悬浮液。

图 8－20　刮刀式真空转鼓过滤机实体设备示意图

真空转鼓过滤机优点：连续操作，易实现自动化操作，对处理量大而容易过滤的料浆特别适宜。

缺点：转筒体积庞大而过滤面积相形之下嫌小；用真空吸液，过滤推动力不大，悬浮液中黏度不能高，颗粒尺寸不能太小；辅助设备多，能耗大。

四、离心分离设备

离心机是利用惯性离心力分离液态非均相混合物的机械。由于离心机可产生强大的离心力，故可用来分离一般方法难以分离的悬浮液和乳浊液。

(1)离心过滤—分离悬浮液；

(2)离心沉降—分离悬浮液；

(3)离心分离—分离乳浊液。

离心机的主要部件为一由电动机带动的快速转鼓，鼓上有孔或无孔，有孔的内壁面铺上滤布。转鼓高速旋转时，液体被甩出，而颗粒留于鼓内，此操作为离心分离。无孔转鼓内的颗粒由于受到离心作用和沉降作用而沉于鼓壁面上，此操作为离心沉降。

1. 普通三足离心机

三足离心机是最早出现的液－固分离设备(图 8－21、图 8－22、图 8－23)。应用转鼓高速回转所产生的离心力使悬浮液或其他脱水物料中的固相与液相分离开来。常见的三足式离心机有人工上部卸料、人工下部卸料和机械下部卸料三足式离心机等。

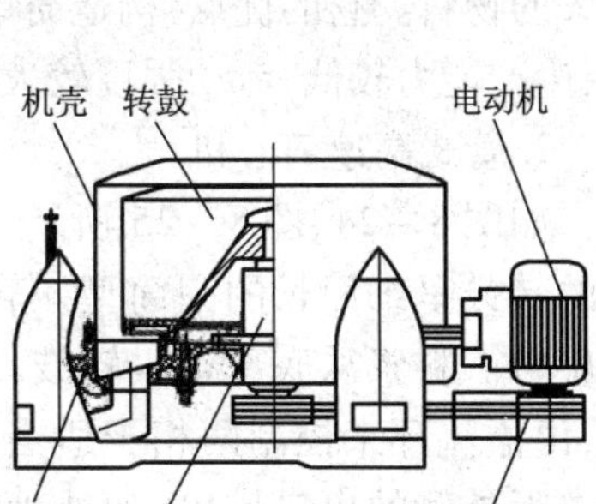

图 8－21　人工卸料三足式离心机结构示意图

图 8-22　人工卸料三足式离心机实体设备示意图

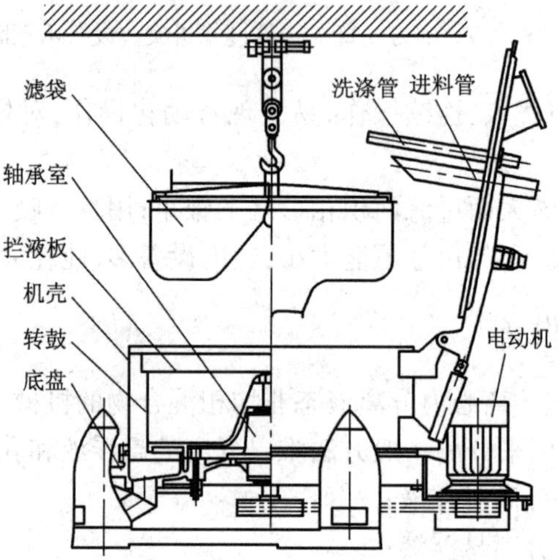

图 8-23　吊带三足式离心机结构示意图

三足离心机适用于中等粒状物料和纤维状物料，适用于过滤周期较长、处理量不大的物料。它的优点：构造简单；运行平稳；占地面积小；固体粒子不易磨损。缺点：生产能力较低；劳动强度较大。

2. 管式高速离心机

如图 8-24、图 8-25 所示，为保证悬浮液有足够的沉降时间，管式高速离心机的转鼓呈细而长的圆筒型。转鼓内有径向安装的辐射状挡板，以带动液体迅速旋转。料浆从底部送入转鼓。如处理乳浊液，则依其密度不同分轻液、重液两相，由溢流环来控制两相于适当位置上，轻液由靠近转鼓中心的出口排出，重液由靠近外侧的出口排出；如处理悬浮液则只用一个液体出口，微粒附在鼓壁上，停机后取出。

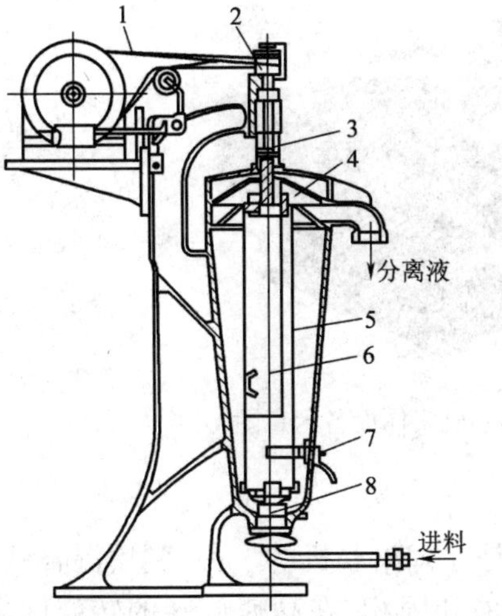

图 8－24　管式高速离心机结构示意图
1—皮带　2—皮带轮　3—主轴　4—液体收集器
5—转鼓　6—三叶板　7—制动器　8—转鼓下轴承

图 8－25　管式高速离心机实体设备示意图

管式高速离心机适合分离稀薄的悬浮液、难分离的乳浊液以及抗生素的提纯和生化制药等。

管式高速离心机的优点:①结构简单;②运行可靠;③密封性能好。其缺点是:①容量小;②需人工卸除滤渣。

悬浮液中固体的量必须相当少,以免频繁停车卸渣。

3.活塞推料离心机

如图 8－26、图 8－27 所示,在活塞推料离心机中,悬浮液通过进料管送到圆锥形加料斗中,在转鼓内壁有滤网,在离心力的作用下滤液沿料斗内壁流动,穿过滤网,由滤液出口连续排出。最后,积在滤网上的滤渣被与加料斗一起做往复运动的活塞推向出口,途中受到冲洗管喷出洗涤水的淋洗,洗水由另一出口排出。

这种离心机适用于颗粒浓度大、粒径较大(0.1～5μm)的悬浮液。其优点:分离效果较好;生产能力大。缺点:对悬浮液浓度较敏感。

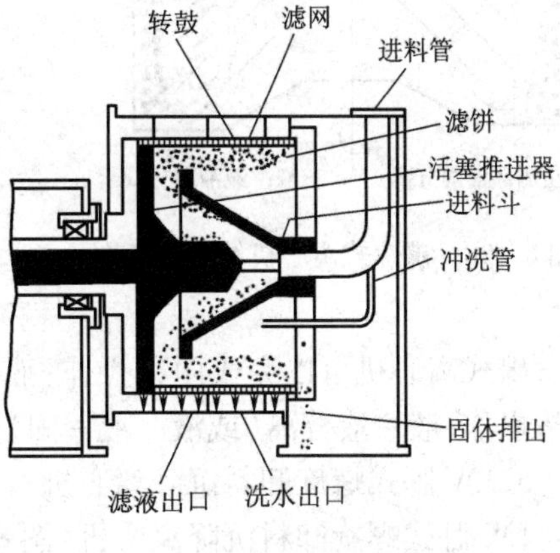

图 8－26　活塞推料离心机结构示意图

图8－27　活塞推料离心机实体设备示意图

4. 碟片式离心机

碟片式离心机(图8－28、图8－29)是立式离心机的一种,利用混合液(浑浊液)中具有不同密度且互不相溶的轻、重液和固相,在高速旋转的转鼓内离心力的作用下成圆环状,获得不同的沉降速度,密度最大的固体颗粒向外运动积聚在转鼓的周壁,轻相液体在最内层,达到分离分层或使液体中固体颗粒沉降的目的。

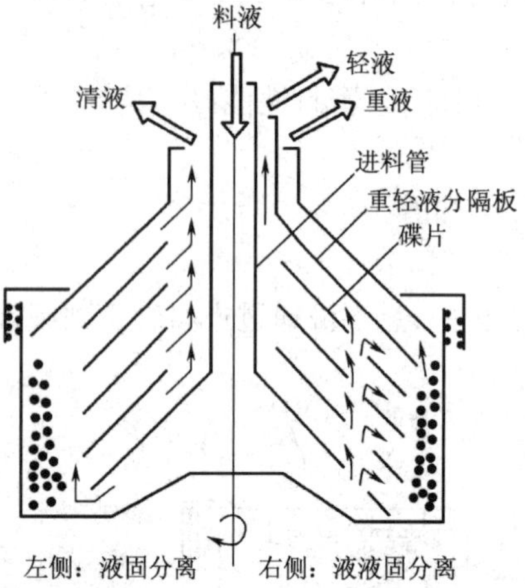

图8－28　碟片式离心机结构示意图

图8－29　碟片式离心机实体设备示意图

碟式离心机可以完成两种操作:液－固分离(即低浓度悬浮液的分离),称为澄清操作;液－液分离(或液－液－固)分离(即乳浊液的分离),称为分离操作。

5. LW卧式螺旋卸料沉降离心机

LW卧式螺旋卸料沉降离心机(图8－30、图8－31),离心机主要由锥形转鼓、螺旋推料器、行星差速器、机壳和机座等零部件组成。转鼓通过主轴承水平安装在机座上,并通过联接盘与差速器外壳相连。螺旋推料器通过轴承同心安装在转鼓内,并通过外花键与差速器输出轴内花键相连。

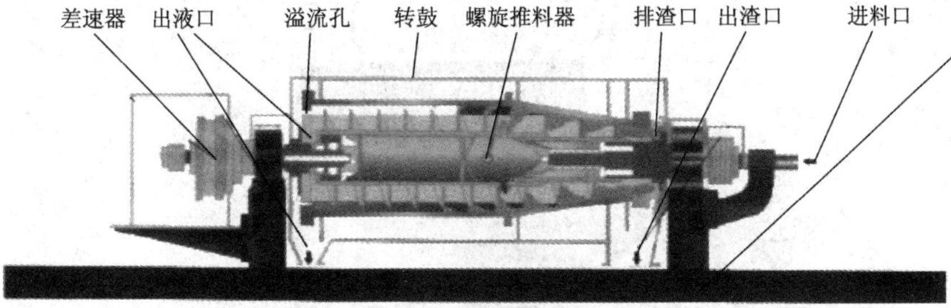

图 8 - 30　LW 卧式螺旋卸料沉降离心机结构示意图

图 8 - 31　LW 卧式螺旋卸料沉降离心机实体设备示意图

在电机拖动下,转鼓带动差速器外壳旋转,由于差速器的变速作用,螺旋推料器以一定的差速(超前或滞后)与转鼓同向旋转。

待分离的悬浮液从加料管进入螺旋推料器的料仓内,经初步加速后经料仓出口进入转鼓。由于离心力的作用,转鼓内的悬浮液很快分成两相:较重的固相沉积在转鼓外层。在螺旋推料器的作用下,沉渣和分离液向相反的方向运动,沉渣被推送到锥段进一步脱水后经出渣口排出,分离液从大端溢流孔排出。

6. LWL 卧式螺旋卸料过滤离心机

LWL 卧式螺旋卸料过滤离心机(图 8 - 32、图 8 - 33)是利用过滤原理分离悬浮液,对固相颗粒在 0.1 ~9mm 的固相悬浮液均可做固液分离或离心脱水,可配备洗涤功能。其特性具有:连续运行、自动卸料、固相脱水率高、结构紧凑、分离效率高、操作维修方便、占地面积小等特点,它能大大地降低物料热干燥的成本,甚至可省去干燥程序,对易损部分可用耐磨材料保护,因此广泛适用于化工、食品、化纤、冶矿、制药、轻工等行业作悬浮液固液分离和脱水。

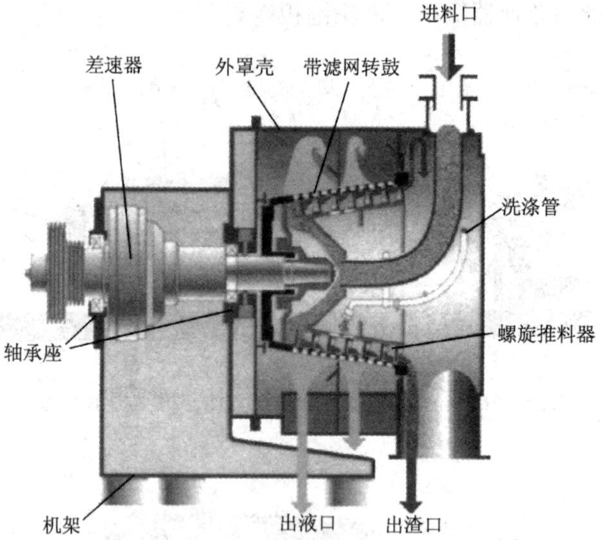

图 8－32　LWL 卧式螺旋卸料过滤离心机结构示意图

图 8－33　LWL 卧式螺旋卸料过滤离心机设备实体示意图

7. 旋液分离器

旋液分离器是利用离心力的作用使悬浮液分离的设备。其结构与工作原理和旋风分离器相似，如图 8－34 所示，悬浮液从旋液分离器上部的切向进口进入，旋转向下运动，固体颗粒受离心力作用，被甩向器壁，并随旋流降至锥底，形成较稠的悬浮液而排出，称为底流。澄清液或含较小颗粒的液体，形成向上的内旋流，由容器上部的溢流管排出，称为溢流。

由于液体的黏度比气体大 50 倍，且同样密度和大小的颗粒在旋液分离器中的沉降速度远小于旋风分离中的沉降速度，因此要达到分离同样粒径颗粒的要求，旋液分离器的直径要比旋风分离器小得多，通常为 75 ~ 300mm，悬浮液进口速度为 5 ~ 15m/s。

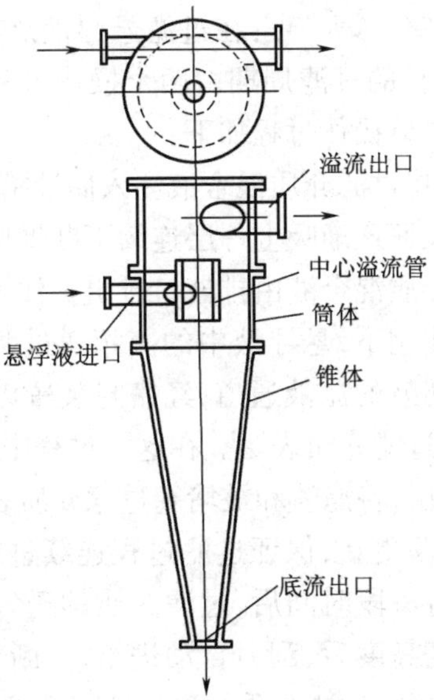

图 8 - 34　旋液分离器结构示意图

五、实体设备

真空过滤机系统实体图见图 8 - 35。

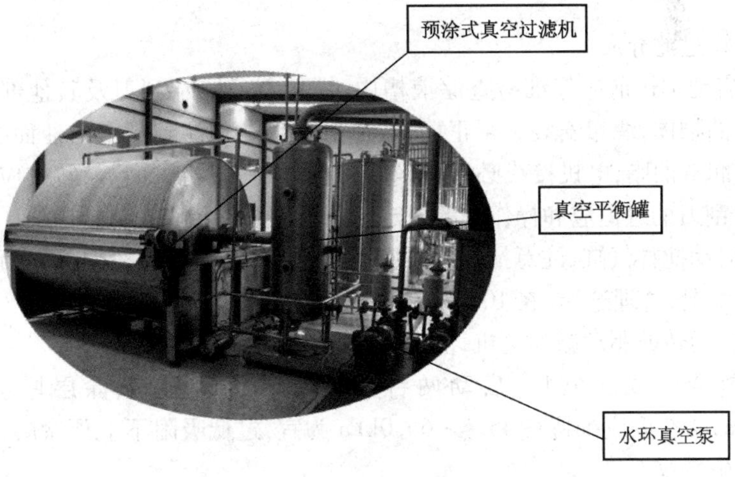

图 8 - 35　真空过滤机系统图

(一)工作原理

预涂层型外滤面转鼓真空过滤机的工作原理与一般转鼓真空过滤机基本相同,主要区别有两点。第一点:转鼓结构为无格式,滤室不分腔,整个转鼓表面和不锈钢网构成一个完整的滤室。第二点:在过滤悬浮液之前,必须进行过滤介质(如硅藻土等)的预涂,因此本机的过滤周期由两个操作过程组成,一是过滤介质的预涂,二是悬浮液的过滤。具体操作过程如下:

首先,预涂过滤介质,将过滤介质混合液注入储液槽,随着转鼓的旋转,在真空抽吸作用下,将在滤室外表面逐渐吸上一层连续不断增厚的过滤介质,直至达到所需厚度,后将剩余的过滤介质混合液由排液口排出。注入需要过滤的悬浮液,开始过滤操作,在真空抽吸的作用下,悬浮液中的液相通过两层过滤介质后,变成澄清度极高的滤液,并被吸入转鼓的滤液通道,经密封装置由抽气管排出,固相颗粒及胶质形成的滤渣被吸附在过滤介质表层。在这一过程中刮刀可同时以极慢的速度自动进给切入过滤介质表层,将滤渣和被堵塞过滤介质表层连续地切削下来,从而使过滤介质涂层不断地减薄更新,保证过滤过程连续进行。刮刀进给也可采用间断进给方式操作,过滤进行一段时间后,过滤介质的透气性降低,滤室真空度逐渐升高,当达到预定的真空度高度后,刮刀自动进给,不断对预涂过滤介质表层进行切削,随着预涂层的减薄更新,过滤介质的透气性变好,滤室真空度不断降低,降到指定的真空度后,刮刀自动停止进给,而整个过滤过程也是连续进行的。在上述过程中当过滤介质预涂层减薄到一定程度后,刮刀自动停止进给,整个过滤过程结束,重新开始下一次循环。

(二)操作

本机的操作由预涂过滤介质、悬浮液过滤、停机三部分组成,具体操作过程如下:

1. 预涂过滤介质

(1)启动本机前应仔细检查储液槽内、搅拌器、转鼓、刮刀及其他部件上有无其他无关的物体,滤布安装是否正确,减速机内将油加注到规定的油面线位置,油杯应加满润滑油脂,电机接线必须正确(从转鼓减速电机方向看,转鼓应顺时针方向旋转),刮刀的进退应和操作键的规定相符。

(2)启动搅拌气缸,注意搅拌器不应有异常声音,搅拌频率应根据预涂过滤介质的实际情况,合理选择(在10~30次/min范围内)。

(3)启动转鼓驱动减速电机,注意要中速启动且旋转方向正确。

(4)检查一切正常后,启动两台真空泵进行预涂,预涂层厚度一般在60~80mm,真空度应维持在46.6~60.0kPa为宜,过低吸附不上预涂层,过高预涂层容易产生裂纹。

(5)开启过滤介质混合阀门,将混合液均匀地注入储液槽内,液面浸没转鼓高度应由低至高慢慢地升高至溢流高度,注意,开始敷挂预涂层时液面高度应控制在高出转鼓最低点30～50mm的范围内，待挂上一薄层后，再逐渐增高至溢流高度，混合液的浓度应根据所用的过滤介质，通过实验后合理地确定，过滤介质是硅藻土时，浓度一般为20%～30%，转速在1～1.5r/min，浓度及转速过低时不易将硅藻土挂到滤室表面。以上数据仅供参考，合理的混合液浓度及与之相适应的转鼓转速，应根据所用过滤介质的性质及颗粒的大小粗细等因素，通过实验后自行合理地确定。

2.悬浮液过滤

（1）预涂结束后，关闭混合液注入阀门，将剩余的混合液由排液口放回混合液储液槽。

（2）如果悬浮液过滤时不需搅拌，则应关闭搅拌气缸停止搅拌。

（3）启动刮刀减速电机，将刮刀刀刃进给至与预涂层母线平行接触的位置。

（4）开启悬浮液阀门，将悬浮液均匀地注入储液槽，并维持液面高度至溢流位置。

（5）通过视镜观察过滤情况，进行适当调整。

①将转鼓转速调整到最适宜的转速。

②选择刮刀进给方式（自动连续、非连续或手动操作），并调整到最适宜的进给速度。

③正常过滤时可关闭一台真空泵，并将真空度提高至53.3～80.0kPa。

④检查密封装置的密封情况，正常情况下，密封装置应良好，一般不需调整，倘若密封不良，机械密封可拆开密封罩，将动静环的密封面调整至完全接触良好，并适当调整增加动环上弹簧的压紧力，即可达到良好的密封；填料密封型，可适当紧固填料仓压盖即可。

（6）当转鼓上的预涂层厚度减至10mm时，刮刀将自动停止进给，表示一次过滤过程已经结束。

备注：滤渣如需洗涤，可通过洗涤装置在洗涤区喷洒洗涤液，并通过抽干区抽干，并且和滤液一起经抽液管排出。

3.停机

（1）提前3～5min关闭悬浮液进料阀，停止注入悬浮液。

（2）选择退刀方式（自动或手动退刀），自动退刀时，仅需按退刀键，刮刀即可自动退回并停止。手动退刀时，需先将手轮向外拉出，使离合器分离后，方可转动手轮将刮刀退回。

（3）转鼓继续运转至储液槽内悬浮液已低于转鼓最低点时，关闭真空泵。

（4）开启放料阀门，将剩余的悬浮液排放回悬浮液储存罐。

（5）开启清洗及清洗装置阀门，将储液槽、转鼓、搅拌架等冲洗干净。

（6）关闭冲洗阀门。

（7）关闭转鼓驱动减速电机。

如不需连续运转，必须关闭总电源开关。以上是完整操作过程的一个周期，当需连续工作时，重新开始下一次循环。

（三）维护与保养及安全注意事项

1. 维护与保养

过滤机的正确维护及定期保养，对保证机器的正常运转和延长机器寿命十分重要。

（1）过滤机开始使用一周后，应将各减速机中的润滑油放尽，重新加注新的润滑油，以后每隔 3～6 月更换一次，使用中应经常检查全部润滑部位是否润滑良好，转鼓减速电机采用壳牌 VG220 机械油，无级调速电机采用 30～50# 机械油，各滚动轴承可采用锂基 ZL－1 润滑脂。

（2）经常检查各运动部件运转情况，如发现卡阻、异常噪音及搅拌器上支撑螺丝、紧定螺母松动等现象时，应及时停车处理。

（3）经常检查气动三联件的油水情况，并及时清洗阀芯，将汽水分离器中的水放掉，并向油雾器的油杯内加注 30～50# 机械油。

（4）电控设备应放在干燥、通风良好、无粉尘的控制室内，如条件不具备，应采用防水措施，并定期除尘，防止因水尘污染而造成漏电及短路事故的发生。

2. 安全注意事项

（1）非操作人员不得任意开启本机。

（2）严禁在机器运转时加油。

（3）严禁在机器运转时开启安全罩。

（4）严禁在机器运转时对转动部件进行检修。

（四）常见故障及处理方法

常见故障及处理方法见表 8－1。

表 8－1　常见故障及处理方法

故障现象	产生原因	处理方法
噪音增大	1. 轴承损坏 2. 润滑不良 3. 减速电机齿轮磨损 4. 减速电机轴承损坏 5. 减速电机润滑不良 6. 传动系统阻力增大 7. 联接失效或松动	1. 更换轴承 2. 补充或更换润滑油 3. 更换减速电机齿轮 4. 更换减速电机轴承 5. 补充或更换减速电机润滑油 6. 更换轴承或补充更换润滑剂 7. 更换或紧固有关紧固部件
真空度低或波动大	1. 机械密封失效或填料密封失效 2. 真空管道密封不良 3. 液面低造成浸没角过小 4. 真空泵失效	1. 修理或更换机械密封或填料密封 2. 逐一检查管道接口及密封垫，修复或更换 3. 增加液面高度 4. 修复或更换真空泵

续表

故障现象	产生原因	处理方法
预涂层开裂	预涂过滤介质真空度过高	调节真空度在46.6～60.0kPa
滤液中固相含量过高	1. 滤布破损 2. 预涂层过薄	1. 更换滤布 2. 重新挂预涂层
汽缸不换向	换向阀芯被脏物堵塞	清洗阀芯

【思考题】

1. 简述旋风分离器的构造、原理、适用范围。
2. 简述袋式过滤器的构造。进风式过滤器有哪几种？哪种较好？
3. 简述板框压滤机的构造特点、操作过程和用途。
4. 离心机有哪些类型？简述离心机基本结构和原理。
5. 预涂真空过滤机常见故障有哪些？

第九章　蒸发、结晶、蒸馏设备

【学习目标】

1. 掌握蒸发设备的结构、工作原理。
2. 熟悉结晶设备基本结构、工作原理。
3. 熟悉蒸馏设备的种类、基本结构、工作原理。

蒸发是将溶液加热到沸腾，使其中部分溶剂气化并被除去，从而提高溶液的浓度或使溶液浓缩到饱和而析出溶质的操作，其目的是使溶液浓缩或回收溶剂。

结晶是物质以固体的晶体形态从蒸气、溶液或熔融物中析出的过程。在制药工业中，应用最广泛的结晶过程是溶液结晶。结晶操作是获得纯净固体物质的重要方法之一。

蒸馏是利用各组分的挥发性差异来分离液体混合物的操作。

第一节　蒸发设备

一、蒸发的种类

制药生产中被蒸发、浓缩的多是水溶液，而蒸发的方式又多是沸腾蒸发（几乎不采用自然蒸发），蒸发过程常会产生大量水蒸气。为了区别，把最初作热源用的蒸汽称为“一次蒸汽”，从溶液里汽化出来的蒸汽则称为“二次蒸汽”。二次蒸汽的存在会降低蒸发速率，应尽快排除。

蒸发工艺流程有顺流（并流）、逆流、混流（错流）、平流四种形式。

1. 顺流

溶液和蒸汽流向相同，都由一效顺序流到末效。原料液用泵送入一效，依靠各效间的压差，自动流入下一效，完成液自末效（一般是在负压下操作）用泵抽出。由于后一效的压力低，溶液的沸点也低，溶液从前效进入后一效时会闪蒸部分水分，产生的二次蒸汽也较多，由于后效的浓度较前效高、操作温度低，往往第一效的传热系数比末效高很多。顺流流程一般适宜处理在高浓度的情况下为热敏性的物料。

2. 逆流

原料由泵从末效依次送入前效，完成液由一效排出，料液与蒸汽逆向流动。一般适宜处理黏度随温度和浓度变化较大的溶液，不易处理热敏性物料。

3. 混流

混流是顺逆流的结合，兼有顺逆流的优点避其缺点，但操作复杂，要求自控程度很高。

4. 平流

各效都加料都出完成液，各效都有结晶析出，可及时分离结晶，一般用于饱和溶液的蒸发。

根据是否利用二次蒸汽作为下一个蒸发操作的热源，可以把蒸发分为单效蒸发和多效蒸发，蒸发产生的二次蒸汽不再利用，经冷凝后弃去，为单效蒸发流程（图9-1）。

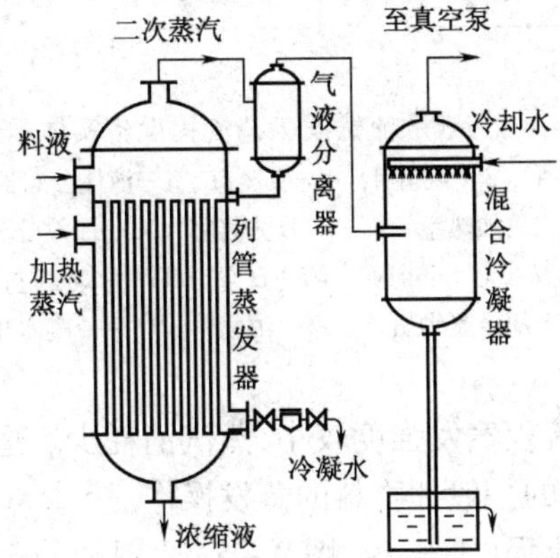

图9-1　单效蒸发流程图

图9-2、图9-3所示为顺流加料的三效蒸发流程。

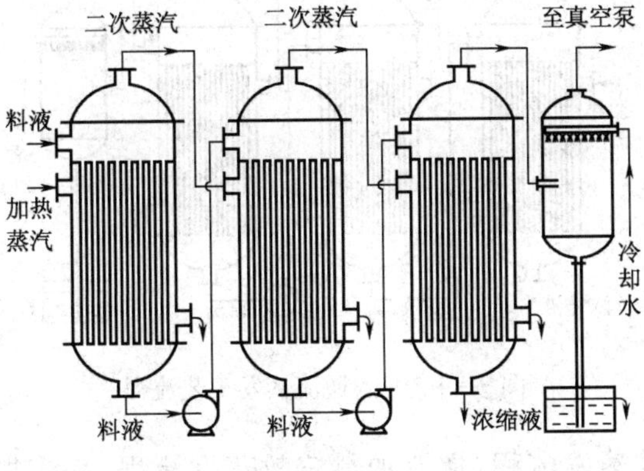

图9-2　顺流加料三效蒸发流程

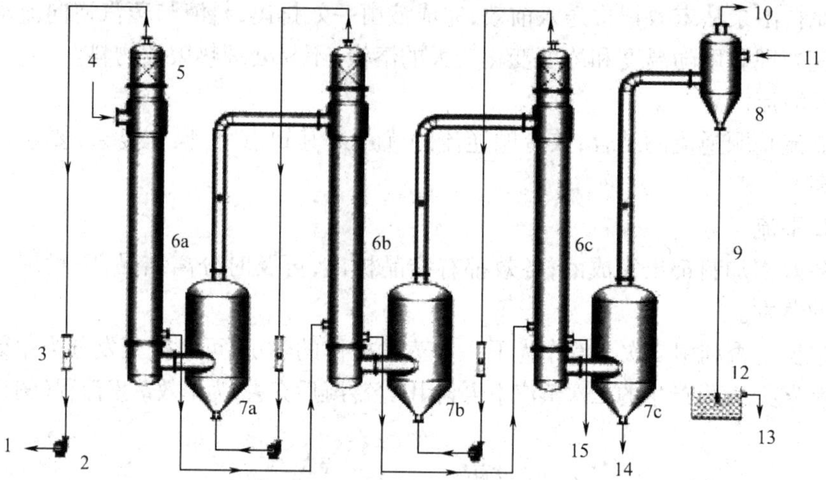

图 9-3　三效顺流蒸发工艺流程设备实体示意图

1—稀物料　2—输料泵　3—流量计　4—生蒸汽　5—液体分布器　6a——效加热室
6b—二效加热室　6c—三效加热室　7a——效分离室　7b—二效分离室　7c—三效分离室
8—直接冷凝器　9—大气平衡管　10—真空　11—冷却水进口　12—液封槽
13—冷却冷凝水出口　14—浓物料　15—冷凝水出口

三效顺流蒸发工艺流程蒸发强度较小,蒸汽消耗少。适于处理量较大,随物料浓度增加,黏度变化不大的一般性物料的蒸发操作。

三效逆流蒸发工艺流程(图 9-4,图 9-5)适用于处理量大,随物料浓度增大黏度增加较大,出料浓度要求较高的非热敏性物料的蒸发操作。

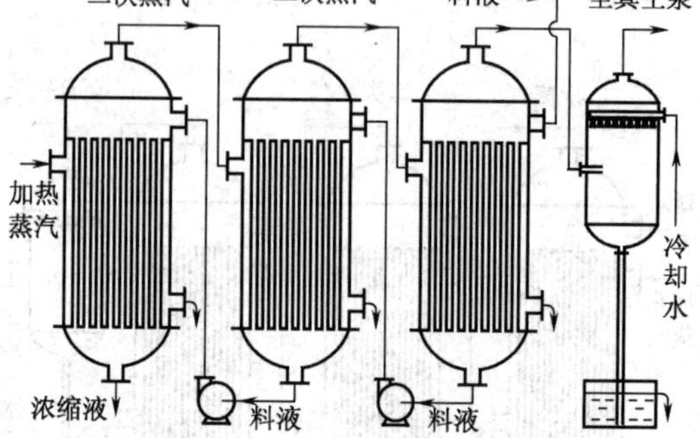

图 9-4　三效逆流蒸发工艺流程

顺流加料三效蒸发流程、逆流加料三效蒸发流程、平流加料三效蒸发流程(图 9-6)的共同之处:

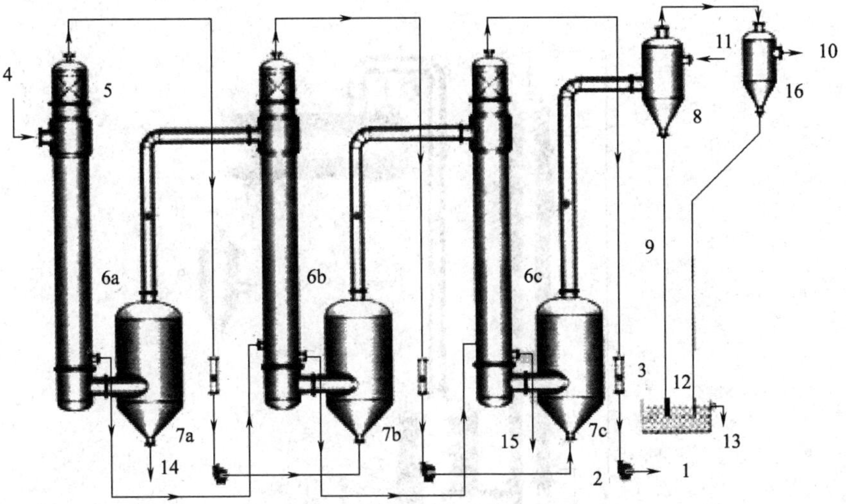

图9－5　三效逆流蒸发流程示意图

1—稀物料　2—输料泵　3—流量计　4—生蒸汽　5—液体分布器　6a—一效加热室　6b—二效加热室　6c—三效加热室　7a—一效分离室　7b—二效分离室　7c—三效分离室　8—直接冷凝器　9—大气平衡管　10—真空　11—冷却水进口　12—液封槽　13—冷却冷凝水出口　14—浓物料　15—冷凝水出口　16—旋液分离器

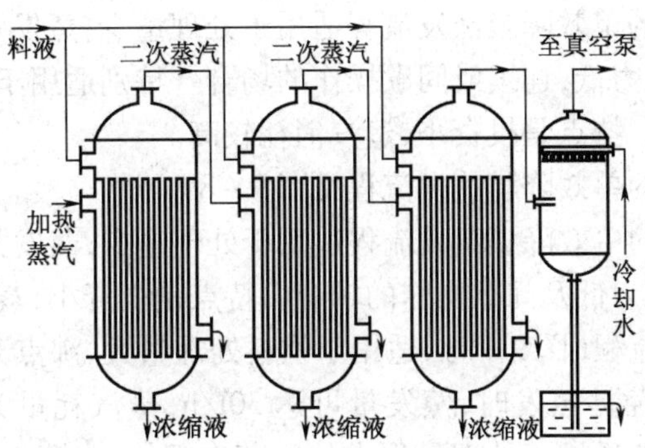

图9－6　平流加料三效蒸发流程

第一个蒸发器(第一效)汽化出来的二次蒸汽通入第二个蒸发器(第二效)作为热源,第二效的二次蒸汽作为第三效的热源。这样做的目的是充分利用热能,提高生产率。三种蒸发流程中以逆流加料三效蒸发流程更为节约能源。

配间接冷凝器的单效降膜蒸发流程见图 9 - 7。

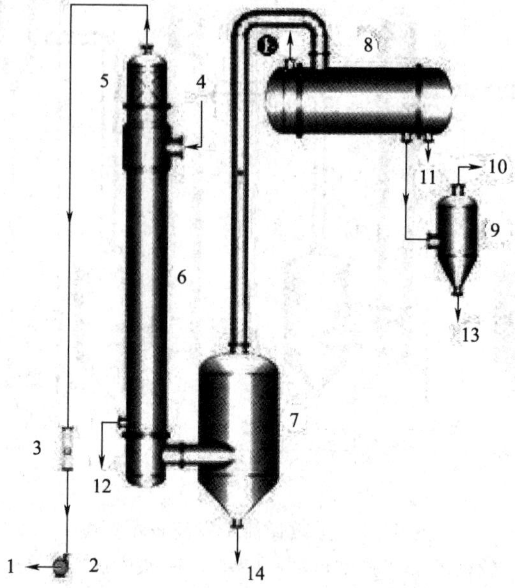

图 9 - 7 配间接冷凝器的单效降膜蒸发流程示意图

1—稀物料 2—输料泵 3—流量计 4—生蒸汽 5—液体分布器 6—加热室
7—分离室 8—间接冷凝器 9—旋液分离器 10—真空 11—冷却水进口
12—冷却水出口 13—冷却冷凝水出口 14—浓物料

配间接冷凝器的单效降膜蒸发流程适用于处理量少,蒸发强度大,物料的沸点升高大,加热蒸汽压力低,连续或间歇操作的场合。特别适用于冷凝水或二次蒸汽需回收的物料蒸发。特点是投资小,蒸汽消耗较高。

配直接冷凝器的单效降膜蒸发流程见图 9 - 8。

配直接冷凝器的单效降膜蒸发流程适用于处理量少,蒸发强度大,物料的沸点升高大,加热蒸汽压力低及间歇操作的场合。特点是投资小,蒸汽消耗较高。

三效热泵蒸发流程(图 9 - 9),适用于物料处理量大、沸点升高小、蒸发温度低的物料。如用于葡萄糖蒸发时,蒸发量可达 30t/h,蒸汽耗量为 0. 135 ~ 0. 17t 蒸汽/t 水。该流程尤其适用于处理量很大的医药中间体、中药提取物等热敏性物料的蒸发。

二、常见的蒸发设备

1. 蛇管式蒸发器

如图 9 - 10 所示,蛇管式蒸发器的下部加热室里有并联安装的 2 ~ 4 组锥形蛇

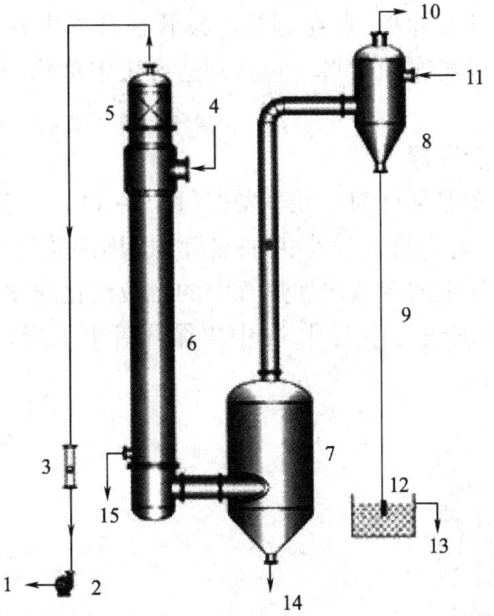

图 9－8　配直接冷凝器的单效降膜蒸发流程示意图

1—稀物料　2—输料泵　3—流量计　4—生蒸汽　5—液体分布器　6—加热室
7—分离室　8—直接冷凝器　9—大气平衡管　10—真空　11—冷却水进口
12—液封槽　13—冷却冷凝水出口　14—浓物料　15—冷凝水出口

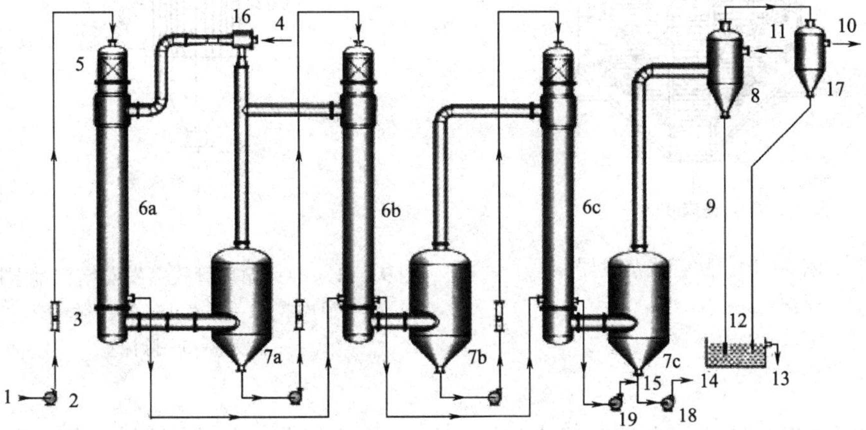

图 9－9　三效热泵蒸发工艺流程示意图

1—稀物料　2—输料泵　3—流量计　4—生蒸汽　5—液体分布器　6a—一效加热室
6b—二效加热室　6c—三效加热室　7a—一效分离室　7b—二效分离室　7c—三效分离室
8—直接冷凝器　9—大气平衡管　10—真空　11—冷却水进口　12—液封槽
13—冷却冷凝水出口　14—浓物料　15—冷凝水出口　16—热泵
17—旋液分离器　18—浓物料泵　19—冷凝水泵

管，上部为装有挡沫装置的分离室。因其传热面小，传热系数较低，故多采用真空蒸发操作。为方便冲洗及除垢，多在侧壁上设置快开式人孔。如蒸发腐蚀性溶液可在蒸发器的内壁衬以耐腐蚀材料。它特别适合于中草药浸出液等小批量黏稠性溶液的蒸发。

2. 中央循环管式蒸发器

中央循环管式蒸发器又称为标准蒸发器（图9－11）。其加热室中央直径较大的管是中央循环管，四周为直径较小的加热管（也称沸腾管）束，它们都是竖直安装的。由于中央循环管中的溶液比加热管中的溶液汽化速率低，形成气泡少，相对密度大，就形成溶液在加热管中上升，在中央循环管中下降，有规律地循环。它适用于黏度较大的溶液。

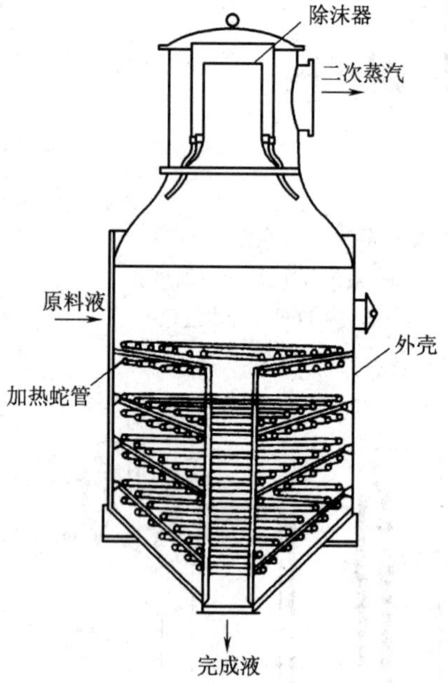

图9－10　蛇管式蒸发器

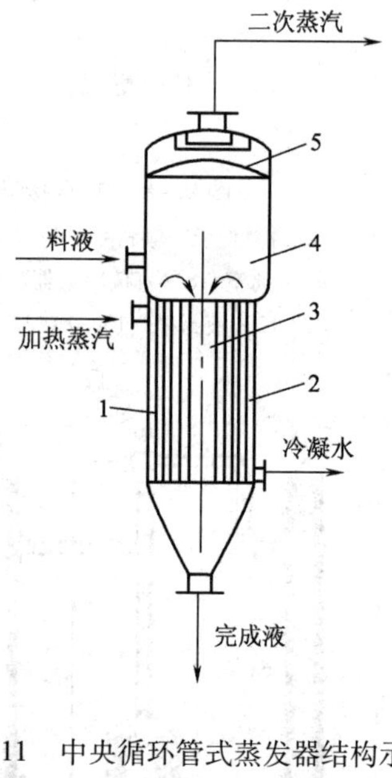

图9－11　中央循环管式蒸发器结构示意图

1—加热室　2—外壳　3—中央循环管

4—蒸发室　5—除沫室

中央循环管式蒸发器的优点：构造简单；操作可靠。缺点：检修麻烦；循环速度低。

3. 悬筐式蒸发器

悬筐式蒸发器（图9－12）的加热管束像个筐，悬挂于下部的加热室，故名悬筐式。它可取出，便于清洗和检修。加热管束与壳体之间有个截面积较大的环状空隙。溶液可以在加热管外壁受热上升，在环状空隙下降，不断循环。

与中央循环管式蒸发器相比，它的优点：循环速度较快；清洗检修方便；热量损失较小。缺点：结构复杂。它适用于易结垢或有结晶析出的溶液。

4. 外加热式蒸发器

外加热式蒸发器（图 9－13）的加热室与分离室是分开的，故称为外加热式，它较长的加热管束也因此便于清洗和更换。加热至沸腾的液体随二次蒸汽沿加热管内壁快速上升，以切向进入分离室，边旋转边下降，经循环管回到加热室。二次蒸汽则由分离室的上部排出。由于循环管在加热室的外面，不受热且分出了气泡，故循环管中的相对密度比加热室中溶液的相对密度大得多，因而使自然循环速度更快。其优点：适应性强，生产强度大。缺点：热损失大。

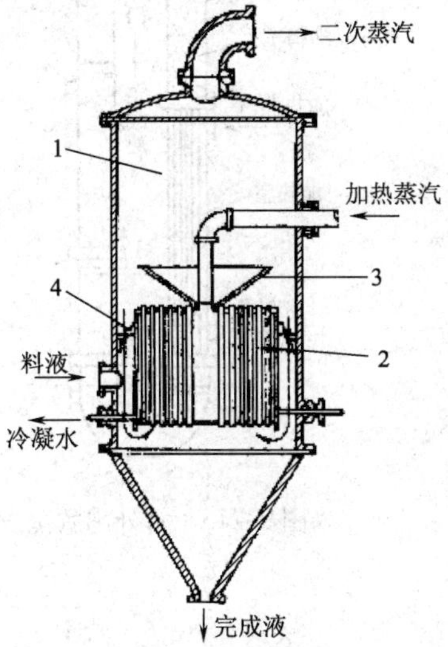

图 9－12　悬筐式蒸发器

1—蒸发室　2—加热室　3—除沫器　4—环形循环通道

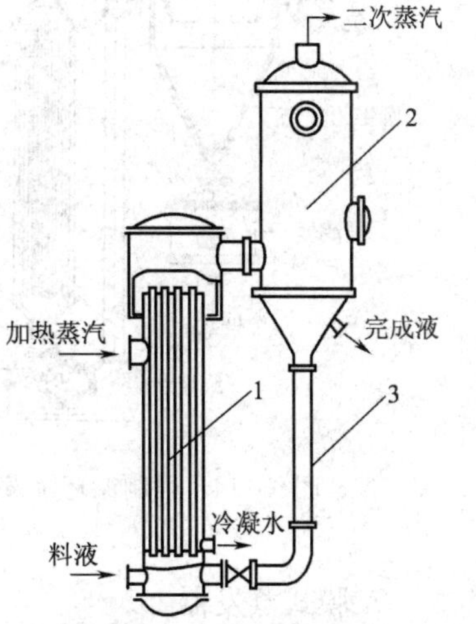

图 9－13　外加热式蒸发器

1—加热室　2—蒸发室　3—循环管

5. 强制循环蒸发器

在外加热式蒸发器循环管的管道上装一个循环泵，就构成一个适用于有晶体析出的强制循环蒸发器（图 9－14）。采用强制循环蒸发器可提高生产强度，但需要增加一台泵并增加操作费用。

6. 管外沸腾蒸发器

管外沸腾蒸发器即列文蒸发器（图 9－15），管外沸腾蒸发器主要由加热室、沸腾室、循环管和分离室组成。沸腾室为加热室上部增设的一段直管。由于受到沸腾管附加液柱的作用，溶液不能在加热管中沸腾，当其上升到沸腾室时，因压强降低而开始沸腾。沸腾室内有挡板，可防止气泡增大，又因为循环管的截面积比加热室大得多，所以溶液仍可保持较大的流速。这样就可以避免在加热室中析出晶体并减轻加热管表面上污垢的形成。它的优点:传热效果好;适用于有结晶析出的溶液。缺点:结构庞大、复杂;要求较高的加热蒸汽压强。

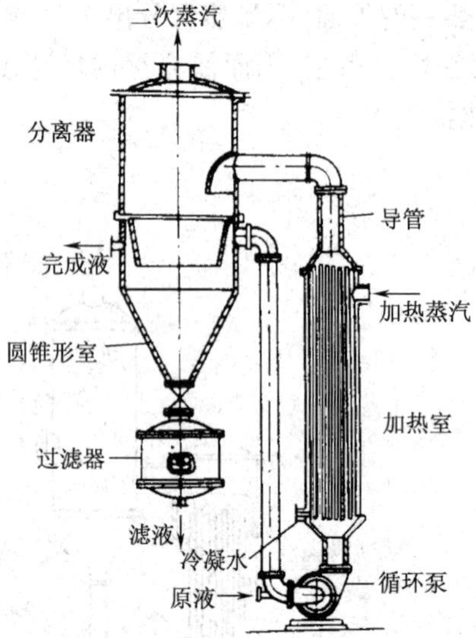

图 9-14　强制循环蒸发器

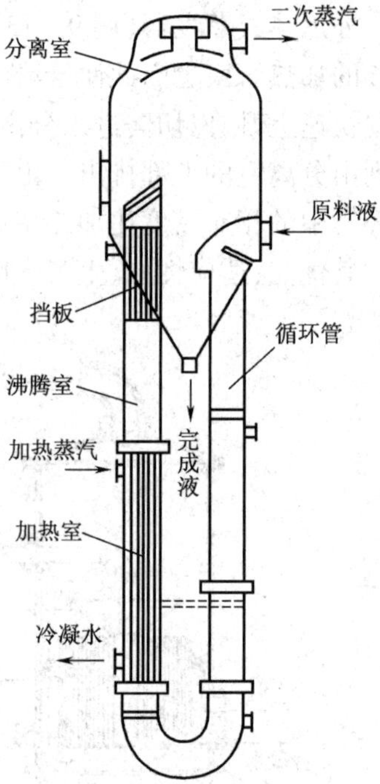

图 9-15　管外沸腾蒸发器

7. 膜式蒸发器

膜式蒸发器又称薄膜蒸发器,为单程蒸发器,它使溶液呈薄膜状高速流动,其中的溶剂迅速蒸发变成二次蒸汽,在分离室中分离去除二次蒸汽即可得到完成液。因其蒸发速度快,受热时间短,故特别适合于热敏性物料的浓缩,目前在制药工业中已被广泛采用。

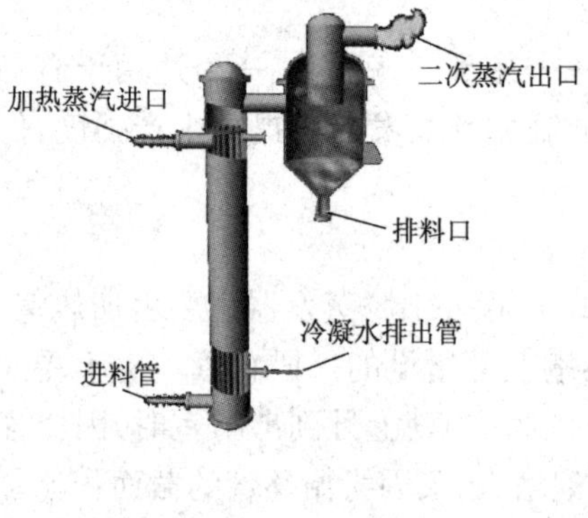

图 9-16　升膜式蒸发器

(1)升膜式蒸发器　升膜式蒸发器(图 9-16)的结构特点为:①长管束;②大传热面。原料液经预热后由下部进入,在加热管中维持较低的液面,受管外蒸汽加热产生大量二次蒸汽,被二次蒸汽所带动料液沿管壁呈膜状迅速上升,并继续蒸发。在分离室中分出二次蒸汽,即得到完成液。为了有效地成膜,加热室产生的二次蒸汽应具有一定的速度,因此它只能适用于蒸发低浓度、低黏度、不易结晶和不易结垢的料液。

(2)降膜式蒸发器　原料液自降膜式蒸发器(图9－17)的顶部加入,在重力的作用下沿管壁呈膜状下降并被蒸发。汽液混合物进入分离室,分离除去二次蒸汽后得到完成液。料液在蒸发室中的停留时间较升膜式蒸发器短。为保证料液在加热管内壁均匀地成膜下降,多在加热管顶部装有液体分布装置(图9－18),图中:(1)有一个带螺旋形沟槽的圆柱体导流管,产生旋流下降;(2)有个无沟槽的导流管,下部是圆锥体,锥体底面向内凹,以避免沿锥体斜面流下的液体再向中央聚集;(3)溶液可通过齿缝沿加热管壁成膜;(4)旋液式液体分布装置,料液沿切线方向进入加热管形成旋液流动。

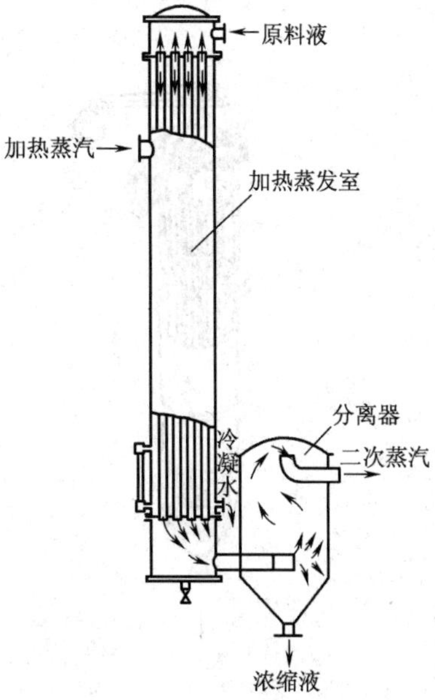

图9－17　降膜式蒸发器

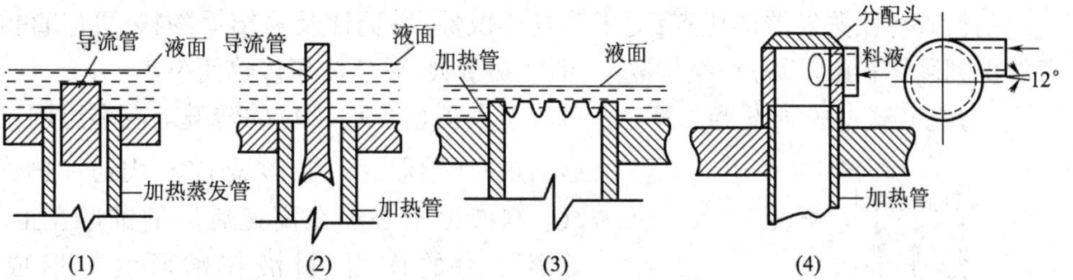

图9－18　降膜式蒸发器的液体分布装置

与升膜式相比,降膜式蒸发器的特点是:可用于浓度高、黏度大的溶液;更适于热敏性溶液的蒸发。

(3)刮板式薄膜蒸发器　刮板式薄膜蒸发器(图9－19)是利用旋转的刮板使被蒸发液体在传热面上形成薄膜的蒸发器。它主要由一个夹套加热的圆筒形或圆锥形的壳体及在壳体中心轴上安装的搅拌装置组成。搅拌装置有固定式刮板和滑片式刮板两种。刮板缘与壳体内壁之间的间隙通常为0.8～2.5mm,滑片式刮板借助旋转时产生的离心力与靠在传热面上液膜厚度、料液的黏度及转速有关,可达到0.03mm。根据需要,该设备可进行常压蒸发或真空蒸发,适用于高黏度,易结晶、结垢的浓溶液蒸发。

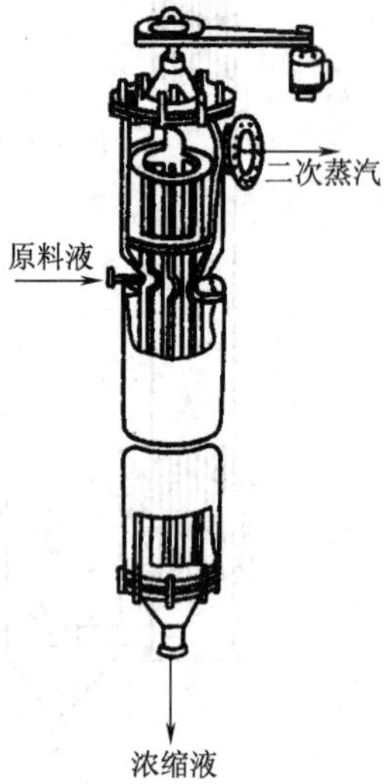

(1)固定式

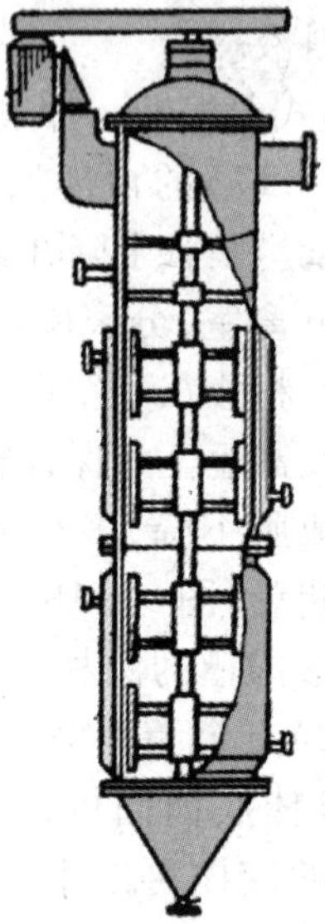
(2)转子式

图 9－19　刮板式薄膜蒸发器

刮板式薄膜蒸发器的优点:适于蒸发热敏性、黏稠性及易结垢物料;可以直接蒸发得到固体粉末。缺点:结构复杂;消耗功率大;单位体积传热面小。

(4)离心式薄膜蒸发器　离心式薄膜蒸发器(图 9－20)的转鼓上有多层圆锥形加热面(锥形盘),锥形盘中空,内通加热蒸汽。料液由中心加在高速旋转的锥形盘上。受离心力的作用,料液在锥形盘上形成 0.05～1mm 的薄膜,快速由中心流向外缘(料液受热时间仅约 1s)完成。完成液汇集在转鼓的周边,经出料管流出。同样,冷凝水受离心力的作用汇集在加热蒸汽通道的周边,经冷凝水排出管流出。蒸发器一般是真空操作,二次蒸汽经侧壁的通道引出。适合高热敏形物料,对黏度大、有结晶、易结垢的料液不宜采用该设备。

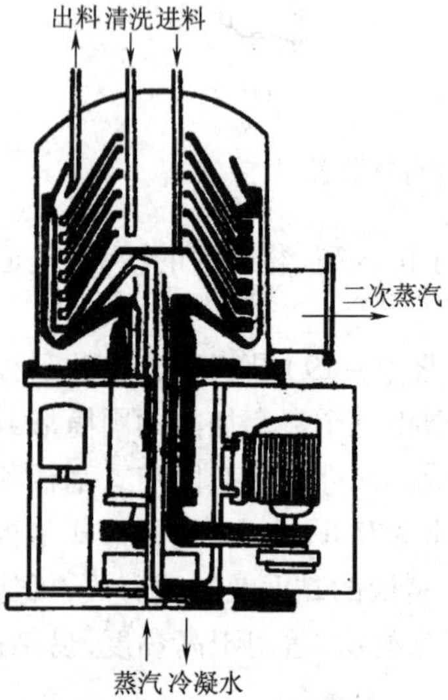

图 9－20　离心式薄膜蒸发器

离心式薄膜蒸发器的优点:传热系数高;蒸发强度大;料液受热时间短。缺点:构造复杂;价格较高。

(5)板式蒸发器　就是平板式换热器。

由于每层料液流夹在间隙较小的两板之间，两板外面都是加热蒸汽流，料液在两个板面上就形成被加热的薄膜。板式蒸发器适用于热敏性物料，也适用于高黏度、易产生泡沫及易结垢的物料。

对某些特殊产品，可在料液出口处装一个节流阀，在蒸发器内形成一定压强，使料液不能在蒸发器内沸腾，待流出节流阀时压强骤然降低，料液大量汽化，此操作称为“闪蒸”。

三、蒸发器的附属装置

1. 汽液分离装置

从蒸发器逸出的二次蒸汽带有液沫，需要加以分离和回收。装在蒸发器内的汽液分离装置通常被称为捕沫器，形式多样（图 9－21）。图中（1）、（2）的装置使蒸汽流道方向突变，从而分离雾沫。（3）是用细金属丝、玻璃丝、塑料丝等制成网罩，它的分离效果好，压强降较小，可以分离直径小于 10μm 的液滴。（4）的装置使二次蒸汽在其中做圆周运动，借离心作用将气流中的液滴分离出来。

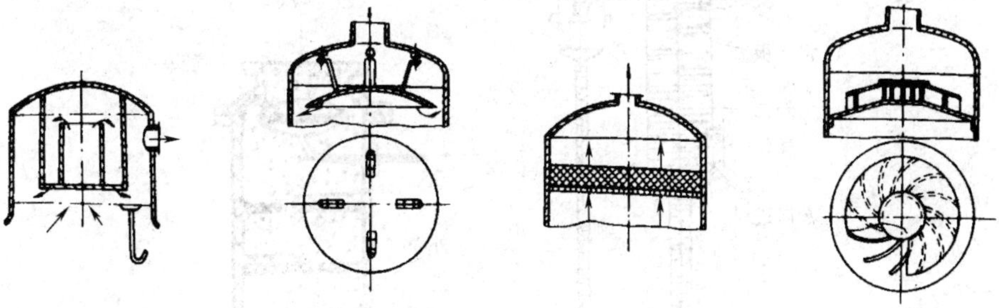

(1) 折流板式捕沫器　(2) 球形捕沫器　(3) 丝网捕沫器　(4) 离心式捕沫器

图 9－21　汽液分离装置

装在蒸发器外的汽液分离装置常见的有隔板式和旋风式两种。

2. 蒸汽冷凝器

冷凝器的主要作用是使二次蒸汽冷凝成液体（如冷凝水），同时因蒸汽冷凝而形成一定的真空度，为真空蒸发创造条件。需要回收溶剂的蒸发操作必须选用间壁式冷凝器，但大多数情况下溶剂是无回收价值的水，可直接采用混合式冷凝器。此外，必须设置真空泵以及时排除二次蒸汽中含有的不凝气体，避免因其累积而降低真空度。

直接混合式冷凝器按不凝气体排除方式的不同，可分为干式和湿式两种。不凝性气体单独由一个真空泵抽除者为干式；二次蒸汽的冷凝水和不凝气体共同由一个真空泵抽除者为湿式。

干式逆流高液位冷凝器（图 9－22）的圆筒形外壳内装 6～7 块圆缺形淋水板，

板上钻有许多小孔,板的边缘有凸起溢流挡板,以保持淋水板有一定的液层高度。冷却水从上部进水口进入,依次经各层淋水板下降。二次蒸汽由下部接口进入,与冷却水呈逆流流动,冷却水和冷凝水向下流入液封槽。液封槽的作用是防止空气进入系统。不凝气体被引入分离器分离去除夹带的液滴之后由真空泵抽除,液滴则流入液封槽。

如果把流入液封槽的管子提高达10m以上,因液柱的静压超过了大气压强,即使冷凝器内是高真空,冷却水和冷凝水也会自动流下来。如果冷凝器的安装位置较低,则需另外加泵将其抽除。

图9-23为湿式并流低液位冷凝器,二次蒸汽从冷凝器顶部进入,冷却水经喷头向上喷出和蒸汽混合,冷却水、冷凝水和全部冷凝的蒸汽并流而下,沿各层淋水板逐渐下降,下降过程中二次蒸汽进一步冷凝,最后冷却水、冷凝水和不凝性气体被真空泵抽走。

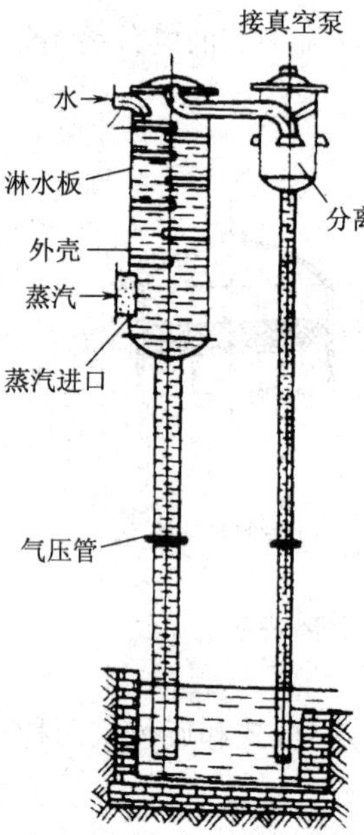

图9-22　干式逆流高液位冷凝器

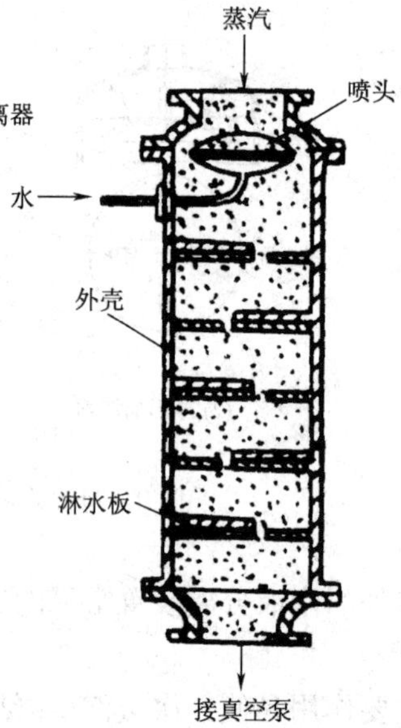

图9-23　湿式并流低液位冷凝器

第二节　结晶设备

结晶的必要条件是先让溶液达到过饱和状态,然后把过饱和破坏,使结晶析出。根据使溶液达到过饱和状态的不同手段,结晶方法大致可分为三类:

（1）冷却——采用风冷、水冷或冰盐水冷却等手段降低温度，使溶液达到过饱和。

（2）浓缩——对溶液进行常压或减压蒸发，提高溶液浓度，使溶液达到过饱和。

（3）改变溶解度——最常用的是加入酸、碱改变 pH，使溶质溶解度降低而达到过饱和，或直接析出结晶。也可以加入另一种性质不同的溶剂，使溶质溶解度降低。

以上方法经常联合使用。结晶设备的目标就是更充分地实施以上方法。下面介绍几种制药厂常用的结晶设备。

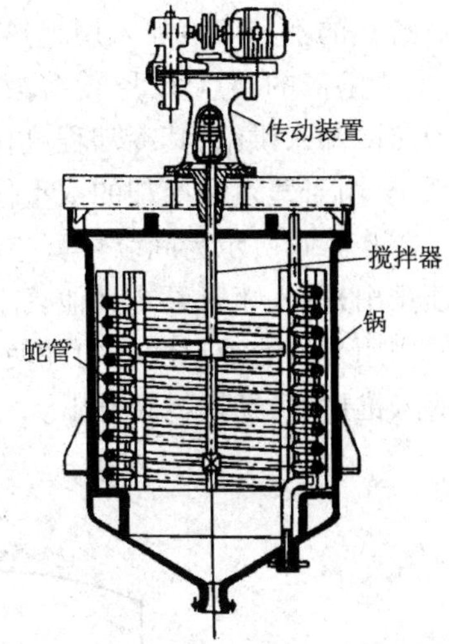

图 9－24　蛇管冷却式结晶罐

一、蛇管冷却式结晶罐

蛇管冷却式结晶罐（图 9－24）内装有蛇管换热器和框式（也可用锚式）搅拌器。蛇管内通入热水、冷水或冷冻盐水等，以保持一定的结晶温度。搅拌的作用是增进传热，使晶粒处于悬浮状态，能够均匀成长，防止聚集结块，形成“晶簇”等。

二、粒析式冷却结晶器

如图 9－25 所示，料液自入口管进入结晶器，经循环管于冷却器室中达到饱和，此过饱和溶液经循环泵沿中央管路进入结晶器室的底部，在向上流动的过程中与悬浮的晶体充分接触，进行结晶。不同大小的晶体因沉降速度不同，大的在下，小的在上，进行粒析。

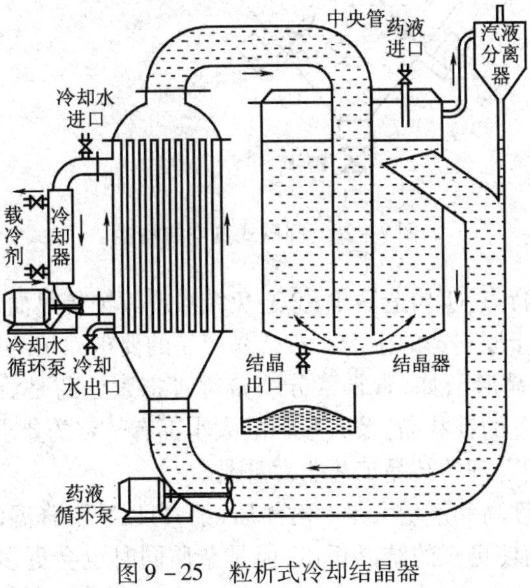

图 9－25　粒析式冷却结晶器

晶体不断长大,当其沉降速度大于循环液上升速度时便沉降到器底,连续或定期从出口管处排出。小的晶体随溶液继续循环,直到长大为止。极细的晶体浮在液面上,可用分离器使之分离。

三、真空式结晶器

将热的饱和溶液加入用绝热材料包好的密封结晶器中,器内维持一定的真空度,由于溶液的沸点降低,使溶液在器内闪蒸,其绝热蒸发所需的热量只能由溶液的绝热冷却来供给,其冷却程度由真空度来定。对于大多数溶解度随降温而下降的系统,由于蒸发和冷却的双重作用,使得结晶产量增加。

图 9 – 26 所示为间歇式真空结晶器,器身为一个锥形底的容器,溶剂的蒸气从器顶排出,进入喷射泵或其他真空泵,料液的闪蒸在器内造成剧烈沸腾,加装搅拌器的作用是使溶液温度均匀并使晶体能够悬浮起来,以利于晶体成长。晶体长大后落入锥形底,经排料阀排出。

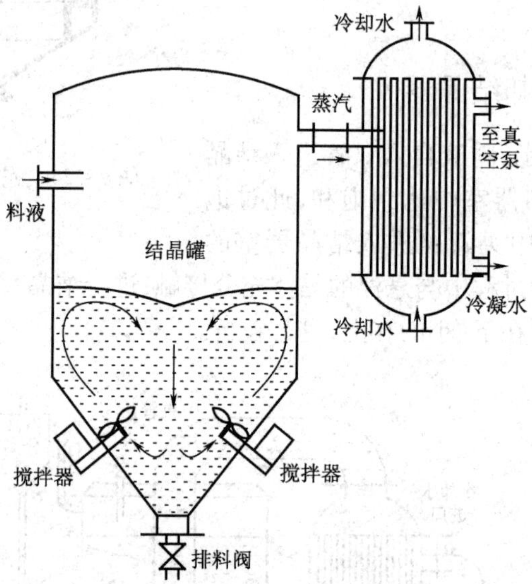

图 9 – 26　间歇式真空结晶器

真空结晶器的特点:①构造简单;②避免结垢或腐蚀传热面;③生产能力大。

结晶工艺常用于原料药的生产。对结晶产品的要求除了纯度高、产量大之外,对结晶的形状(即“晶形”,如,青霉素分装希望青霉素原药是流动性好的粒状晶,而不希望是流动性差的针状晶)及其颗粒的大小都有一定的要求,在洁净设备条件保证的基础上,采用合理的结晶工艺非常重要。

结晶产品的纯度高和产量大是一对矛盾,如,可以采取降温的办法使结晶物质的溶解度降低,从而使更多的结晶析出,但是杂质同时也会更多地析出。所以,只能要求：在纯度符合要求的情况下，力求更多的产量。

提高产量的有效手段有：回收母液，经适当处理后，充分利用。

提高纯度的有效手段有：①用活性炭吸附杂质后，滤除活性炭；②控制结晶过程，减少形成能包藏母液的晶簇；③对得到的结晶除净母液并充分洗涤；④必要时重新溶解、结晶，即重结晶。

控制结晶颗粒大小的手段：过饱和度大、迅速冷却、剧烈搅拌和较高的结晶温度可以得到细小的晶体颗粒，反之则会得到较大的晶体颗粒。而适时加入适量晶种的方法不仅能够控制结晶颗粒的大小，而且能控制晶体形状。

第三节　蒸馏设备

制药工业用于蒸馏操作的设备通常由蒸馏釜和精馏塔组成。蒸馏釜的结构与蒸发器相同，装在精馏塔外或直接装在精馏塔的下方。常见的精馏塔有填料塔和板式塔，其中板式塔包括：泡罩塔、筛板塔和浮阀塔。它们都属于气液传质设备，也广泛地应用于吸收、萃取等操作。制药厂最常见的蒸馏操作是进行溶剂的回收，如，从抗生素生产废液中分离、回收溶剂和中草药提取后的废酒精回收。

一、填料塔

一般填料塔（图 9 - 27）塔体由整体或若干节圆筒联结组成。塔体材料根据被处理物料的性质可采用普通碳钢（可内衬耐腐蚀材料）、不锈钢、陶瓷、玻璃、塑料等。塔体下方装有填料支撑板，其上堆满填料，填料层过高时可分成几段填充，各段之间装有液体再分布装置。填料塔一般按气液逆流操作，蒸馏釜蒸发的蒸汽由塔底进气管进入塔体，自下而上地穿过填料层从塔顶排出。吸收剂由塔顶经喷头均匀地喷淋到填料层中，沿填料表面向下流动，到塔底经排液装置排出塔外。由于上升的蒸汽流与下降的吸收剂在填料层中不断接触，所以上升气流中溶质的浓度越来越低，到塔顶时达到吸收要求排出塔外。相反下降流体中溶质的浓度越来越高，到塔底时达到吸收要求排出塔外。离开填料层的气体可能夹带少量液滴，因此有时需要在塔顶安装除沫器。

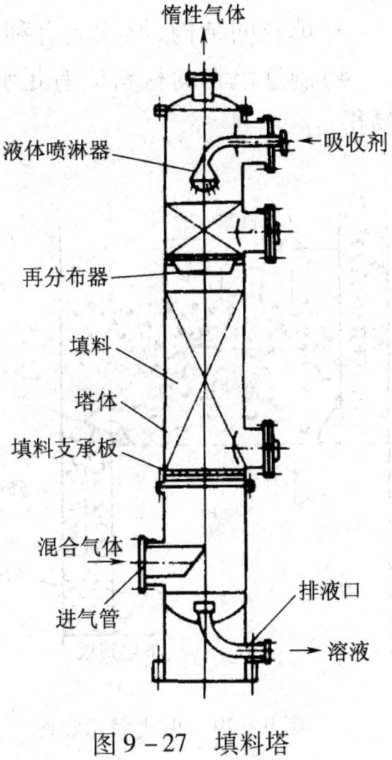

图 9 - 27　填料塔

图 9 - 28 为常用填料的形状。由于其蒸

馏、吸收的效果好坏主要取决于填料的质量，在选定填料时一定要考虑以下原则：

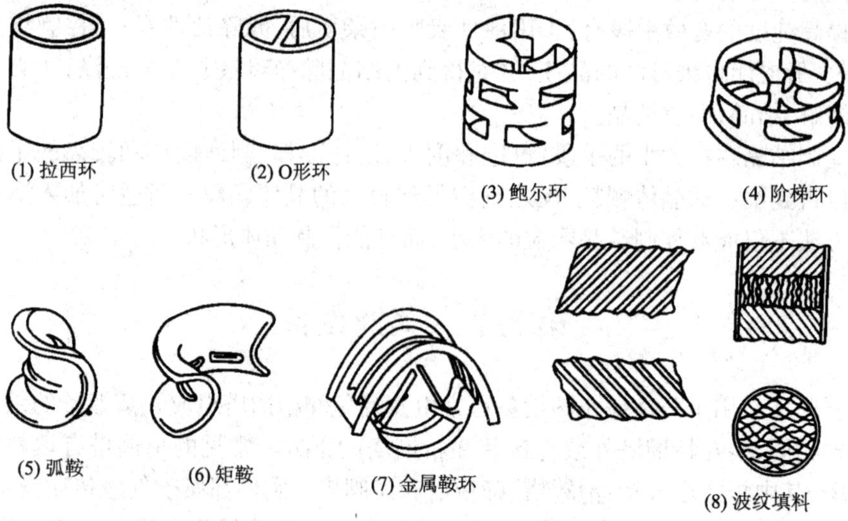

图 9－28　常用填料的形状

（1）单位体积填料层的表面积即比表面积应尽量大，以便能提供较大的气液接触面积；

（2）单位体积填料层的空隙体积即空隙率应尽量大，以减小气液流过填料层的阻力；

（3）填料的结构、形状应有利于气液分布均匀及减小气液流动阻力；

（4）制造填料的材料应有足够的机械强度，重量轻、耐腐蚀、表面湿润性好、廉价易得。

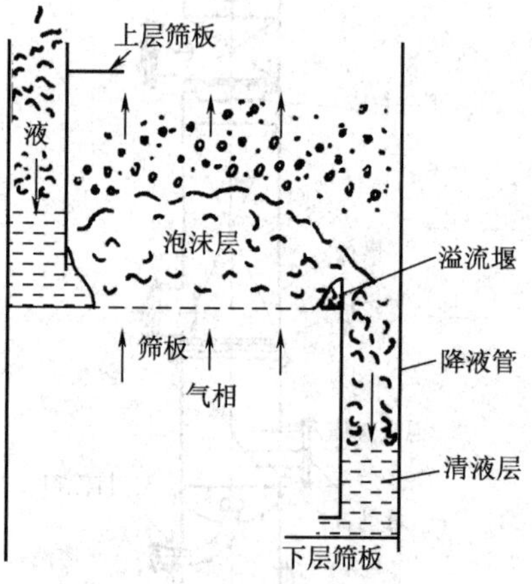

图 9－29　板式塔示意图

目前所能提供的填料很难全面满足以上要求，选择填料时应根据实际情况权衡利弊，综合考虑。

二、板式塔

板式塔（图 9－29）是由一个圆筒形壳体及在其中固定的若干块水平塔板所构成。相邻塔板间有一定的距离，称为板间距。液体受重力作用自上而下流动，最后由塔底排出。气体在压差推动下经塔板上的气体通道由下而上穿过层层塔板上的液层，最后由塔顶排出。为保证塔板上液层的高度，在每层塔板的出口端通常装有溢流堰。液体是横向经过塔板，翻越溢流堰，经过降液管流向下一层塔板的。

根据塔板的具体形式可将板式塔分为泡罩塔、浮阀塔和筛板塔。图 9－30 所示为泡罩塔板；图 9－31 所示为浮阀塔板；图 9－32 所示为改进后的筛孔塔板——导向筛板。由于结构复杂等原因，泡罩塔板已很少采用。

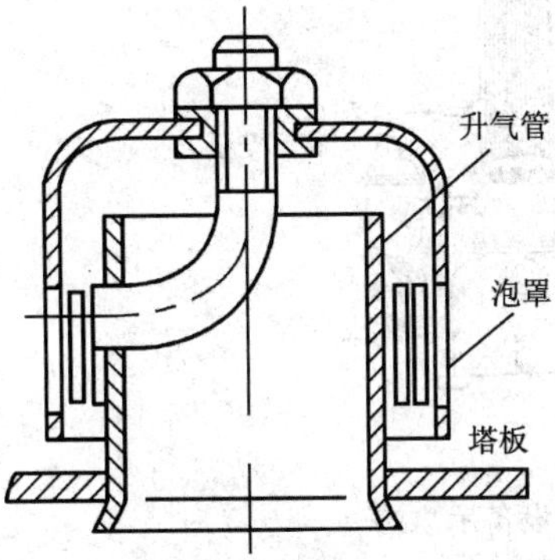

图 9－30　泡罩塔板

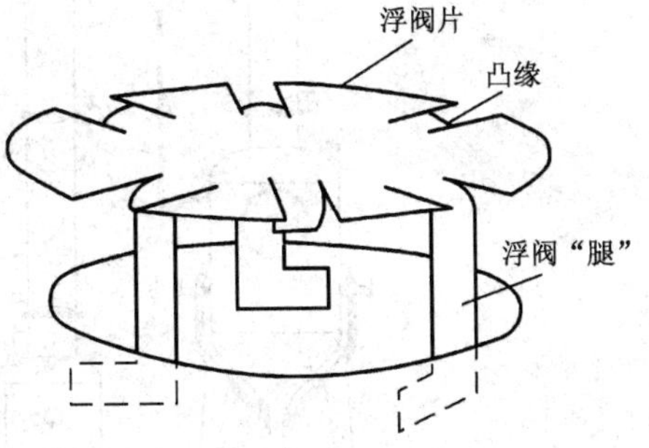

图 9－31　浮阀塔板

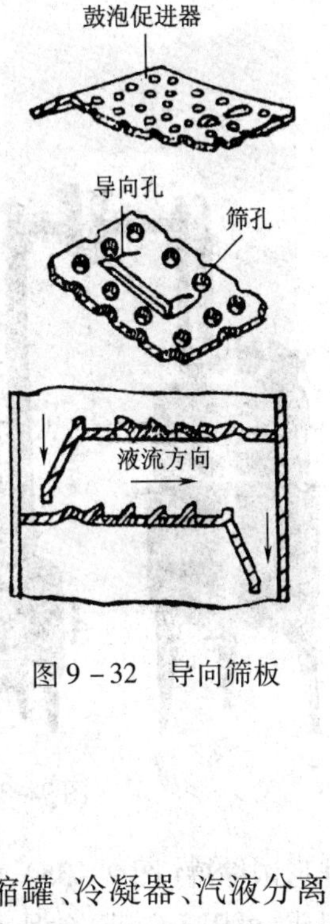

图 9－32　导向筛板

三、减压蒸馏设备

减压蒸馏设备（图 9－33、图 9－34）主要包括浓缩罐、冷凝器、汽液分离器、冷却器、受液桶五部件，浓缩罐为夹套结构，冷凝器为列管式结构，冷却器为盘管式结构。本设备适用于制药、食品、化工等行业对料液的浓缩，并且可作为回收酒精和简单的回流提取之用。设备与物料接触部分均采用不锈钢制造，具有良好的耐腐蚀性能，经久耐用，符合 GMP 标准。

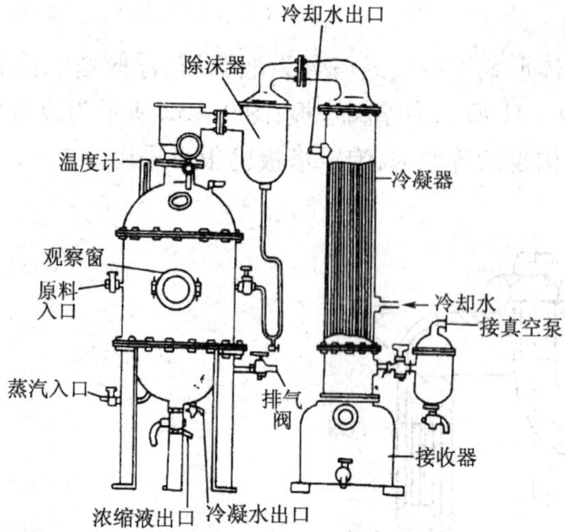

图 9-33　减压蒸馏设备示意图

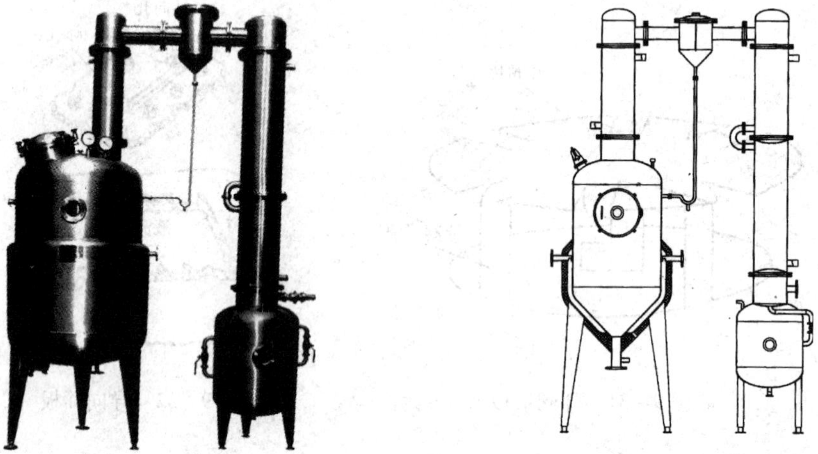

图 9-34　ZN 系列真空减压浓缩罐示意图

球形浓缩罐（图 9-35）主要由浓缩罐主体、冷凝器、汽液分离器、受液桶四个部分组成，可用于制药、食品、化工等行业对料液的浓缩、蒸馏及有机溶剂的回收等工艺。由于采用减压浓缩，故浓缩时间短，且不会破坏热敏性物料的有效成分。设备与物料接触部分均为不锈钢制造，具有良好的耐腐蚀性能，经久耐用，符合 GMP 标准。

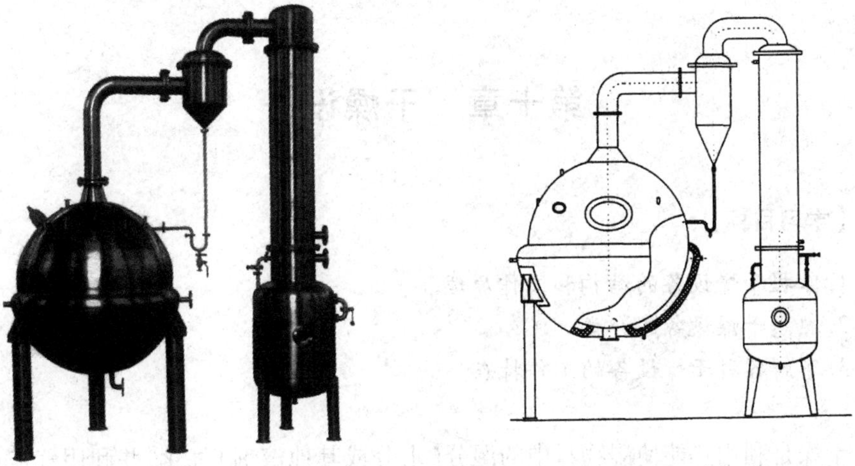

图 9－35　QN 系列球形真空浓缩罐示意图

【思考题】

1. 什么是蒸发操作？蒸发器由哪些基本部分组成？各有什么作用？

2. 真空蒸发有什么优缺点？

3. 什么是二次蒸汽？在蒸发器中为什么要安装分离液滴的分离器？

4. 如何使溶液结晶？结晶的方法有哪几种？各有什么特点？

5. 画出多效蒸发器的三种蒸发流程图，其中哪种流程节能效果更好？

6. 本书介绍了哪五种薄膜蒸发器？简述升膜蒸发器和中央循环管式蒸发器的原理。

7. 降膜式蒸发器通常在加热管顶部加装哪几种分布装置？为什么？

8. 什么是蒸馏？用于蒸馏操作的设备是什么？

9. 选择填料考虑的原则是什么？

第十章　干燥设备

【学习目标】

1. 掌握干燥设备的结构和工作原理。
2. 熟悉干燥设备的分类。
3. 了解各种干燥设备的工作特点。

干燥是利用热能使湿物料中的湿分(水分或其他溶剂)气化,并利用气流或真空带走气化了的湿分,从而获得干燥固体产品的操作。物料中的湿分多为水分,带走湿分的气流一般为空气。干燥操作的目的是除去某些固体原料、半成品及成品中的水分或溶剂,以便于储存、运输、加工和使用。在工业生产中,多先用机械法最大限度地去除固体物料中的湿分,再用干燥法除去剩余的湿分,最后得到合格的固体产品。

由于工业生产中被干燥物料的性质、预期干燥程度、生产条件的不同,所采用的干燥方法、干燥设备也不尽相同。故本章主要讨论以空气为干燥介质的含水固体的干燥。我们通常按热量传递方式把干燥设备分为传导干燥设备、对流干燥设备、辐射干燥设备和介电加热干燥设备。

第一节　对流干燥器

对流干燥器是热气体以对流的方式与直接接触的物料间发生传质、传热作用而进行干燥的设备。

一、厢式干燥器

厢式干燥器是指浅盘置于支架或移动的小车上,外壁绝热的厢形干燥设备。

厢式干燥器又称为盘式干燥器,是典型的间歇式干燥设备。主要是以热风通过湿物料表面达到干燥的目的。厢式干燥器的优点:构造简单;设备投资少;适应性较强(常用于批量较小、物料易破碎生屑、物料具有爆炸性或要求干燥程度较高的场合,有时用于较贵重物料的干燥)。缺点:常需要人工翻动物料,劳动强度大,条件差;干燥不均匀;热利用率低。适用于小规模多品种、要求干燥条件变动大及干燥时间长等干燥操作。

1. 穿流气流厢式干燥器

(1)结构原理　穿流气流厢式干燥器(图 10－1,图 10－2)克服了水平气流厢式干燥器的气流只在物料表面流过,传热系数较低的缺点。使气流穿过物料层,可以提高传热效率。

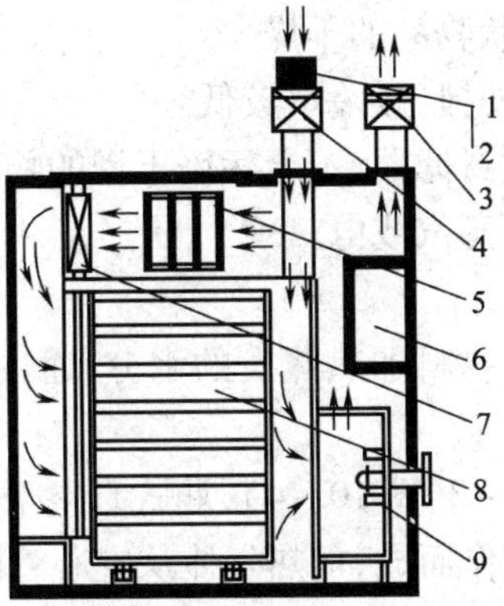

图 10－1　穿流气流厢式干燥器工作原理示意图

1—初效过滤器　2—中效过滤器　3—高温高效过滤器　4—高效过滤器
5—散热器　6—电控柜　7—高温高效过滤器
8—烘车　9—离心风机

图 10－2　穿流气流厢式干燥器实体示意图

穿流气流厢式干燥器由风机将一部分新鲜空气经初、中、高三效过滤,达到空气净化要求,经蒸汽热交换器升温至一定温度,再通过亚高效过滤器净化后,由左侧分流板分至各层,使热风平均通过每层被干燥的物料。湿空气从烘盘底下的倾斜风道抽出,经离心风机使一部分湿空气排出烘箱,另一部分空气继续循环加热,达到干燥目的。

(2)特点

①热风每一循环均通过亚高效过滤器过滤,能有效避免空气中夹带物料在循环再加热过程发生变质,对药品产生污染,符合"GMP"药品生产规范。穿流式烘箱比平流式烘箱干燥能力大,每层物料装料厚度为平流式烘箱的三倍以上。

②穿流式烘箱干燥面积大、效率高,能力比平流式烘箱大3~6倍,成本费用较低。

③适合各种颗粒状、块状物品的干燥。

④操作容易,清洗更换便捷,故障率较低。

⑤空气进出口都有空气过滤器,不会污染干燥的物料,影响其质量。

⑥烘箱加热热源可采用蒸汽或电。

2. 厢式真空干燥器

厢式真空干燥器是含湿物料加热蒸发的水分,通过真空系统排出的厢形干燥设备。

厢式真空干燥器(图10-3,图10-4),厢式真空干燥器具有良好的密封效果,放置浅盘的盘架由空心管制作而成,加热气体从空心管的管程中通过,不与物料直接接触,借对流和传导方式对物料进行加热。

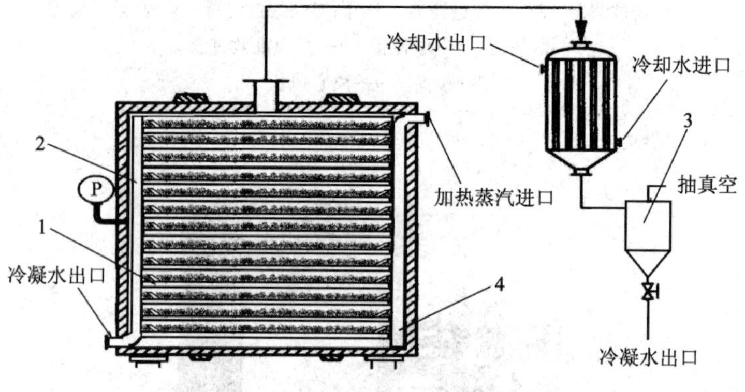

图10-3 厢式真空干燥器示意图

1—盘架 2—冷凝水管 3—气液分离器 4—加热蒸汽管

图10-4 厢式真空干燥器实体设备示意图

厢式真空干燥器的干燥室与真空管路相通，物料蒸发出的水气或其他蒸气沿真空管路流动，在干燥室外冷阱中冷凝成液体。在进行真空干燥时需开启真空泵以维持一定的真空度。厢式真空干燥器适用于热敏性、易氧化及易燃烧物料的干燥。

3. 带式翻板干燥器

这是一种多层转动链板，逐层翻转落料，含湿物料与载热气体直接接触的厢形干燥设备。

为改善厢式干燥器的操作条件，在干燥器内安装输送带就形成了带式干燥器。带式干燥器分为单带式、复带式和带式翻板等。图 10 - 5 为一带式翻板干燥器。干燥器内装有若干运输带，运输带由铰接的金属网板组成。由运输带一端均匀地加料，待运行至另一端时，专门机构可使网板翻转，上面的物料跌落到下层网板上，随网板往回运动，然后又可经翻转跌落到下面一条运输带上……最后从卸料口送出干燥器。

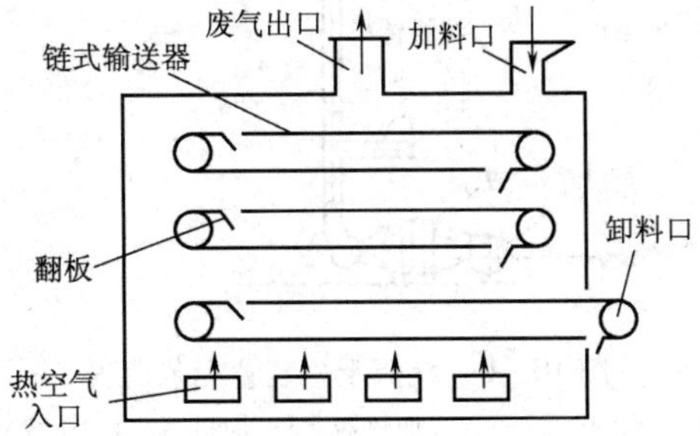

图 10 - 5　带式翻板干燥器示意图

热空气在干燥室外经加热器加热后，由入口进入干燥室，气流与物料成错流。在传送带前移过程中，物料不断与热空气接触而被干燥。空气按垂直方向穿过物料的干燥操作称为穿流式干燥，其干燥速度比空气按水平方向掠过物料要快，故可缩短干燥时间。

带式干燥器的优点：干燥均匀；可缩短干燥时间；可连续操作。

缺点：热效率低。

二、气流干燥器

气流干燥是利用高速热气流将粉粒状物料吹起，使其悬浮于干燥管中，在气流输送过程中进行干燥。它是气流输送技术在干燥中的具体应用。气流干燥管的长度一般在 10 ~ 20m。运转正常时物料在干燥管内停留时间很短，一般是 0.5 ~ 2s，最多不超过 5s。

1. 气流干燥流程

图 10－6 为气流干燥器流程。物料由加料斗经螺旋加料器加入干燥管。空气经加热管加热至一定温度后送入干燥管。热空气在干燥管内高速上升，物料被分散并随空气一起流动。干燥管内，热气流与物料间进行传热传质，使物料得到迅速干燥。已干燥物料随气流进入旋风分离器进行分离，废气经除尘后放空。

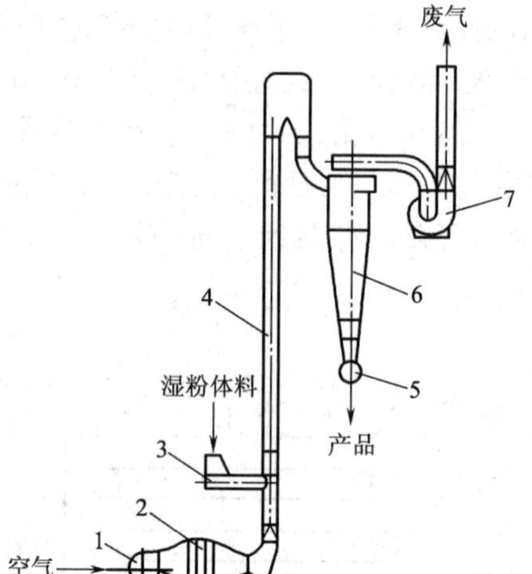

图 10－6　气流干燥装置工艺流程

1—鼓风机　2—空气加热器　3—加料器　4—干燥管

5—旋转阀　6—旋风分离器　7—风机

2. 气流干燥的特点

优点：生产强度大；干燥时间短；适应性广；热利用率高；结构简单；造价低；占地小；操作连续稳定，容易控制。因此特别适用于热敏性物料的干燥。

缺点：安装维修不方便；所得成品多为细粉，回收分离困难；不适用于粘壁的、要求一定形状的以及要求干燥到临界含水量以下的物料。

3. 几种改进的气流干燥器

（1）多级气流干燥器　把一段较高的干燥管改为若干段较低的干燥管，可用于含水量较高的物料，但增加了气体输送设备和分离设备。

（2）脉冲式气流干燥器　脉冲式气流干燥器（图 10－7，图 10－8）是将干燥管的管径做成交替扩大和缩小的形式，使颗料不断地被加速和减速，而颗粒由于惯性作用其运动速度来不及变化，两者的相对速度在较细管中增大。这样就强化了传热和传质过程。并在较粗管中增加了物料干燥时间，可使干燥管的总高度降低。

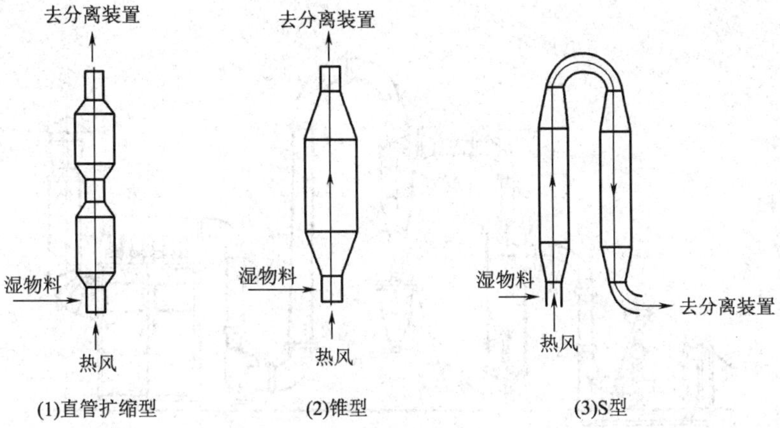

图 10－7　脉冲式气流干燥器结构示意图

图 10－8　脉冲式气流干燥器实体设备示意图

4. 旋风式气流干燥器

旋风式气流干燥器是用旋风分离器作干燥管(图 10－9)。它有一个略带锥度的圆筒形的筒身,多用不锈钢卷成,内壁光滑不粘物料。物料和气流经筒上部的进口以切线方向进入干燥器,在中央排气管与筒身之间作螺旋运动。干燥物料经筒底出料口排出,空气则由中央排气管排出。

旋风式气流干燥装置见图 10－10。

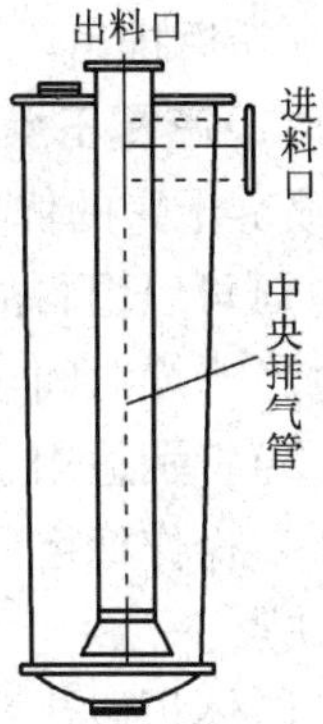

图 10－9　旋风式气流干燥器示意图

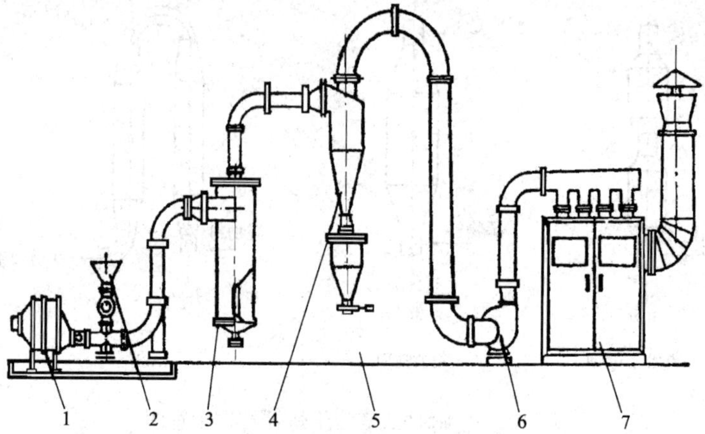

图 10－10　旋风式气流干燥装置

1—空气预热器　2—加料器　3—旋风式干燥器　4—旋风除尘器
5—贮料斗　6—鼓风机　7—带式除尘器

三、喷雾干燥器

喷雾干燥器是料液被雾化器喷成雾滴，分散于热空气流中，使湿分迅速蒸发的对流干燥器。

（一）喷雾干燥的流程

图 10－11 为喷雾干燥流程图。压缩空气经过滤器过滤除菌，然后经加热器加热，使温度、洁净度达到工艺要求，热空气进入喷雾塔顶。稀料液（溶液、悬浮液、浆状液及熔融液等）经喷嘴（雾化器）喷洒成细小的雾粒与热空气充分接触进行干燥。因雾化后的液滴直径范围在 10～60μm，比表面积剧烈增加，故水分蒸发极快，在液滴到达器壁前，干燥成粉末沿壁落入塔底。废气经过旋风分离器、袋滤器二级捕集细粉后排出。

（二）喷雾干燥特点

喷雾干燥的优点：

（1）可以由料液直接获得粉末状产品，且溶解性好。

（2）干燥时间短，质量高。

（3）特别适用于热敏性物料的干燥。

（4）操作稳定，易自动控制，减轻劳动强度。

缺点：

（1）体积传热系数小，热利用率较低。

（2）设备体积庞大，操作弹性小。

（3）易发生粘壁现象。

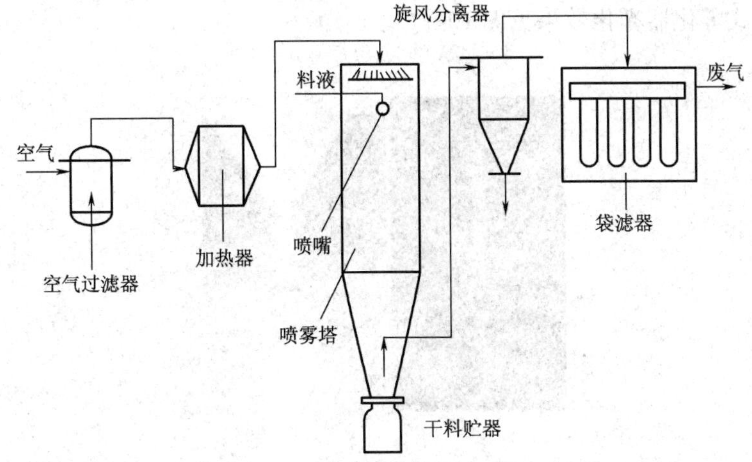

图 10－11　喷雾干燥流程图

(4)废气中回收微粒装置要求高。

(三)雾化器的结构和原理

雾化器也称喷雾器、喷嘴，是喷雾干燥设备的关键部件，有三种型式：气流式、离心式、压力式。其他需要将液体雾化的药品生产设备多采用这几种型式的雾化器。

(1)气流式雾化器　图 10－12(1)和图 10－12(2)分别为双流式和三流式气流雾化器。其工作原理是利用高速气流对液膜产生摩擦分裂作用，把液滴拉成细雾状。高速气流一般用 150～500kPa 的压缩空气，速度可达 200～300m/s，从喷嘴喷出，而溶液的流出速度一般小于 10m/s。因此气流与液流之间相对速度很大而产生摩擦，液体就被拉成许多丝状体，又迅速断裂成小雾滴。丝状体存在的时间决定于相对速度和溶液的性质。相对速度越大，丝越细，存在时间就越短，雾粒分散度越高。溶液的黏度越大，丝状体存在时间就越长。故某些高黏度溶液喷雾干燥时得到的产品往往不是粉状而是絮状的。

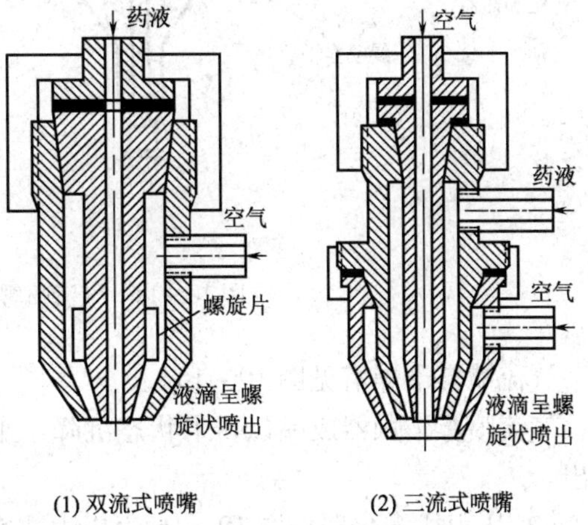

图 10－12　气流式雾化器

气流式雾化器构造简单、磨损小，适用于各种黏度的料液。操作弹性大，可利用气、液比控制雾滴尺寸，但压缩空气用量大，消耗的动力多。

气流式雾化器雾化效果见图 10－13。

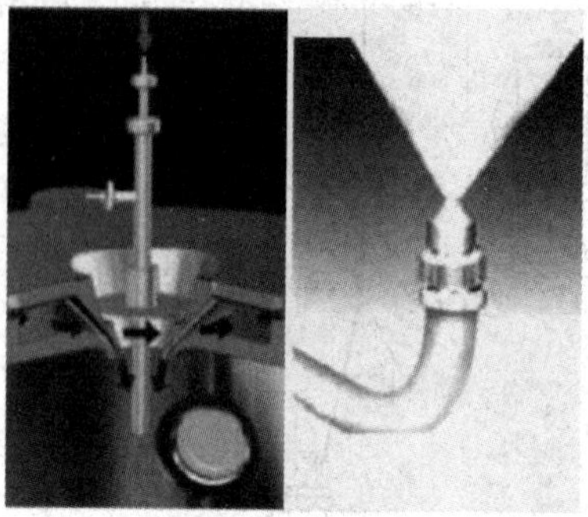

图 10－13　气流式雾化器雾化效果示意图

气流喷雾干燥流程见图 10－14。

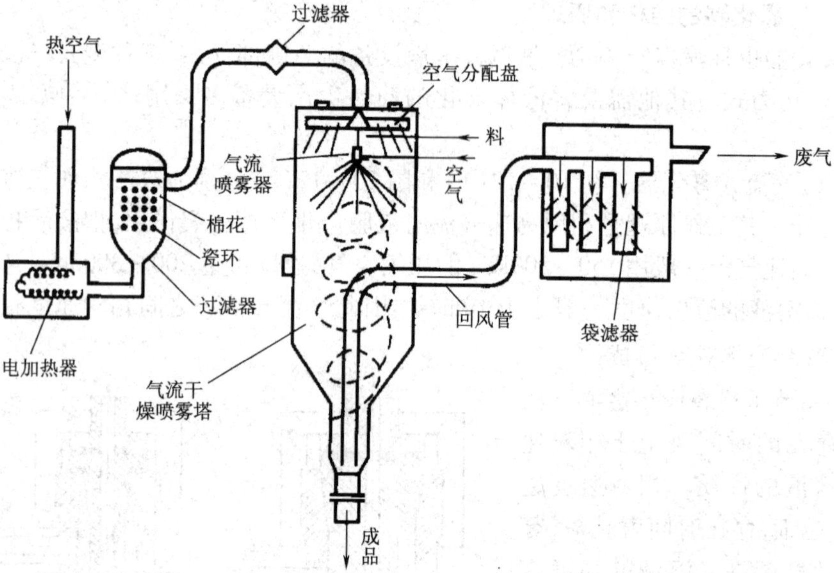

图 10－14　气流喷雾干燥流程

气流喷雾干燥塔见图 10－15。

气流喷雾干燥器成品以粉末状态沉降于干燥室底部，连续或间断地从卸料器排出。

(2)压力式雾化器　图 10－16 为压力式雾化器，也称机械式雾化器。压力雾化器由高压泵、喷嘴、旋转室组成。喷嘴安装在雾化室上部，与旋转室内壁成切线关系。液体压力升高到 2～20MPa 后，经喷嘴从切线进入旋转室中，并沿旋转室内壁做高速旋转运动，然后从出口小孔处呈雾状喷出。

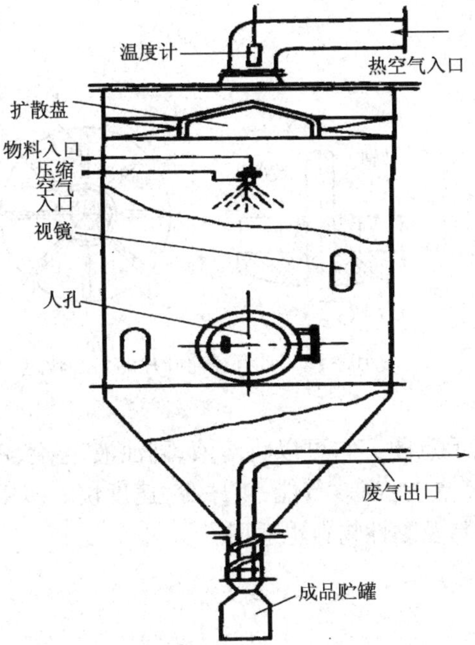

图 10－15　气流喷雾干燥塔

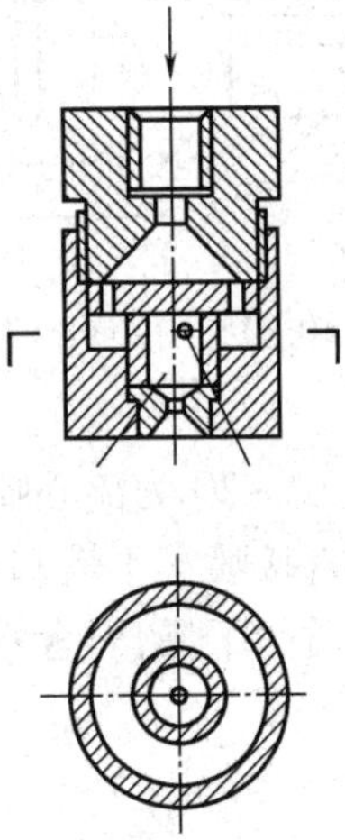

图 10－16　压力式雾化器

压力式雾化器雾化效果图见图 10－17。

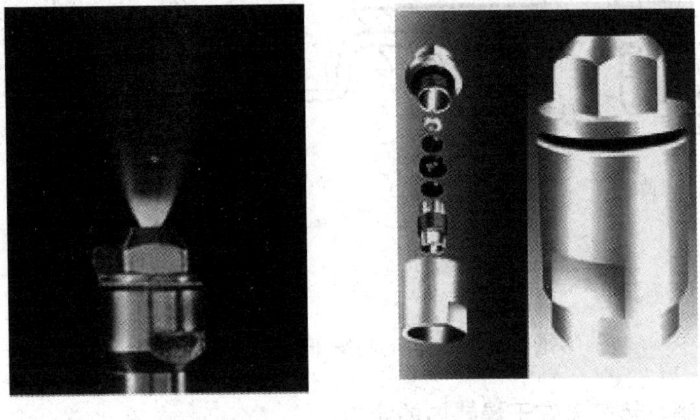

图 10－17　压力式雾化器雾化效果图

(3)离心式雾化器　离心式雾化器的主要件是高速旋转的转盘，转盘的形式有平板型、碟盘型、多翼型和喷嘴型等。当料液被送入高速旋转的圆盘时，由于受到离心力作用而加速，到达圆盘周边时被高速甩出拉成细丝，继而断裂成雾滴状洒出。使用这种离心转盘，为减少料液与转盘之间的滑动，进料量不能太大，可在盘面上开径向浅槽或装辐射型径向叶片。图 10 - 18 是径向开槽的离心转盘，图 10 - 19 是具有径向叶片的离心转盘。

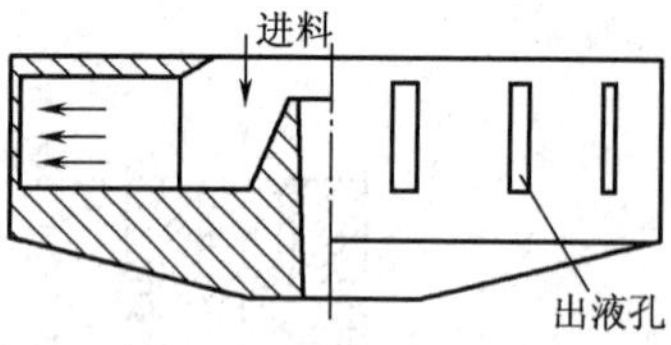

图 10 - 18　径向开槽的离心转盘

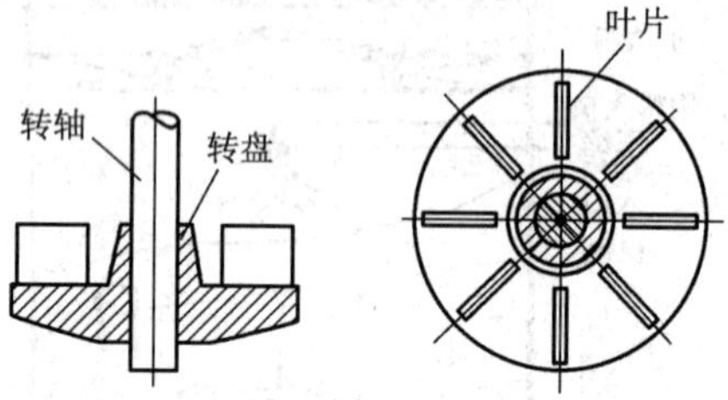

图 10 - 19　具有径向叶片的离心转盘

图 10 - 20 为离心喷雾干燥流程示意图。它可以将溶液、乳浊液、悬浮液甚至糊状物直接喷雾干燥制成干粉。其特点为：高效节能；工序少，速度快。多用于热敏性物质的干燥，对含水量较高的物料及黏性物料也适用。

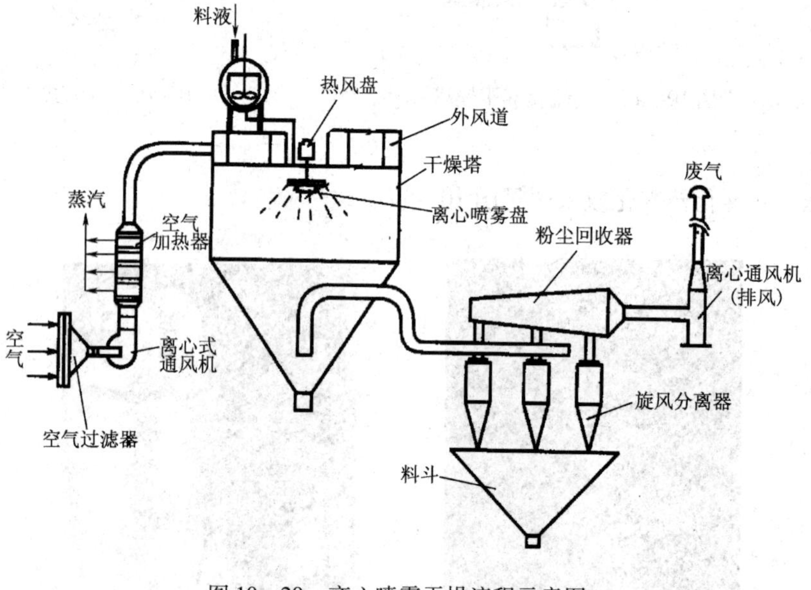

图 10 - 20　离心喷雾干燥流程示意图

(四)雾滴与热气流在干燥器内的流向

(1)并流型[图 10 - 21(1)]　物料进口和热风进口都在干燥器顶部，空气和料液都从干燥器顶部进入，雾化器也装在顶部，两者向下做并流流动。它可以采用较高的热风温度，适于热敏性物料的干燥，是常用的基本形式。

(2)逆流型[图10－21(2)]　在干燥器内雾滴向下,热风向上,做相反方向运动。物料在干燥器内悬浮时间较长,适用于含水量较多物料的干燥。经干燥后的成品与进口高温气流接触,成品含水量较低。它的热效率较高,多采用压力式雾化器,热敏性物料不宜选用。

(3)混合流型[图10－21(3)]　雾化器装在干燥器的中间,向上喷雾,与干燥器顶部吹下的热风呈逆流接触后再并流向下。它兼有逆流与并流的优点,适用于不易干燥的物料。

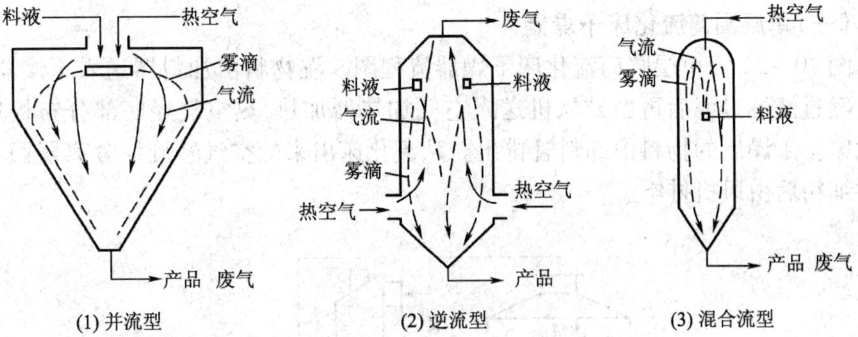

图10－21　喷雾干燥器中气流与雾滴的流向

第二节　流化床干燥器

流化床干燥器是将湿物料处于流态化状态下与载热气体进行热交换的对流干燥器。

流态化是使一种颗粒状固体在气体或液体的作用下而转变成类似流体状态的操作。其实质是一种特殊形式的对流式干燥。运用流态化技术可以更好地实现干燥、反应、混合、制粒、包糖衣等过程。本节只介绍流态化干燥设备,而制粒、包糖衣等应用形式在专用设备里介绍。

流化床干燥器又名沸腾干燥器,它是利用热空气流使置于筛板上的颗粒状或粉状湿物料呈沸腾状态,以达到干燥目的的设备。在沸腾干燥时,热空气的流速保持在颗粒临界流化速度与带出速度之间,此时颗粒在热空气中呈沸腾状翻动,颗粒周围的滞流层几乎消失,气流与颗粒间的接触面积很大,体积传热系数可达2.3～7.0kW/(m^3·K),且物料在沸腾干燥器中的停留时间可以控制。

流化床干燥器优点:

(1)温度均匀,易控制。

(2)传热效果好。

(3)产品干燥程度高。

(4)密封操作,不易污染。

缺点:

(1)对要求保持物料颗粒形状者不宜。

(2)对易粘结团块及易粘壁物料干燥效果差。

沸腾干燥器主要用于直径为0.03~6mm物料的干燥,物料颗粒过小时易产生沟流或被夹带,颗粒过大,能耗增加。被干燥物料含水量要求:粉末状为2%~5%,颗粒状为10%~15%(若不结块,可适当放宽)。根据结构可将流化床干燥器分为下面几种:

(一)单层圆筒流化床干燥器

图10-22为单层圆筒流化床干燥器流程图。湿物料由加料器送入干燥器内;空气经过滤器过滤后再由鼓风机送入空气加热器加热,热空气经底部分布板进入流化床。干燥后的物料由卸料管排出。从流化床出来的空气经旋风分离器回收夹带的细粉后由风机排空。

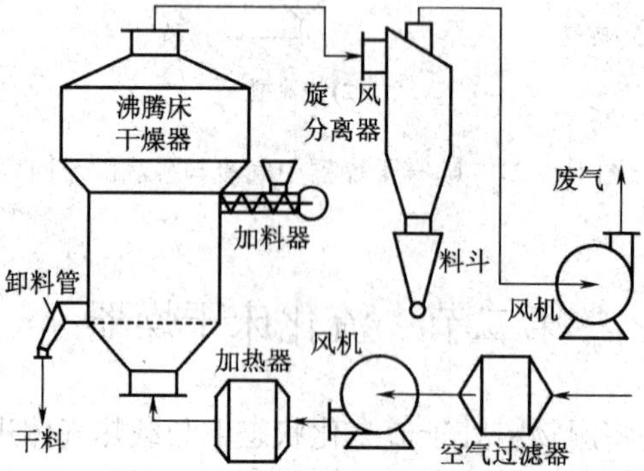

图10-22 单层圆筒流化床干燥器流程图

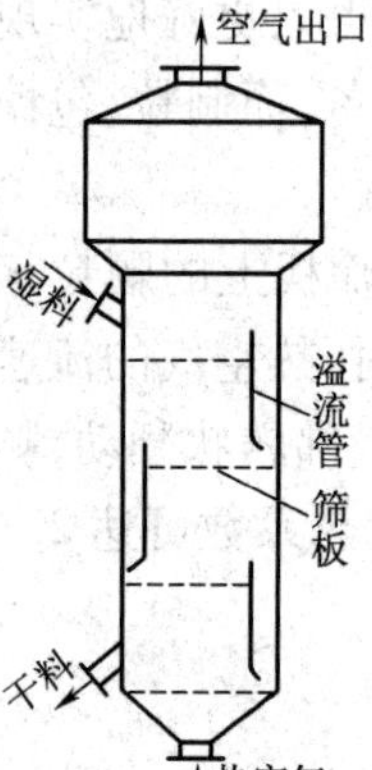

图10-23 多层流化床干燥器示意图

在要求干燥均匀时,它需要较高的床层,且热效率低,因此,它可用于处理量较大而且对干燥要求不严格的产品,特别适用于仅要求去除表面水分的干燥。

(二)多层流化床干燥器

为克服单层流化床干燥不均匀的缺点,设计了多层流化床干燥器。图10-23为溢流管式多层流化床干燥器。湿物料由最上层加入,热空气由器底送入,在床层内进行逆流流动,颗粒由第一层经溢流管流至第二层,虽然颗粒在一层内相互混合,但层间不相混合,故产品干燥程度可显著提高。此外,热的利用率也较单层流化床为高。也可以不用溢流管,让物料直接由直径较大的筛板孔流至下层,即做成穿流板式,但操作不易掌握。

(三)卧式多室流化床干燥器

为了克服多层流化床存在的结构复杂、床层阻力大、操作不易控制等不足,便出现了卧式多室流化床干燥器(图 10－24),它是一矩形箱体外壳,其气体分布板为长方形,且按一定间隔垂直于它设置一定数量的隔板,将床层分隔成多室。为使气体分布得更均匀,一般在气体分布板的下部有一个气体预分布室,分成若干个热风室。物料的停留时间可通过调节出口堰板高度来实现。颗粒在热风的作用下,通过分布板与隔板之间的间隙向其他室移动,直至出口排出。这种流化床干燥器处理量大,产品湿含量均匀,操作也比较稳定。与多层流化床相比,结构简单,系统压降低,但耗气量大,热效率低。

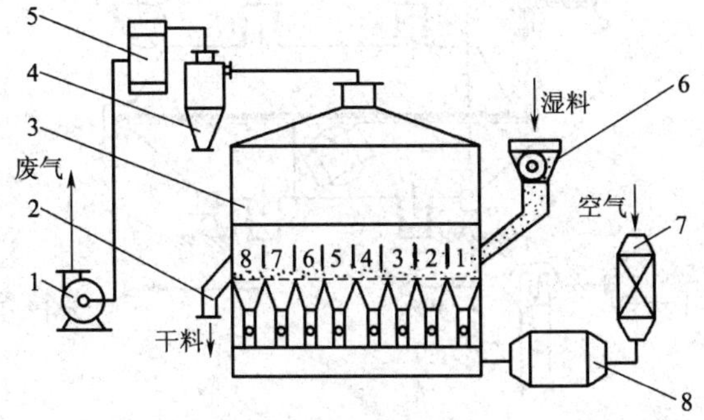

图 10－24　卧式多室流化床干燥器

1—引风机　2—卸料管　3—干燥器　4—旋风分离器　5—袋式分离器

6—摇摆颗料机　7—空气过滤器　8—加热器

(四)振动流化床干燥机

振动流化床干燥机是指振动和热气流的共同作用使固体湿物料呈流态化的干燥机(图 10－25)。

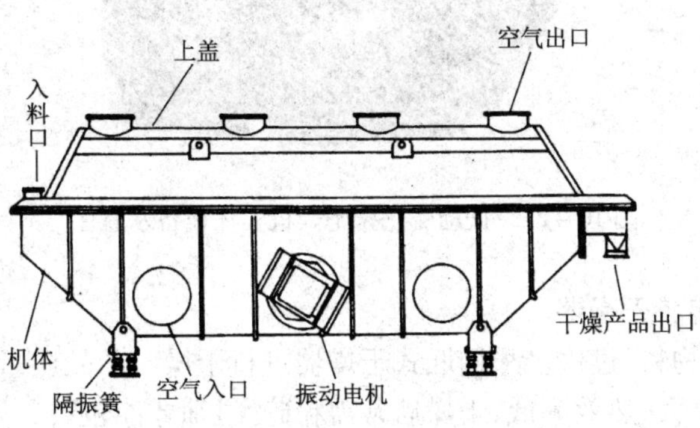

图 10－25　振动流化床干燥机

振动流化床干燥机(图10－26、图10－27),就是将机械振动施加于流化床上。振动电机产生激振力使机器振动,物料在给定方向的激振力作用下跳跃前进,同时床底输入热风使物料处于流化状态,物料颗粒与热风充分接触,进行剧烈的传热传质过程,此时热效率最高。上腔处于微负压状态,湿空气由引风机引出,干料由排料口排出,从而达到理想的干燥效果。设备流化均匀,无死角,温度分布均匀,热效率高。适用于颗粒、粉、条、丝梗状物料干燥,像淀粉、葡萄糖及很多大批量生产的药用中间体均可选用。

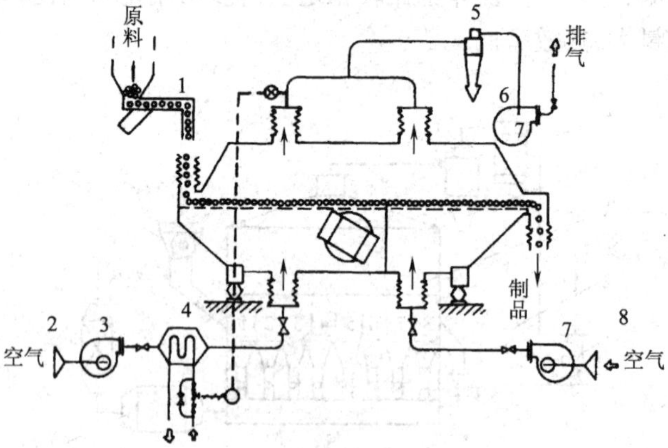

图10－26　振动流化床干燥机流程图

1—振动给料机　2,8—过滤器　3—给风机　4—换热器
5—旋风除尘器　6—排风机　7—给风机

图10－27　振动流化床干燥机实体设备示意图

(五)强化沸腾干燥器

对于膏糊状物料,过去多采用厢式干燥器进行干燥。产品质量不均匀,且操作条件差、劳动强度大、热效率低,干燥后常需粉碎、过筛才能包装。可采用强化沸腾干燥器解决了膏糊状物料的干燥问题,其结构如图10－28所示。强化沸腾干燥器为具有锥形底的圆筒,在下部锥形部分安装有若干组由方钢制成的动牙(以400r/

min 的速度旋转）和静牙组成的强化器。螺旋加料器将膏糊状物料挤压成直径为5～10mm 的条形物料或片块状物料，连续、定量地加入干燥容器中，借助上升热气流对湿物料进行预干燥。由于部分水分的蒸发和粘附了气体中已干燥的物料粉尘，湿物料的黏性大为降低，落入强化器后受到动、静牙之间的剪切、碰撞作用被粉碎成小块。小块物料被锥底通入的热空气流化，又在流化过程中不断被粉碎，更新干燥表面，这一强化沸腾过程明显提高了传热和传质的速度。干燥后的细颗粒随气流输送至分离器回收。

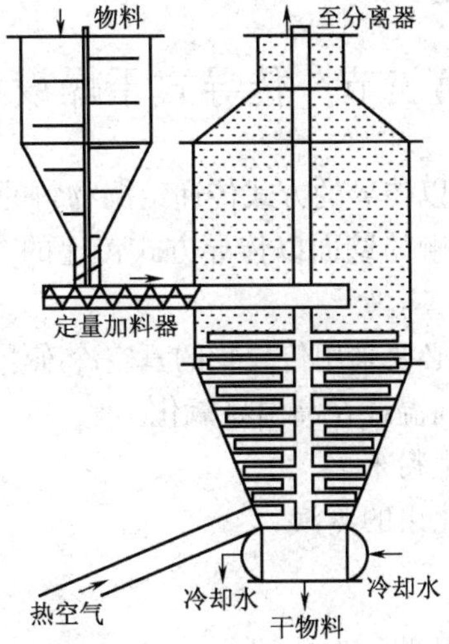

图 10－28　强化沸腾干燥器

强化沸腾干燥器的特点是：热效率高；干燥强度大；质量好；成本低；操作稳定。因而强化沸腾干燥器是膏糊状物料较理想的干燥装置。

（六）惰性粒子流化干燥器

在下部呈锥形底的圆筒形干燥器中放进一定粒径的惰性粒子，如，小瓷球、小钢球，它们与湿物料不起化学反应。惰性粒子在流化过程中不断与湿料撞击，不断更新干燥表面。经过反复流化－撞击－粉碎－干燥，物料粒径越来越小，从而达到干燥的目的。

（七）喷雾流化干燥

将溶液的喷雾装置组合在气固流

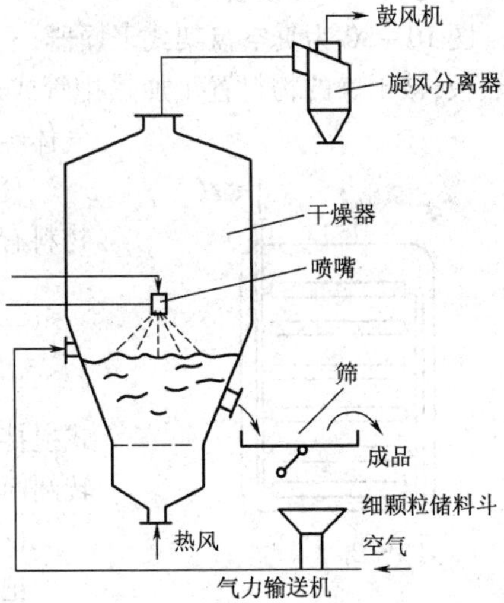

图 10－29　喷雾流化干燥流程示意图

化床中，使雾滴流化、干燥，得到干燥固体颗粒的方法称为喷雾流化干燥。图10-29为喷雾流化干燥流程示意图。

物料溶液经喷嘴雾化成极细的雾滴分散在床层中，自己干燥成小颗粒或附在作为“种子”的其他小颗粒上使其长大。床层中已干燥好的物料自卸料口卸料，干料经筛分可得成品。筛下细颗粒作为“种子”返回干燥器，返回床层的物料量与产品量之比称为返料比。

喷雾流化干燥可将蒸发、结晶、造粒、干燥等结合在一个设备中进行，故可以简化流程、节省投资。但还存在返料比和能耗较大等问题。

第三节　传导式干燥设备

传导式干燥器是热能以传导的方式传递给湿物料的干燥设备。干燥器中水分汽化的热量是由与物料接触的壁面以传导方式传递的，汽化所产生的水汽一般由真空排出。

在下列情况下就更有必要采用传导式的真空冷冻干燥器：

(1)当物料不能耐受高温或在高温易氧化。

(2)物料干燥时易产生粉末。

(3)必须回收物料汽化出的蒸汽。

(4)物料有爆炸危险。

一、真空盘架式干燥器

真空盘架式干燥器为湿物料通过盘架下的换热器加热，蒸发的水分在真空状态排出的厢形干燥设备。

图10-30为真空盘架式干燥器，干燥器中有内通蒸汽的若干加热排管或空心加热板，被干燥的物料置于加热排管或加热板上的干燥盘中。干燥过程所产生的气体经冷凝后由真空泵排出。

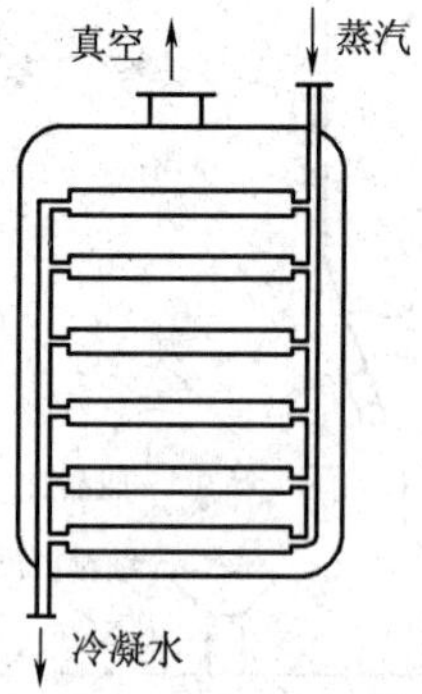

图10-30　真空盘架式干燥器

真空盘架式干燥器构造简单，但靠近壁面的物料有发生过热现象的可能。

二、耙式真空干燥器

耙式真空干燥器为湿物料通过水平设置的耙式搅拌器加热，蒸发的水分在真空状态排出的回转圆筒干燥设备。

(一)结构原理

耙式真空干燥器(图10-31，图10-32，图10-33，图10-34)通过对设备夹套的加热加温，内胆不

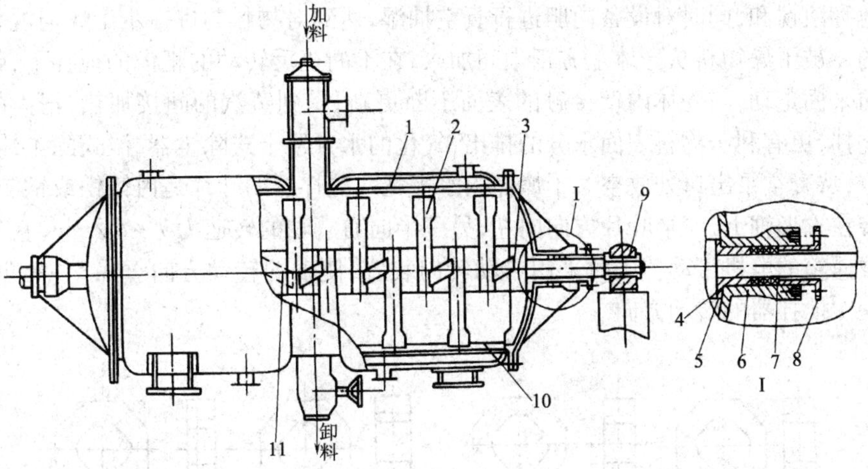

图 10 - 31　耙式真空干燥器结构

1—壳体　2,3—耙齿(左向)　4—传动轴　5—压紧圈　6—封头　7—填料
8—压盖　9—轴承　10—无缝钢管　11—耙齿(右向)

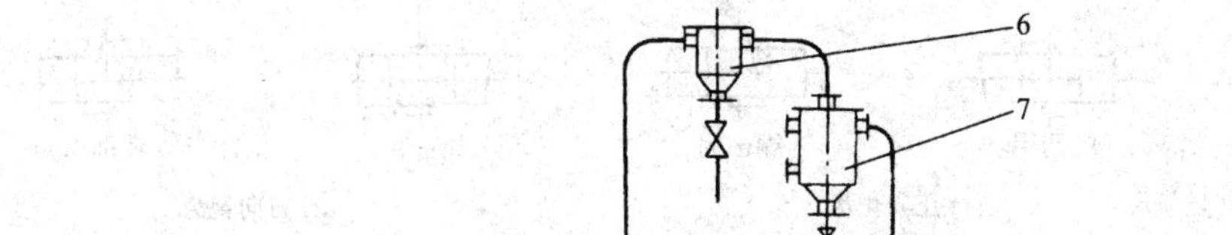

图 10 - 32　耙式真空干燥流程

1—电机　2—减速机　3—轴承座　4—干燥器　5—支座　6—干式除尘器　7—湿式除尘器
8—冷凝器　9—冷凝水受器　10—真空泵　11—气水分离器

停地翻滚搅和，同时对设备内胆进行真空抽湿，达到对物料的进一步干燥与混合的目的。被干燥物料从壳体上方正中间加入，在不断正反转动的耙齿的搅拌下，物料轴向来回走动，与壳体内壁接触的表面不断更新，受到蒸汽的间接加热，耙齿的均匀搅拌，更有利于物料表面水分的排出，气化的水分经干式除尘器、湿式除尘器、冷凝器，从真空泵出口处放空。干燥器内水平耙式搅拌器的叶片是由铸铁或钢制成，安装在方形轴上，一半叶片方向向左，另一半向右。轴的转速为 7 ~ 8r/min，它是由带减速箱的电机带动。同时采用自动转向装置，使轴的转动方向每隔 5 ~ 8min 改变一次搅拌器的转动方向。

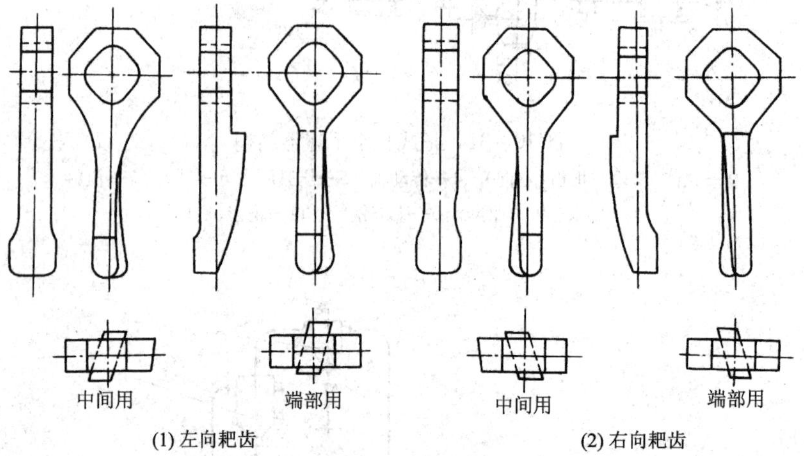

图 10 - 33　耙齿形状

图 10 - 34　耙式真空干燥器实体设备示意图

（二）操作

操作时，先开动搅拌器，加入被干燥的物料，并将加料口关闭。同时通入蒸汽加热，加热蒸汽的压力一般为0.2～0.4MPa（表压）。用真空泵抽出水蒸气和不凝气体，一般物料干燥时，真空度约为700mmHg柱（1mmHg柱＝133.322Pa）。这种干燥器的水分蒸发强度，随物料性质、湿度、加热蒸汽压力及真空度等的不同而异。

（三）特点

真空耙式干燥器的操作比箱式干燥器的劳动强度低，能回收物料中的有用湿分，操作条件好，管理比较方便。其缺点是生产能力低，设备结构比较复杂，搅拌器叶片易损坏等。

三、双锥回转式真空干燥机

这是一种夹套内的加热介质通过器壁传热，容器内的湿物料蒸发的水分在真空状态下排出的双锥形回转干燥设备。

双锥回转真空干燥机（图10－35，图10－36，图10－37）为双锥形的回转罐体，罐内在真空状态下，向夹套内通入蒸汽或热水进行加热，热量通过罐体内壁与湿物料接触。湿物料吸热后蒸发的水汽，通过真空泵经真空排气管被抽走。由于罐体内处于真空状态，且罐体的回转使物料不断地上下、内外翻动，故加快了物料的干燥速度，提高干燥效率，达到均匀干燥的目的。

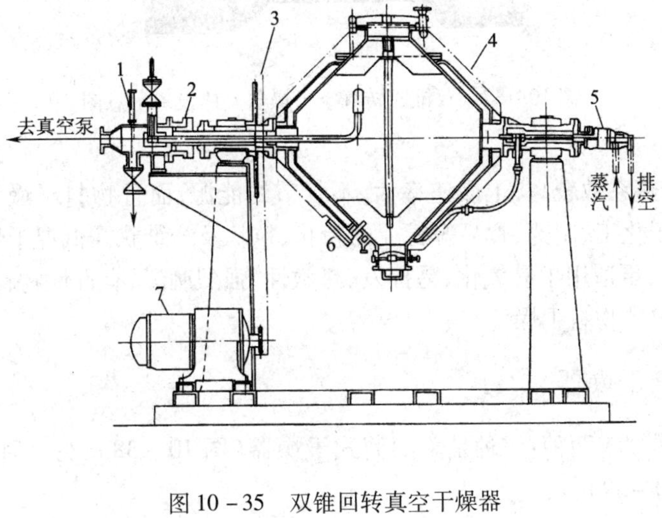

图10－35　双锥回转真空干燥器

1、6—温度计　2—密封装置　3—安全罩　4—保温层
5—旋转接头　7—电机减速机

双锥回转真空干燥机内部结构简单，清扫容易，物料能够全部排出，操作简便，能降低劳动强度，改善工作环境。同时，因容器本身回转时物料亦转动，但器壁上

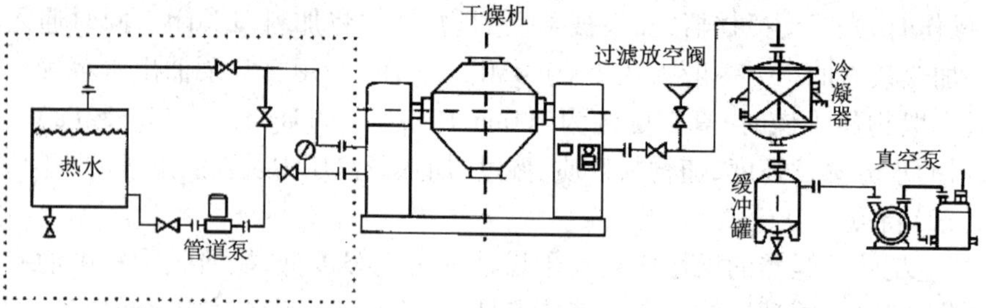

图 10－36　双锥回转真空干燥器工艺流程图

图 10－37　双锥回转真空干燥器实体设备示意图

不积料，故传热系数较高，干燥速率大，不仅节约能源，而且物料干燥均匀充分，质量好。适用于化工、制药、食品等行业的粉状、粒状及纤维状需低温干燥的物料（如生化制品等），更适用于易氧化、易挥发、热敏性、强烈刺激、有毒性物料和对结晶形状有特殊要求的物料干燥。

四、滚筒干燥器

滚筒干燥器有两种：一种是单滚筒式干燥器（图 10－38），另一种是双滚筒式干燥器（图 10－39）。

滚筒内通加热蒸汽，滚筒可部分浸没在稠厚的悬浮液中（称为浸没加料）；或者将稠厚的悬浮液喷洒到滚筒的上面。滚筒缓慢地回转，被干燥物料呈 3～5mm 薄膜状附着在滚筒外面，当滚筒回转到 3/4 至 7/8 转时，物料干燥到所需程度，刮刀将干物料刮下。滚筒的转速一般为 4～10r/min。它可以使物料的含水量由 40%～80% 降至 3%～4%，甚至 0.5%，热效率可达 70%～90%。

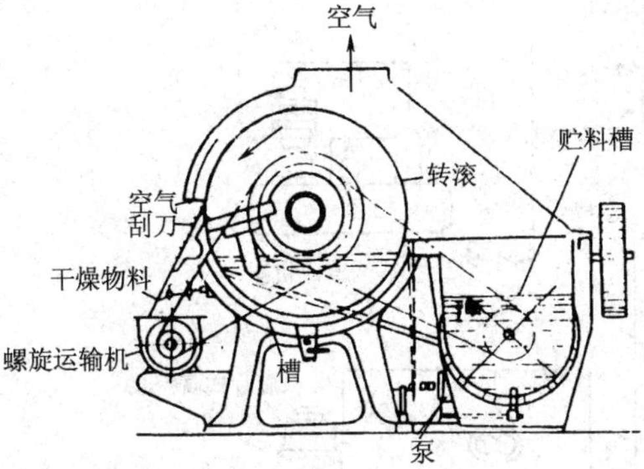

图 10－38　单滚筒式干燥器

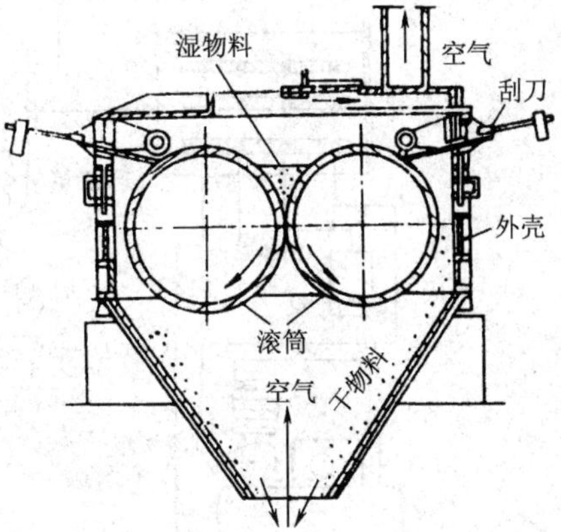

图 10－39　双滚筒式干燥器

滚筒式干燥器适用于悬浮液、溶液和胶体状流动性物料，但对于含水量过低的热敏性物料的干燥不适合，可能造成物料的过热分解。

五、冷冻真空干燥

冷冻真空干燥简称冷冻干燥或冻干，又称升华干燥，呈溶液状态的药品经完全冻结，并在一定真空条件下使固态的水升华，从而达到低温脱水的目的。冷冻真空干燥设备既可作为用于原料药生产的专用设备，也可作为生产冻干制剂的专用设备。

冻干制品包括冻干制剂有下列优点：①质地疏松，溶解性好；②含水量较低，有利于长期保存；③避免制品因高热分解；④冻干前经过精密过滤，可大大减少制品内杂质微粒；⑤先制成溶液，故剂量准确。因此冷冻干燥对很多热敏性物料、易氧化物料特别适宜，广泛应用于激素、酶、核酸、抗生素、血液制品和一些免疫制品的干燥。

冷冻干燥机组主要由干燥箱、冷凝器（冷阱）、制冷机、真空泵和加热装置等组成，图 10－40 是一种冷冻干燥机组的示意图。用于冻干剂时宜配置液压盖塞装置，干燥箱内宜用不易变形的不锈钢隔板。

1. 干燥箱

干燥箱内设有若干层不锈钢或紫铜搁板，搁板内嵌有冷冻管和加热管，可对搁板上的制品进行冷冻或加热。密封橡胶圈嵌在箱门的四周，并涂上真空脂以保证密封。

2. 冷凝器

冷凝器内有若干组螺旋冷凝蛇管，其温度可达－60～－45℃，比干燥箱内的板温和制品温度要低得多。冷凝器将来自干燥箱中制品升华的水汽进行冷凝，以保

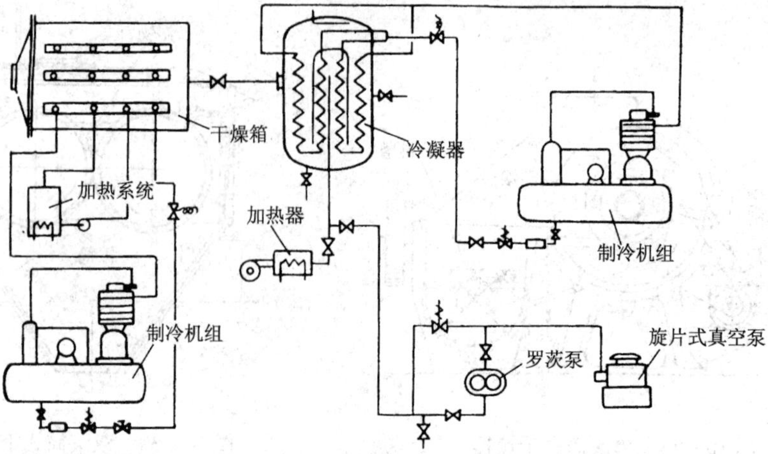

图 10－40　冷冻干燥机组示意图

证冻干过程继续进行。

3. 制冷机

一般有两台制冷机，一台用来对干燥箱中的搁板降温，可使搁板温度下降至－30～－40℃；另一台用来对冷凝器中的冷冻盘管降温。冷冻机采用蒸汽压缩式制冷。

4. 真空泵

图 10－40 中有一台罗茨泵和一台前级泵——旋片式真空泵。用以使干燥箱内保持绝对压 13.33～0.1333Pa。小型冷冻干燥机通常采用罗茨真空泵或扩散泵加前级泵，大型机组可采用多级喷射泵。真空泵的容量大致要求是：系统能在 5～10min 内从 0.1MPa 降到 133Pa 以下。

5. 加热系统

用来保证升华阶段干燥箱中温度达到 80～100℃。加热系统可采用电热或循环油间接加热（图 10－40 中为油加热）。循环油用电阻加热，用油泵实现循环。

有的设备选用了合适的载热剂，用同一种载热剂实现了对搁板的间接加热和间接冷却。

第四节　其他干燥设备

一、红外线干燥设备

红外线是介于可见光与微波之间的一种电磁波，波长处于 0.7～1000μm，正好处于红色可见光之外，故称“红外”。红外线根据波长不同又分为两个区域，把波长0.75～5.6μm称“近红外”，把波长5.6～1000μm称“远红外”。

红外线干燥属于辐射加热干燥。红外线发射器所辐射出红外线被加热物质所吸收，引起物料分子激烈共振并迅速转变为热能，使物体内外都得到加热而达到干燥的目的。

在红外线干燥时由于被干燥物料中水分不断蒸发吸热，使物料表面温度降低，这样使物料内部水分的扩散与温度梯度的方向是一致的，从而加速了内部水分的扩散过程，所以红外线干燥比对流式干燥的速度快，因此它特别适用于大面积、物体表面的干燥。由于红外线干燥时表面和内部的物质分子同时吸收红外线，干燥物受热均匀，产品外观、机械性能等较其他干燥形式要好。

由于一般物料对红外线的吸收光谱大多位于远红外区域，很多有机物、大分子物质和水分在远红外区有更多的吸收带。故近红外干燥的效率低，干燥时间长，耗能大。又由于辐射线穿透物体的深度约等于波长，远红外干燥明显优于近红外干燥。

远红外干燥器的辐射能发生器（辐射元件）主要由三部分组成：

1. 涂层

其作用是在一定温度下能发射出具有所需要波段宽度和较大辐射功率辐射线。常用有TiO_2、ZrO_2、Co_2O_3、Al_2O_3等，将数种物质混合起来，能获得较宽范围波长的红外线。使用时可采用涂布、烧结、熔射喷涂等工艺方法使涂料附着在基体上。

2. 发热体

其功能是向涂层提供足够的能源，以保证辐射层正常发射辐射线所必须的工作温度。发热体是电阻的辐射器，称为电热式辐射器，它能把电能转变为热能，它可以制成灯式、管式、板式等各种形式。可分为直热式和旁热式：直热式是将辐射涂层（如，镍铬电阻丝上涂有远红外涂料）直接附在发热元件上；旁热式则需要中间传热介质传热。图10－41为旁热式辐射器结构图。

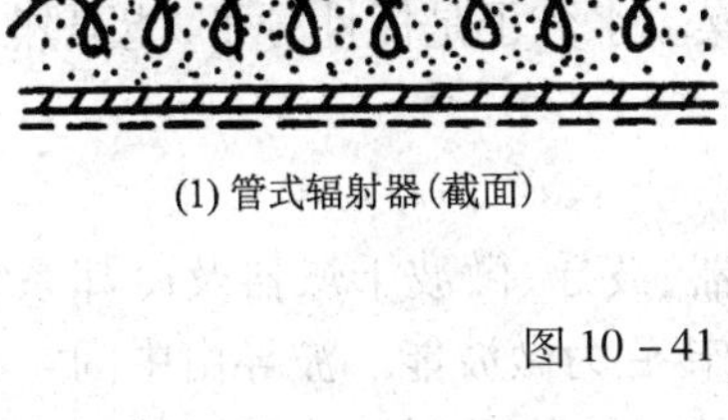

(1) 管式辐射器（截面）

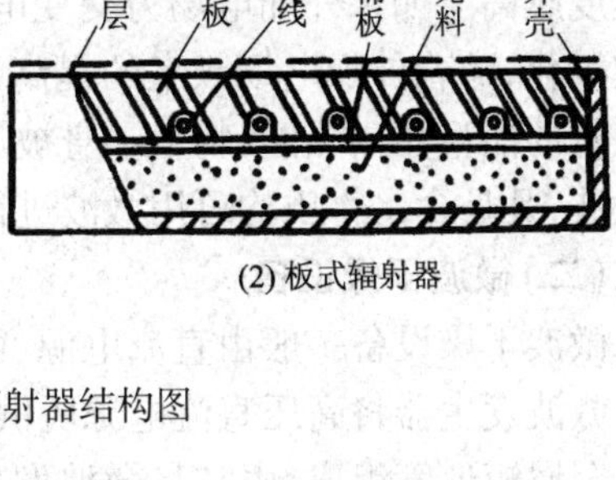

(2) 板式辐射器

图10－41　旁热式辐射器结构图

3. 基体

安置发热体或涂布用的主体，可在石英玻璃管式基体外镀金达到反射集光的目的。

可以用可燃气体、蒸汽、烟道气等作为热源，通过加热陶瓷或金属基体及辐射涂层来发射红外线。使用时一定要注意避免污染被干燥物。

红外线干燥设备主要由干燥室、辐射能发生器、承运被干燥物的网带及反射集光装置等组成，烘干安瓿、抗生素小瓶等针剂容器的烘箱还应加装层流保护装置。图 10－42 为远红外隧道烘箱的示意图。

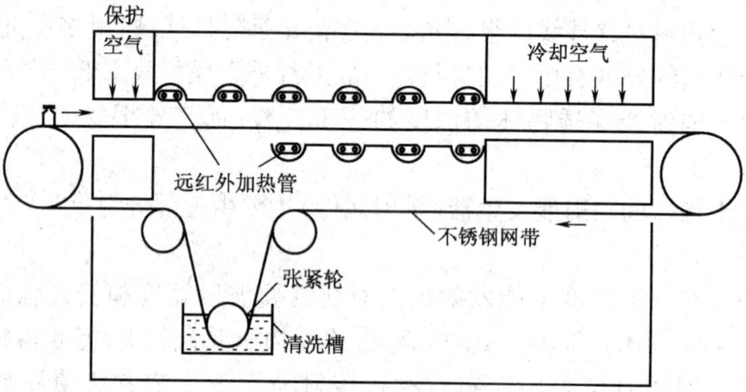

图 10－42　远红外隧道烘箱示意图

二、微波干燥设备

微波是一种波长在 1～0.001m，频率在 300～300000MHz 的电磁波。工业上只使用 915MHz 和 2450MHz 两个频率。微波干燥属介电加热干燥。

（一）微波干燥原理

物质的分子可分为非极性分子和极性分子。非极性分子正负电荷中心重合，极性分子则不重合。在外加电场的作用下，非极性分子正负电荷中心将发生相对位移，形成偶极子，这种现象称为极化。外加电场越强，偶极子排列越整齐，分子极化程度越高。如果外加电场为交变电场，则无论是极性分子还是非极性分子均反复被极化，随着外加电场频率的提高，极化的运动越激烈，这样就把它在电磁场中所吸收的能量变成热能，物料本身被加热而干燥。水分子是极性分子，能强烈地吸收微波，凡是含水物质均可用微波进行干燥。

（二）微波干燥设备

微波干燥设备一般由直流电源、微波发生器、波导、微波干燥器及冷却系统组成。微波发生器将高压直流电源所供给的电能转变为微波能。波导由中间空心的光亮金属矩形管组成，由它将微波发生器产生的微波传送到微波干燥器。冷却系统对微波管腔体及阴极部分进行冷却。

1. 微波发生器

目前主要是磁控管。磁控管由一个高导电率的阳极和一个发射电子的阴极组成(图 10-43)。阳极能产生高频振荡的谐振回路。可采用直热式或间热式对阴极进行加热。阴极和阳极之间为电子作用空间,在这空间里要有均匀的、与阴极轴线平行的强磁场。当阴极与阳极之间存在着一定的直流电场时,从阴极发射的电子受到阳极上正电位的加速而向阳极移动,由于空间存在着方向与电场方向垂直(也与电子运动方向垂直)的磁场,根据左手定则,从阴极发射的电子将受到磁场力的作用,结果使电子偏离原来的方向而呈圆周运动,在阳极上的谐振腔的作用下产生了所需要的微波能。

2. 微波干燥器

微波干燥器按照物料和微波作用的形式可分为:

(1)谐振腔干燥器　由矩形谐振腔、波导、反射板、搅拌器等组成。图 10-44 为微波炉的谐振腔。矩形谐振腔每边都应大于 1/2 波长,使不同方向都有波反射。这样物料在腔内可以从各方向受到反射而加热,使物料受热均匀。在波导入口处可装反射板和搅拌器。

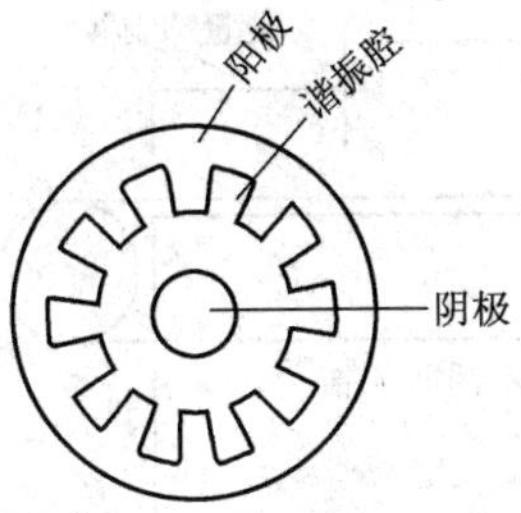

图10-43　微波发射器的磁控管

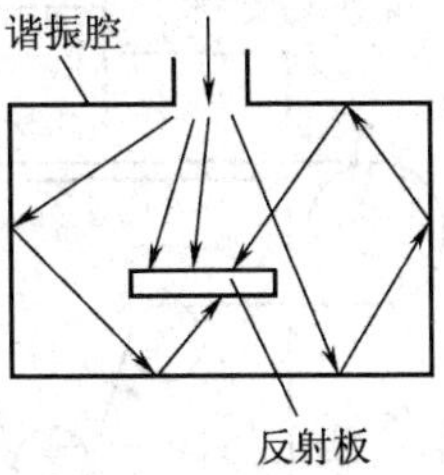

图 10-44　微波炉的谐振腔

(2)辐射型干燥器　采用喇叭式辐射干燥器,微波能量直接辐射到被干燥的物料上(图 10-45)。

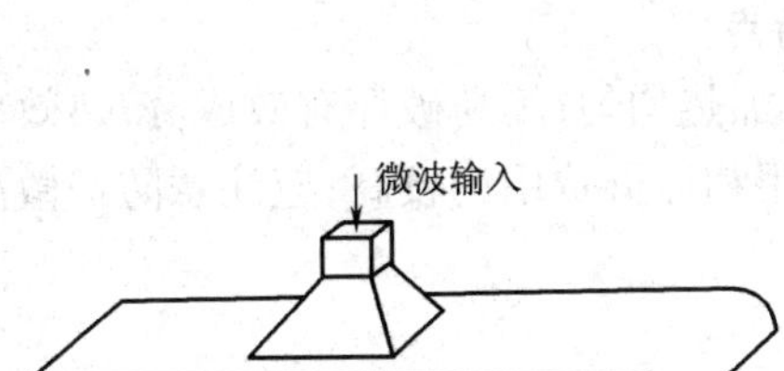

图 10-45　辐射型干燥器

(3)慢波型干燥器　微波在慢波型干燥器内传输的速度低于光速,能在短时间内施加较大的微波功率，特别适用于不易被加热或表面积较大的物料。图10－46为一螺旋线干燥器，微波沿着螺旋线前进，这样轴向速度减慢，从而提高了电场强度。物料从螺旋线的轴心通过并与电磁波充分进行能量交换而达到加热和干燥。

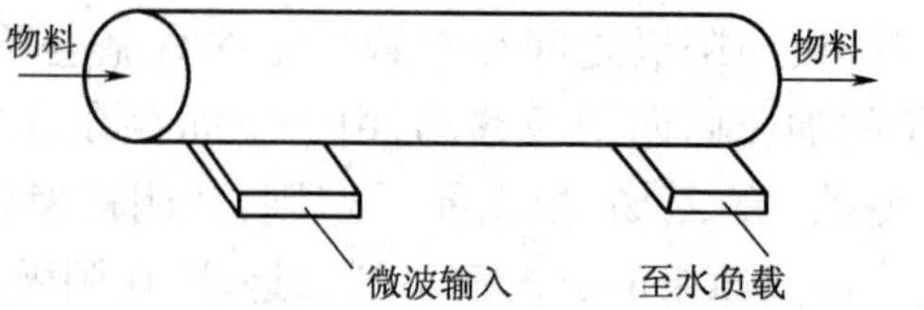

图10－46　螺旋线干燥器

图10－47为隧道式微波灭菌干燥机，由四个谐振腔串联组成。采用输出功率为2.5～5kW，频率为2450MHz的磁控管，加热器两端装有能量抑制器以防止微波能量的泄漏。它在注射剂生产中可用于容器的消毒、烘干；在中药生产中可用于中药药材、水丸、蜜丸的杀虫、灭菌、干燥。

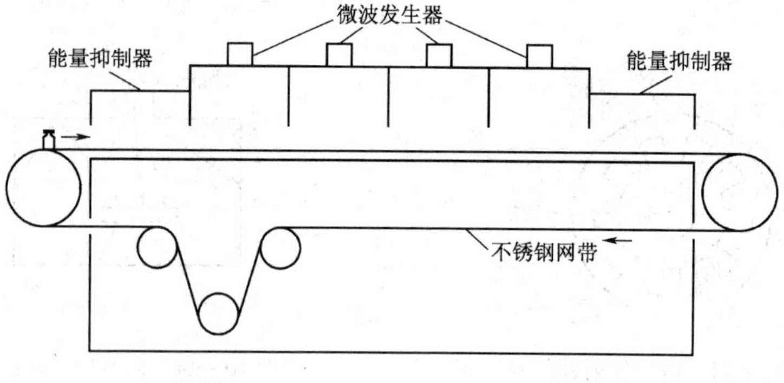

图10－47　隧道式微波灭菌干燥机

（三）微波干燥的特点

优点：干燥速度快；加热均匀；不易破坏有效成分；热效率高；操作方便。

缺点：设备购置费用和运行费用均较高；应注意防护微波泄漏，避免伤害人体。

【思考题】

1. 厢式干燥器与带式干燥器各有何优缺点？
2. 气流干燥有什么特点？采用几种方法可以克服它的缺点？为什么？
3. 喷雾干燥有几种类型？画出喷雾干燥设备流程图。
4. 画出本书介绍的几种喷雾干燥雾化器的简图。
5. 画出雾滴与气流流向的关系图。

6. 沸腾干燥有何特点？常用的流化干燥器有哪几种？

7. 膏糊状物料干燥宜用什么流化干燥器？

8. 锥形旋转真空干燥器的工作原理是什么？它必须解决好哪个难题？

9. 冷冻干燥机组主要由哪些部分组成？

10. 冻干制品有哪些优点？

11. 红外线干燥的干燥速率为什么比对流干燥要快？其辐射元件主要有哪几部分？

12. 什么是微波？微波干燥的原理是什么？微波能是怎样产生的？微波干燥有何特点？

第十一章　灭菌设备

【学习目标】

1. 掌握灭菌消毒的基本概念。
2. 熟悉湿热灭菌设备。
3. 了解辐射灭菌设备。

临床上要求疗效确切、使用安全的药物制剂,尤其是注射剂和直接用于黏膜、创面的药剂必须保证灭菌或无菌。灭菌是保证用药安全的必要条件,它是制药生产中的一项重要操作。

无菌:是指物体或一定介质中没有任何活的微生物存在。即无论用任何方法(或通过任何途径)都鉴定不出活的微生物体来。

灭菌:应用物理或化学等方法将物体上或介质中所有的微生物及其芽孢(包括致病的和非致病的微生物)全部杀死,即获得无菌状态的总过程。所使用的方法称为灭菌法。

消毒:以物理或化学等方法杀灭物体上或介质中的病原微生物。

防腐:用物理或化学方法防止和抑制微生物生长繁殖。

热原:是微生物的代谢产物,是一种致热性物质,是发生在注射给药后病人高热反应的根源。这种致热物质被认为是微生物的一种内毒素,存在于细菌的细胞膜和固体膜之间。内毒素是由磷脂、脂多糖和蛋白质所组成的复合物。由于此物质具有热稳定性,甚至用高压灭菌器或细菌过滤后仍存在于水中。

无菌操作法:是指在整个操作过程中利用和控制一定条件,尽量使产品避免微生物污染的一种操作方法。无菌操作所用的一切用具、辅助材料、药物、溶剂、赋形剂以及环境等均必须事先灭菌,操作必须在无菌操作室内进行。

灭菌和除菌对药剂的影响不同。灭菌后的药剂中含有细菌的尸体,尸体过多会因菌体毒素(热原)而引起副作用;除菌是指用特殊的滤材把微生物(死菌、活菌)全部截留而滤除,除了原已染有的微量可溶性代谢产物外,由于没有菌体的存在,故不会有更多的热原产生。

采用灭菌措施的基本目的是,既要除去或杀灭药物中的微生物,又要保证药物的理化性质及临床疗效不受影响。因此,应根据药物的性质及临床治疗要求,选择适当的灭菌方法,或几种方法配合应用。

制药行业中,通常的灭菌方法可分为两大类:即物理灭菌法、化学灭菌法。利用蛋白质与核酸具有遇热、射线不稳定的特性，采用加热、射线和过滤方法，杀灭或除去微生物的技术称为物理灭菌法，亦称物理灭菌技术。该技术包括干热灭菌、湿热灭菌、除菌过滤法和辐射灭菌等。化学灭菌法系指用化学药品直接作用于微生物而将其杀灭的方法，可分为气体灭菌剂和液体灭菌剂。

第一节　热力灭菌设备

加热可破坏蛋白质和核酸中的氢键，导致核酸破坏、蛋白质变性、酶失去活性，微生物因而死亡。热力灭菌可以分为干热灭菌和湿热灭菌。

(一)干热灭菌法

利用火焰或干热空气进行灭菌的方法称为干热灭菌法。由于空气是不良传热物质，其穿透力弱，且不易分布均匀，所需的灭菌温度较高，时间较长，所以容易影响药物的理化性质及疗效。在生产中除极少数药物采用干热空气灭菌外，干热灭菌法大多用于器皿和用具的灭菌。

1. 火焰灭菌法

灼烧是最彻底、最简便、最迅速、最可靠的灭菌方法，适用于不易被火焰损伤的金属、玻璃制品及瓷器等的灭菌。灭菌时，只需将物品在火焰中加热20s，或将需灭菌的物品迅速通过火焰3～4次即可。通常使用酒精灯和酒精喷灯来实施火焰灭菌，如，在发酵罐取样前后对取样阀门出口进行火焰灭菌。

2. 干热空气灭菌法

在干热灭菌器中用高温干热空气进行灭菌的方法称为干热空气灭菌法。

本法的适用范围是：凡用湿热灭菌无效的非水性物质、极黏稠液体或易被湿热破坏的药物，如，油类、软膏基质或粉末等。本法灭菌需要较高的温度，故不适用于橡胶、塑料制品及大部分药物的灭菌。通常杀灭繁殖性细菌100℃以上1h就可以了，而要杀死耐热性细菌芽孢则需要140℃以上的温度和更长的时间，下面是可供选择的几组温度、时间组合：①140℃，210min；②170℃，90min；③200℃，50min；④250℃，45min；⑤350℃，5min。推荐选择在温度≥350℃的条件下灭菌时间≥5min，因为这样不仅可以杀死芽孢，还能有效破坏热原。

常见的干热空气灭菌器结构与穿流气流厢式干燥器相似，一般都用风机使热空气循环起来。通常在两端开门，称为“双扉”。从洁净度较低的一端开门，将物料送入灭菌；从洁净度较高的一端开门，取出灭菌后的物料使用。灭菌器箱体内可以设搁架，也可以设轨道放带搁架的小车。

3. 高速热风灭菌法

对某些药物的水溶液，采用较高的温度和较短的时间，其灭菌效果较好。采用速度为30～80m/s、温度为190℃的热风，可使细菌被杀灭的速度超出一般化学反应的速度。

(二)湿热灭菌法

湿热灭菌法是利用饱和水蒸气或沸水来杀灭细菌的方法。其优点是灭菌可靠、操作简便、易于控制、价格低廉。缺点是不适用于对湿热敏感的药物。

1. 高压蒸汽灭菌法

高压蒸汽灭菌(又称热压灭菌)属于湿热灭菌法。目前,高压蒸汽灭菌仍是制药生产中首选且应用最广泛的一种灭菌方法。高压蒸汽灭菌器有密封盖,可以避免饱和水蒸气逸出,随着灭菌器内饱和水蒸气的温度和压强不断升高,细菌因体内蛋白质变性而被杀死。经表压0.2MPa的饱和蒸汽保压15~20min,能杀死灭菌器内所有的细菌繁殖体及芽孢。湿热的温度越高,则杀灭细菌所需时间也越短。

表11-1为灭菌所需时间与饱和蒸汽压和温度的关系。

表11-1　　灭菌所需时间与饱和蒸汽压和温度的关系

温度/℃	115	120	125
表压/MPa	0.07	0.10	0.14
灭菌所需时间/min	30	20	10

热压灭菌器的种类很多,但其结构基本相似。热压灭菌器应能密闭耐压,应有排气口、安全阀和压力表或温度计等部件。

常用的热压灭菌器有:手提式热压灭菌器(图11-1)和卧式高压蒸汽灭菌柜(图11-2)。

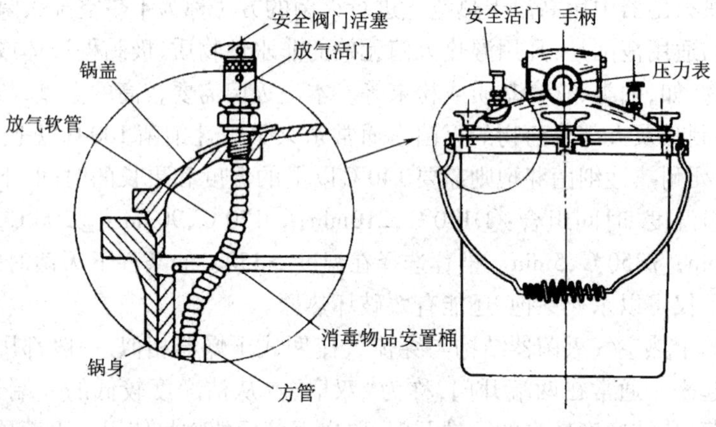

图11-1　手提式热压灭菌器

手提式热压灭菌器使用时先往灭菌器内加水,用电炉等从下面加热;后者则需要具有一定压强的洁净饱和蒸汽,故又称为蒸汽灭菌柜。

高压蒸汽灭菌柜除了有能密闭耐压的柜身和柜门之外,还应有排气口、安全阀和压力表或温度计等部件。进行灭菌时向柜内通入≥0.15MPa的洁净饱和蒸汽。

高压蒸汽灭菌柜应为耐压设备，必须严格按照操作规程进行操作。使用高压蒸汽灭菌柜时应注意：

(1)事先检查压力表、温度计是否灵敏，安全阀是否正常，排气是否通畅等；如有故障必须及时修理，否则可能造成灭菌不完全，也可能因压力过高，使灭菌器发生爆炸事故。

(2)灭菌时，先开启放气阀门，排尽灭菌器内的冷空气。如果灭菌器内残留有空气，压力表显示的不是灭菌器内饱和蒸汽的压强，灭菌器内的实际温度并未达到灭菌所需的温度，致使灭菌不完全。此外，水蒸气被空气稀释后可妨碍它与灭菌物品的充分接触，降低水蒸气的灭菌效果。

(3)灭菌时间必须从全部灭菌物品的温度达到规定温度时算起。

(4)灭菌完毕应缓慢降压，以避免压强骤然降低而冲开瓶塞或造成爆瓶。待压力表回零或温度下降到40～50℃时，再缓慢开启灭菌器的柜门。对不易破损而要求灭菌后为干燥状态的物料，则应在灭菌后立即放出灭菌器内的蒸汽。为了确保灭菌效果，可使用留点温度计或温度指示剂检查灭菌器内的温度。但这两种方法只能说明是否达到灭菌的温度，而无法表明该温度持续的时间。采用灭菌温度和灭菌时间的自动控制自动记录装置，是最理想的灭菌监测方法。目前很多设备能直接打印出 F_0 值[F_0 为标准灭菌时间(min)]。

使用高压蒸汽灭菌柜进行灭菌的优点：灭菌效果确切；结构简单；价格低廉，操作维护容易。

缺点：柜内空气不能完全排净，造成温度分布不均；降温时间较长，可能影响不太耐热药品的质量；开启柜门时，可能发生爆瓶。

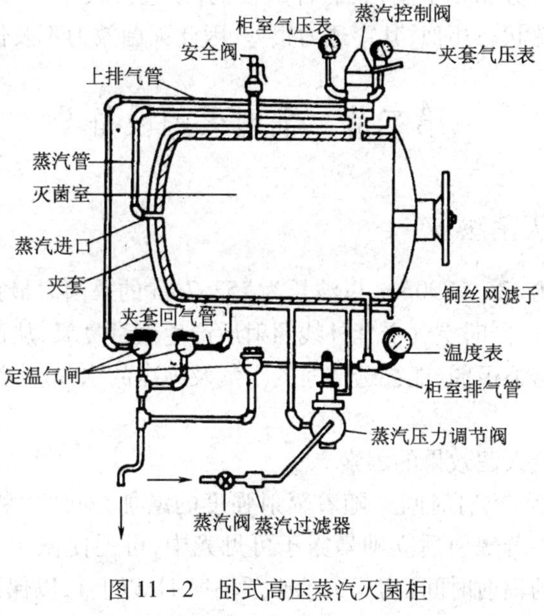

图11－2　卧式高压蒸汽灭菌柜

2. 流通蒸汽灭菌法和煮沸灭菌法

流通蒸汽灭菌法是在不密闭的容器内用蒸汽灭菌。也可在热压灭菌器中进行，只要打开排汽阀门让蒸汽不断排出，保持器内压强与大气压相等，即为 100℃蒸汽灭菌。对于仅要求杀死活的细菌的物品，均可采用流通蒸汽灭菌。

煮沸灭菌法就是把容器、管道、工具等物品放入水中煮沸灭菌。

流通蒸汽灭菌和煮沸灭菌一般是 100℃保温 30 ~ 60min。这样灭菌不能保证杀灭所有的芽孢，故在生产过程中应尽可能避免污染或加入适量的抑菌剂。

3. 影响湿热灭菌效果的因素

（1）细菌的种类和密度　不同的细菌对热的抵抗力不同，同一种细菌处于不同的发育阶段，对热的抵抗力也不同。繁殖期的细菌对高温的抵抗力比衰老时期小得多；细菌芽孢的耐热性更强。

细菌受湿热死亡遵循化学动力学一级反应规律，所以湿热灭菌的效果与菌体密度有关，菌体密度小，灭菌时间短且灭菌效果好；菌体密度大，耐热个体出现的机会增大，故灭菌效果降低。

（2）药物性质与灭菌时间　一般说来，灭菌时间和灭菌温度成反比，即灭菌温度越高，所需的灭菌时间越短。但是，温度增高，化学反应速度加快；时间越长，起反应的物质越多，药物分解变质的程度也越大。故应在达到灭菌的前提下，适当降低温度和缩短药物灭菌时间，以免药物失效。

（3）介质的性质　细菌的生活能力受介质 pH 的影响。一般情况下，细菌在中性介质环境中耐热性最大，在碱性介质中次之，酸性介质更不利于细菌发育。

（4）蒸汽介质　饱和水蒸气的热含量较高，热穿透力较大，因此灭菌效力高。湿饱和蒸汽中含有雾沫和水滴，其热含量较低，穿透力较差，灭菌效力较低。过热蒸汽与空气的干热状态相似，其穿透力很差，因此灭菌效力不及饱和水蒸气。

第二节　辐射灭菌设备

一、紫外线灭菌法

紫外线波长为 136 ~ 390nm，以波长为 253.7nm 的杀菌力最强。它可作用于核酸蛋白促使其变性；同时空气受紫外线照射后产生微量臭氧，从而起到共同杀菌的作用。紫外线穿透力极弱，能穿透洁净的空气及纯净的水，故广泛用于空气灭菌及表面灭菌。

1. 影响紫外线灭菌效果的因素

（1）辐射强度与辐射时间　随着辐射强度的增加，对微生物产生致死作用的辐射时间会缩短。若辐射后立即暴露于可见光中，可促使微生物“复原”增加，因此必须保持足够的辐射时间（房间灭菌必须辐射 1h 以上），以保证达到灭菌效果。

(2)微生物对紫外线的敏感性 细菌种类不同,对紫外线的耐受性不同,如,细菌芽孢的耐受性较大。紫外线对酵母菌、霉菌的杀菌力较弱。

(3)湿度和温度 空气的湿度过大,紫外线的穿透力降低,因而灭菌效果降低。室内相对湿度为45% ~60%,温度为10 ~55℃,杀菌效率最理想。

2. 用紫外线灭菌的注意事项

(1)紫外线灯管必须保持无尘、无油垢,否则辐射强度将大为降低;

(2)普通玻璃可吸收紫外线,因此装在玻璃容器内的药物不能用紫外线进行灭菌;

(3)紫外线能促使易氧化的药物或油脂氧化变质,生产这类药物应避免接触紫外线;

(4)水中有铁及有机物等杂质时,紫外线的灭菌效果降低;

(5)人体受紫外线照射过久,会发生结膜炎及皮肤烧灼,应尽量避免在紫外线灯下操作;

(6)应定期检查紫外线灯的辐射强度及灭菌效果,严防使用失效的紫外线灯。通常紫外线灯使用超过平均寿命(国产紫外线灯的平均寿命一般为2000h)时,就可能达不到预期的灭菌效果。

二、微波灭菌法

原理和设备同微波干燥设备。

三、其他辐射灭菌法

目前其他用于辐射灭菌的射线有:穿透力较强的γ射线和穿透力较弱的β射线。其特点是灭菌过程不升高产品的温度,特别适用于某些不耐热药物的灭菌。γ射线是由^{60}Co、^{137}Se等放射性同位素发出的一种电磁波,不带电荷,即光子。γ射线可以使细菌的DNA和RNA受损、降解,细菌不能增殖而死亡。γ射线穿透力很强,可用于固体、液体药物的灭菌。特别适用于较厚物品,包括已包装好药品的灭菌,因而大大扩展了应用范围。

β射线是由电子加速器产生的高速电子流,带负电荷,穿透力较弱。通常只用于非常薄和密度小的物质灭菌,它比γ射线的灭菌效果差。

γ射线辐射灭菌的优点:价格便宜,节约能源;适用于不耐热药物;穿透力强,灭菌均匀;灭菌速度快,操作简单,便于连续化操作。

缺点:设备造价高。

第三节 过滤灭菌设备

药物溶液通过无菌过滤器,除去其中的细菌和芽孢,而得到无菌药液的方法,称为过滤灭菌法。这种方法适用于不耐热药物溶液的灭菌,但必须无菌操作,才能确保制品完全无菌。

目前常用的除菌过滤器主要是微孔滤膜过滤器。由于石棉具有致癌作用,过去使用的石棉除菌滤板被微孔滤膜所取代。

微孔滤膜是一种高分子薄膜过滤材料,膜上分布有很多穿透性的微孔,孔径 0.025 ~ 14μm,用于除菌的滤膜孔径在 0.22 ~ 0.45μm。孔径大小均匀,如,0.45μm 滤膜的孔径可以做到仅差 0.02μm。

微孔总面积占薄膜总面积的 80%,滤膜厚度为 0.12 ~ 0.15mm。滤膜的材质有醋酸纤维素、硝酸纤维素、醋酸纤维素和硝酸纤维素混合酯、聚酰胺、聚四氟乙烯、聚碳酸酯和聚砜等。

微孔滤膜过滤的优点:①孔径小,截留微粒能力强;②适当加压,不会造成"泄漏";③滤速快;④无过滤介质迁移;⑤滤膜吸附性小,不滞留药液;⑥滤膜用后弃去,不会在产品间发生交叉污染。

缺点:①易于堵塞;②有些纤维素类滤膜化学稳定性还不理想。

第四节　气体灭菌设备

用气态的化学品对药品、材料等进行蒸熏处理,杀灭其中的微生物,这种灭菌方法称为气体灭菌法。用于气体灭菌的化学品很多,如,环氧乙烷、甲醛、β - 丙内酯、丙二醇、苯酚、甲苯酚、乙醇、过氧乙酸等,但应用最广泛的是环氧乙烷和甲醛,后者多用于洁净区域的空间灭菌。

环氧乙烷属氧化剂,它作用于菌体后,能与各种分子中的氨基、羧基、羟基或巯基上的 H 相结合,对菌体蛋白质、酶、核酸的代谢产生不可逆的破坏,而把微生物杀灭。

图 11 - 3 为环氧乙烷灭菌器示意图。将待灭菌的物品置于灭菌器内,用真空泵抽出其中的空气,真空度达到要求时通入环氧乙烷混合气体,保持一定浓度、湿度和温度,经一定时间后灭菌结束。将残余的环氧乙烷通入水中,生成乙二醇。乙二醇无毒,不会污染环境,可回收利用,也可排放掉。灭菌后的产品,需在有良好空气循环装置的恒温通风室内存放两周,或暴露于空气中,以散尽环氧乙烷。

环氧乙烷灭菌的优点:穿透力强;灭菌作用快;易于移去;适用于芽孢、真菌和病毒等各种微生物的灭菌。

缺点:与空气混合,当空气含量为 3%(体积分数)时即可爆炸。应用时需要用惰性气体稀释;对中枢神经系统有麻醉作用,人与大剂量环氧乙烷接触,可发生急性中毒,并损害皮肤及眼结膜,可产生水疱或结膜炎。

环氧乙烷气体灭菌主要用于对热敏感的固体药物和不宜使用干热灭菌的固体器皿等,中草药粉剂、散剂、丸剂等以及塑料、橡胶、皮革和棉纱等制品均可采用本法灭菌。

表11－2给出了环氧乙烷灭菌常用的浓度及灭菌时间（温度55℃，相对湿度60%），供使用时参考。

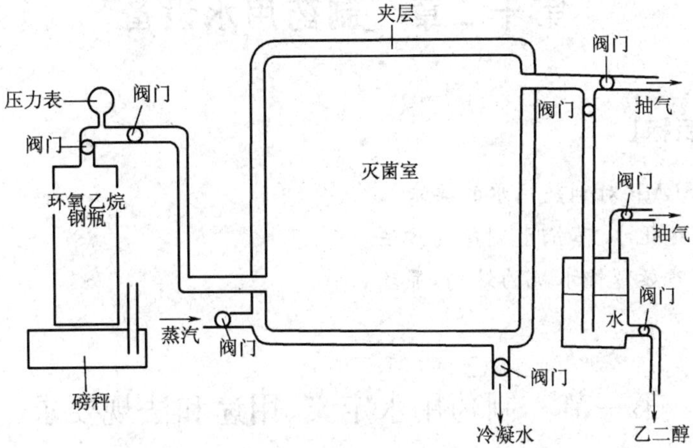

图11－3　环氧乙烷灭菌器示意图

表11－2　　环氧乙烷灭菌常用的浓度及灭菌时间

混合物内容	环氧乙烷浓度/（mg/L）	灭菌器内表压/MPa	最少暴露时间/h
10%环氧乙烷＋90%二氧化碳	450	0.20	6
20%环氧乙烷＋80%二氧化碳	670	0.13	4
	920	0.21	3

以下几个方面均影响环氧乙烷的灭菌效果：

（1）环氧乙烷灭菌的适宜温度为55～65℃，温度低则灭菌作用弱。

（2）不同的微生物对环氧乙烷的敏感程度不同，其中酵母菌最敏感，芽孢的敏感性最差。

（3）相对湿度30%～60%时灭菌效果最好，相对湿度低于25%时对芽孢不起作用，相对湿度低于20%或高于80%时灭菌效果减弱。

（4）灭菌器内压强较大时灭菌效果较好。

（5）环氧乙烷的浓度大，灭菌所需时间短。

【思考题】

1. 干热灭菌时推荐采用的灭菌温度和灭菌时间是什么？
2. 湿热灭菌时应注意哪些问题？
3. 紫外线灭菌的原理是什么？采用紫外线灭菌应注意哪些问题？
4. 环氧乙烷灭菌有哪些特点？

第十二章　制药用水设备

【学习目标】

1. 熟悉 GMP 对制药用水的要求。
2. 熟悉纯化水、蒸馏水制备的方法。
3. 掌握多效蒸馏水机的结构、原理。

第一节　制药用水定义、用途和法规要求

水在制药工业中是应用最广泛的工艺原料，用作药品的成分、溶剂、稀释剂等。制药用水作为制药原料，各国药典对制药用水的质量标准、用途都有明确的定义和要求；各个国家和组织的 GMP 将制药用水的生产和储存分配系统视为制药生产的关键系统，对其设计、安装、验证、运行和维护等提出明确要求，采取各种措施抑制微生物生长。

水是良好的溶剂，尤其纯化水和注射用水，具有极强的溶解能力和极少的杂质，广泛用于制药设备和系统的清洗。

我国幅员辽阔，各地水质不同，季节的变化也会导致水质的巨大变化，我国制药企业使用的最初原料水未必常年符合饮用水的标准要求，需将其依次处理成饮用水、纯化水、注射用水等制药用水，以适合不同的工艺需求。

制药用水通常是指制药工艺过程中用到的各种质量标准的水。对制药用水的定义和用途，通常以药典为准。各国药典对制药用水通常有不同的定义、不同的用途规定。

1. 中国制药用水的定义、应用范围

新版 GMP 通则和附录中有如下要求：

第九十六条　制药用水应适合其用途，并符合《中华人民共和国药典》的质量标准及相关要求。制药用水至少应采用饮用水。

第九十七条　水处理设备及其输送系统的设计、安装、运行和维护应确保制药用水达到设定的质量标准。水处理设备的运行不得超出其设计能力。

第九十八条　纯化水、注射用水储罐和输送管道所用材料应无毒、耐腐蚀；储罐的通气口应安装不脱落纤维的疏水性除菌滤器；管道的设计和安装应避免死角、盲管。

第九十九条　纯化水、注射用水的制备、贮存和分配应能防止微生物的滋生。纯化水可采用循环，注射用水可采用70℃以上保温循环。

第一百条　应对制药用水及原水的水质进行定期监测，并有相应的记录。

第一百零一条　应按照操作规程对纯化水、注射用水管道进行清洗消毒，并有相关记录。

发现制药用水微生物污染达到警戒限度、纠偏限度时应按操作规程处理。

无菌药品附录如下：

第四十九条　无菌原料药的精制、无菌药品的配制、直接接触药品的包装材料和器具等最终清洗、A/B级洁净区内消毒剂和清洁剂的配制用水应符合注射用水的质量标准。

无菌药品附录如下：

第五十条　必要时，应当定期监测制药用水细菌内毒素，保存监测结果及所采取纠偏措施的相关记录。

原料药附录如下：

第十一条　非无菌原料药精制工艺用水应至少符合纯化水的质量标准。

中药制剂附录如下：

第三十一条　中药材洗涤、浸润、提取用水的质量标准不得低于饮用水标准，无菌制剂的提取用水应当采用纯化水。

在《中国药典》(2010版)附录中，有以下几种制药用水的定义和应用范围：

饮用水：为天然水经净化处理所得的水，其质量必须符合现行中华人民共和国国家标准《生活饮用水卫生标准》。

纯化水：为饮用水经蒸馏法、离子交换法、反渗透法或其他适宜的方法制得的制药用水。不含任何添加剂，其质量应符合纯化水项下的规定。

注射用水：为纯化水经蒸馏所得的水。应符合细菌内毒素试验要求。注射用水必须在防止细菌内毒素产生的设计条件下生产、贮藏及分装。其质量应符合注射用水项下的规定。

灭菌注射用水：本品为注射用水按照注射剂生产工艺制备所得。不含任何添加剂。

制药用水应用范围见表12-1。

表12-1　制药用水应用范围

类别	应用范围
饮用水	药品包装材料粗洗用水、中药材和中药饮片的清洗、浸润、提取等用水 《中国药典》(2010版)同时说明，饮用水可作为药材净制时的漂洗、制药用具的粗洗用水。除另有规定外，也可作为药材的提取溶剂

续表

类别	应用范围
纯化水	非无菌药品的配料、直接接触药品的设备、器具和包装材料最后一次洗涤用水、非无菌原料药精制工艺用水、制备注射用水的水源、直接接触非最终灭菌棉织品的包装材料粗洗用水等 纯化水可作为配制普通药物制剂用的溶剂或试验用水;可作为中药注射剂、滴眼剂等灭菌制剂所用饮片的提取溶剂;口服、外用制剂配制用溶剂或稀释剂;非灭菌制剂用器具的精洗用水,也用作非灭菌制剂所用饮片的提取溶剂。纯化水不得用于注射剂的配制与稀释
注射用水	直接接触无菌药品的包装材料的最后一次精洗用水、无菌原料药精制工艺用水、直接接触无菌原料药的包装材料的最后洗涤用水、无菌制剂的配料用水等 注射用水可作为配制注射剂、滴眼剂等的溶剂或稀释剂及容器的精洗
灭菌注射用水	灭菌注射用灭菌粉末的溶剂或注射剂的稀释剂,其质量应符合灭菌注射用水项下的规定

2. 制药工艺用水的质量标准

在《中国药典》(2010 版)中,规定纯化水检查项目包括酸碱度;硝酸盐;亚硝酸盐;氨;电导率;总有机碳;易氧化物;不挥发物;重金属;微生物限度,其中总有机碳和易氧化物两项可选做一项。与 2005 版相比,增加了电导率和总有机碳的要求,取消了氯化物、硫酸盐与钙盐的检验项目。

在《中国药典》(2010 版)中,规定注射用水检查 pH;氨;硝酸盐与亚硝酸盐、电导率、总有机碳、不挥发物与重金属;细菌内毒素;微生物限度。与 2005 版相比,增加了电导率和总有机碳的要求。

在《中国药典》(2010 版)中,规定灭菌注射用水检查 pH;氯化物、硫酸盐与钙盐;二氧化碳;易氧化物;硝酸盐与亚硝酸盐、氨、电导率、不挥发物与重金属;细菌内毒素。

中国药典(2010 版)纯化水和注射用水检验项目见表 12-2。

表 12-2　《中国药典》(2010 版)纯化水和注射用水检验项目

检验项目	纯化水	注射用水
酸碱度	符合规定	—
pH	—	5~7
硝酸盐	<0.000006%	同纯化水
亚硝酸盐	<0.000002%	同纯化水

续表

检验项目	纯化水	注射用水
氨	<0.00003%	同纯化水
电导率	符合规定，不同温度有不同的规定值，例如， 20℃，<4.3μS/cm 25℃，<5.1μS/cm	符合规定，不同温度有不同的规定值，例如， 20℃，<1.1μS/cm 25℃，<1.3μS/cm 70℃，<2.5μS/cm 95℃，<2.9μS/cm
总有机碳	<0.50mg/L	同纯化水
易氧化物	符合规定	—
不挥发物	1mg/100mL	同纯化水
重金属	<0.00001%	同纯化水
细菌内毒素	—	<0.25EU/mL
微生物限度	100个/mL	10个/100mL

注：总有机碳和易氧化物两项可选做一项。

3. 国外对制药用水要求

各国家、地区或组织对制药用水的定义、水质要求和用途的规定不尽相同，见表12－3，表12－4，表12－5，表12－6。

表12－3　　欧盟药典6.7对制药用水的要求

检验项目	纯化水	注射用水
性状	无色澄明液体	无色澄明液体
硝酸盐	不超过0.2mg/L	同纯化水
铝	不超过10μg/L，如果用于制造透析液	同纯化水
重金属	不超过0.1mg/L	不超过0.1mg/L
电导率	符合规定，不同温度有不同的规定值，例如， 20℃，<4.3μS/cm 25℃，<5.1μS/cm	符合规定，不同温度有不同的规定值，例如， 20℃，<1.1μS/cm 25℃，<1.3μS/cm 70℃，<2.5μS/cm 95℃，<2.9μS/cm
总有机碳	<0.50mg/L	同纯化水
细菌内毒素	如果用于制造透析液并且没有后续内毒素去除程序，<0.25IU/mL	<0.25EU/mL
微生物限度	100个/mL	10个/100mL

表 12－4　**USP32 对纯化水和注射用水要求**

检验项目	纯化水	注射用水
电导率	符合规定	符合规定
总有机碳	<0.50mg/L	<0.50mg/L
细菌内毒素	—	<0.25EU/mL

表 12－5　**纯化水检验指标中外药典对比**

检验项目	Ch. P2010	EP6.7	USP32
性状	无色的澄清液体;无臭,无味	无色的澄清液体	无色、无臭的澄清液体
酸碱度	应符合规定	—	—
氯化物硫酸盐与钙盐	—	—	—
硝酸盐	≤0.000006%	0.2mg/L	—
亚硝酸盐	≤0.000002%	—	—
氨	≤0.00003%	—	—
二氧化碳	—	—	—
易氧化物	总有机碳(0.5mg/L)或易氧化物	总有机碳(0.5mg/L)或易氧化物	总有机碳(0.5mg/L)
不挥发物	≤1mg/100mL	—	—
重金属	≤0.00001%	≤0.1mg/L(药典规定:如果电导率符合注射用水的要求,此项可以不做)	—
电导率(见备注)	应符合规定	应符合规定	应符合规定
微生物限度	细菌、霉菌和酵母菌总数:≤100 个/mL(一般营养琼脂、玫瑰红钠琼脂培养基)	—	—
	—	好氧菌总数:≤100 个/mL(琼脂培养基 S 在 30 ~ 35℃培养 5d)	菌落总数 100cfu/mL [高营养培养基(TGYA、m－HPC 琼脂),30 ~ 35℃ 48－72h 低营养培养基(R2A 琼脂、HPCA)20 ~ 25℃更长时间(可延至 14d)],也可进行一些控制菌的检查

备注:①琼脂培养基 S 即 R2A 培养基。②USP 工艺用水的微生物限度是属于指导性的,非强制标准。电导率:EP 和 Ch. P2010 对纯化水电导率要求一样,USP 的纯化水电导率要求和注射用水一样。

表 12-6　　注射用水检验指标中外药典对比

检验项目	Ch. P2010	EP6.7	USP32
酸碱度			
pH	5~7	—	—
硝酸盐	≤0.000006%	最大 0.2mg/L	—
亚硝酸盐	≤0.000002%	—	—
氨	≤0.00003%	—	—
电导率	符合规定，不同温度有不同的规定值，例如， 20℃，<1.1μS/cm 25℃，<1.3μS/cm 70℃，<2.5μS/cm 95℃，<2.9μS/cm	符合规定，不同温度有不同的规定值，例如， 20℃，<1.1μS/cm 25℃，<1.3μS/cm 70℃，<2.5μS/cm 95℃，<2.9μS/cm	符合规定，不同温度有不同的规定值，例如， 20℃，<1.1μS/cm 25℃，<1.3μS/cm 70℃，<2.5μS/cm 95℃，<2.9μS/cm
总有机碳	<0.50mg/L	<0.50mg/L	<0.50mg/L
易氧化物	—	—	—
不挥发物	1mg/100mL	—	—
重金属	<0.00001%	最大 0.1mg/L	
细菌内毒素	<0.25EU/mL	<0.25EU/mL	<0.25EU/mL
微生物限度	10 个/100mL	10 个/100mL	10 个/100mL

对于水质的化验指标，从美国药典看，早在 20 世纪 90 年代就开始使用电导率指标代替几种盐类的化学测试，使用 TOC 代替易氧化物的检测，此两种指标均可以实现在线检测，可以提高生产效率和减少人为因素、环境因素的干扰，欧盟药典虽不与美国药典完全一样，但化学测试项目也在逐步减少，因此采用 TOC、电导率这样的可在线检测的技术应当是发展的趋势，《中国药典》(2010 版)关于制药用水的质量标准和检测方法与国际组织药典趋于一致。

第二节　纯化水制备

1. 水的存在方式

自然界水的存在可分为地下水和地表水等形式，由于其存在方式的不同，因此含有的杂质也不尽相同，其中包括：

(1)悬浮物　颗粒在 10^{-4}mm 以上，主要是泥沙、黏土、动植物及其遗骸、微生物、有机物等。

(2)胶体　颗粒在 10^{-5} ~ 10^{-4}mm，主要是硅酸及铁、铝化合物及一些高分子化合物等。

（3）溶解物　颗粒在10^{-6}mm以下，以分子或离子状态存在，溶解物又可分为：

①盐类（又称矿物质）：均以电离状态存在于水中，主要的阳离子是Ca^{2+}、Mg^{2+}、Na^{+}、K^{+}，还有Fe^{2+}、Mn^{2+}等，主要的阴离子是HCO_3^-、Cl^-、SO_4^{2-}，还有CO_3^{2-}、NO_3^-、$HSiO_3^-$、PO_4^{3-}等。

②气体：主要是氧气和二氧化碳；天然水中氧的含量一般在5～10mg/L，污染严重的水中含氧量较低，地下水含氧量比地表水低，深层地下水含氧量几乎为零。一般二氧化碳在地下水中含量较高，在地表水中含量较低。

③有机物：天然水中溶解的有机物主要为腐殖酸和富维酸，为大分子有机酸群，其他还有有机碱、氨基酸、糖类等。

2. 各种水源的特性

不同的水源，水质特性也不尽相同。

（1）地下水　由于地下水流经地层时，地层土壤起了过滤作用，悬浮物和胶体含量较少，水质清澈透明，其硬度、含盐量、含铁量等通常比地表水高。

（2）江河水　悬浮物和胶体含量较高，随季节波动，其硬度、含盐量较低，易受污染。

（3）湖泊与水库水　悬浮物较少，含盐量较高。

通常情况下纯化水制备系统的配置方式根据地域和水源的不同而不同，纯化水制备系统应根据不同的原水水质情况进行分析，然后配置相应的组件来依次把各指标处理到允许的范围之内。

一、纯化水制备方法

（一）纯化水生产主要工艺

根据水源的不同，目前在国内纯化水制备系统中常见主要配置方式如图12－1所示，但并不局限于只有这几种。

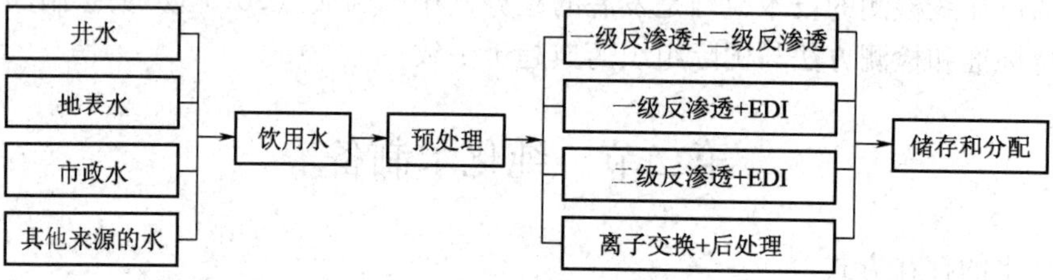

图12－1　纯化水制备方法

（1）传统处理工艺

原水预处理 ⟶ 阳树脂/阴树脂床 ⟶ 阳阴树脂混合床 ⟶ 纯化水

缺点：阳树脂/阴树脂床及混合床，消耗大量酸碱，严重污染环境。

(2)现代处理工艺

原水预处理 ⟶ 一级反渗透 ⟶ 二级反渗透 ⟶ 纯化水

特点：二级反渗透对有机离子处理能力强。

(3)最新处理工艺

原水预处理 ⟶ 一级反渗透 ⟶ 电混床(EDI) ⟶ 纯化水

特点：电混床(EDI)同时强化对有机离子和无机离子处理能力。EDI 技术：电导率 $<0.1\mu S/cm$，TOC $<50\mu g/L$，细菌总数 $<10cfu$，符合美国药典注射用水要求。EDI 技术保持了离子交换混合床对水中无机物离子去除能力强的优点，同时又克服了传统离子交换混合床大量使用酸碱再生，腐蚀严重的缺点。

(二)纯化水生产主要构成

纯化水制备系统主要分成 3 个部分：预处理、后处理、贮水及管路分配。

1. 预处理

对原水进行预处理可以确保纯化水系统操作的可靠性及终水的质量，另一方面，也可以降低后处理步骤中的维修费用和时间。预处理步骤的主要目的是：

(1)减少杂质和颗粒；

(2)降低硬度和金属；

(3)降低有机物质和生物杂质；

(4)控制微生物的生长，除去杀微生物的药剂。

2. 后处理

制备药用的纯化水，应当使用后处理系统。单独或联合使用各种处理设备，比如，离子交换(IE)、二级反渗透(RO)、电子解离(EDI)和紫外光(UV)。

3. 贮水及管路分配

纯化水水箱采用 304 不锈钢制作，内壁电抛光并做钝化处理；管路采用 304 不锈钢制作，内壁电抛光并做钝化处理，阀门采用不锈钢聚四氟乙烯隔膜阀、卫生快装接头，管道采用循环布置，回水流入贮罐，管路定时进行消毒杀菌。

二、主要组件

(一)多介质过滤器

一般称为多机械过滤器或砂滤，过滤介质为不同直径的石英砂分层填装，较大直径的介质通常位于过滤器顶端，水流自上而下通过逐渐精细的介质层，通常情况下介质床的孔隙率应允许去除微粒的尺寸最小为 $10\sim40\mu m$，介质床主要用于过滤除去原水中的大颗粒，如悬浮物、胶体及泥沙等以降低原水浊度对膜系统影响，同时降低 SDI(污染指数)值，出水浊度 <1，SDI <5，达到反渗透系统进水要求。根据原水水质的情况，有时要通过在进水管道投加絮凝剂，采用直流凝聚方式，使水中

大部分悬浮物和胶体变成微絮体在多介质滤层中截留而去除。

根据压差的升高以及时间推移，可通过反向冲洗操作来去除沉积的微粒，同时反向冲洗也可以降低过滤器的压力。一般情况下反向冲洗液可以采用清洁的原水，通常以3～10倍设计流速冲洗约30min，反向冲洗后，再以操作流方向进行短暂正向冲洗，使介质床复位。通常情况下反洗泵多采用立式多级泵。

（二）活性炭过滤器

主要用于去除水中的游离氯、色度、微生物、有机物以及部分重金属等有害物质，以防止它们对反渗透膜系统造成影响。过滤介质通常由颗粒活性炭（如椰壳、褐煤或无烟煤）构成固定层。经过处理后的出水余氯应 $<0.1mg/L$。

微生物的生长是一个关键的考虑因素，出现这种情况的原因是过滤器内部的表面面积大以及相对低的流速，同时过滤介质还是一个细菌滋生的温床。由于活性炭过滤器会截留住大部分的有机物和杂质等，使其吸附在表面，因此，可以采用定期的巴氏消毒来保证活性炭的吸附作用。其反洗和正洗可参照多介质过滤器。

（三）软化器

软化器通常由盛装树脂的容器、树脂、阀或调节器以及控制系统组成。介质为树脂，目前主要是用钠型阳离子树脂中有可交换的 Na^+ 来交换出原水中的钙、镁离子而降低水的硬度，以防止钙、镁等离子在RO（反渗透）膜表面结垢，使原水变成软化水后出水硬度能达到 $<1.5mg/L$。

软化器通常的配备是两个，当一个进行再生时，另一个可以继续运行，确保生产的连续性。容器的筒体部分通常由玻璃钢或碳钢内部衬胶制成。通常使用PVC或PP/ABS或不锈钢材质的管材和多接口阀门对过滤器进行连接。通过PLC控制系统来对软化器进行控制。系统提供一个盐水储罐和耐腐蚀的泵，用于树脂的再生。

（四）膜技术

1. 微滤

微滤是用于去除细微粒和微生物的膜工艺。在微滤工艺中没有废水流产生。如果滤芯的尺寸相同，微孔过滤器的壳体是可以通用的，只不过是滤芯的材料和孔径不同。在最终过滤的过滤器中，孔径的大小通常是0.04～0.45μm。微滤应用的范围很广，包括不进行最终灭菌药液的无菌过滤。

微孔过滤器一般应用于纯水系统中一些组件后的微生物的截留，那里可能存在微生物的增长，微孔过滤器在这个区域内的效果非常明显，但是必须要采取适当的操作步骤来保证在安装和更换膜的过程中过滤器的完整性，从而来确保其固有的性能。微孔过滤器最适合应用于纯化水制备系统的中间过程，而不适用于循环分配系统。过滤器在系统中不应是唯一的微生物控制单元，它们应当是全面微生物控制措施当中的一部分。减少微孔过滤器位置及数量会使维护更容易些。

微滤在减少微生物方面的效率和超滤一样，但不会产生废水。然而微滤不能像超滤用来降低溶解有机物的水平，由于孔径大小不一样，微滤不能去除超滤所能去除的更小的微粒。如果选择合适的材料，微孔过滤器可以耐受加热和化学消毒。

2. 超滤

超滤系统可作为反渗透的前处理，用于去除水中的有机物、细菌，以及病毒和热原等，确保反渗透进水品质。超滤与反渗透采用相似的错流工艺，进水通过加压平行流向多孔的膜过滤表面，通过压差使水流过膜，微粒、有机物、微生物、热原和其他的污染物不能通过膜，进入浓缩水流中（通常是给水的5% ~10%）排掉，这使过滤器可以进行自清洁，并减少更换过滤器的频率。和反渗透一样，超滤不能抑制低分子质量的离子污染。

超滤系统的设备主要包括原水箱、原水泵、盘式过滤器、超滤装置、超滤产水箱、反洗泵、氧化剂加药装置等。

膜的材质是聚合体或陶瓷物质。聚合膜元件可以是卷式和中空纤维的结构。陶瓷的模块可以是单通道或多通道结构。

超滤膜可以用很多种方式消毒。大多数聚合膜能承受多种化学药剂清洗，如次氯酸盐、过氧化氢、高酸、氢氧化钠及其他药剂，有些聚合膜能用热水消毒，有些甚至能用蒸汽消毒。陶瓷超滤材料能承受所有普通的化学消毒剂、热水、蒸汽消毒或除菌工艺中的臭氧消毒。

超滤不能完全去除水中的污染物。离子和有机物的去除随着膜材料、结构和孔隙率的不同而不同，对于许多不同的有机物分子的去除非常有效。超滤不能阻隔溶解的气体。

大多数超滤通过连续的废水流来除去污染物，通常情况下废水流是变化的，一般是2% ~10%的变化。有些超滤系统运行可能导致堵塞，要及时地进行处理。

超滤流通量和清洁频率根据进水的水质和预处理的不同而变化。很多超滤膜是耐氯的，不需要从进水中去除氯。

超滤系统的主要处理装置为超滤装置。超滤膜分离技术具有占地面积小、出水水质好（出水SDI小于3）、自动化程度高等特点。例如，SFP超滤装置（图12－2）。

图12－2　超滤装置

(1)采用全流过滤、频繁反洗的全自动连续运行方式,运行60min,反冲洗60~120s。系统采用PLC控制。化学清洗频率1~3个月,化学清洗时间60~90min。

(2)主要特点

①中空纤维外表面活化层孔隙率高,故纤维单位面积产水量大;

②中空纤维强度高,采用反向冲洗和气洗工艺,使组件可在全流过滤状态下工作,化学清洗周期大大延长;

③较低的操作成本;

④操作和维护简单。

采用超滤系统作为反渗透的预处理,系统可适应较大范围的进水水质变化,浊度小于50的情况下均可使用,且产水水质较好,产水SDI值小于3。超滤的采用可以更有效地保护反渗透装置,使反渗透膜免受污染,通常情况下使用寿命可从3年延长至5年,甚至更长时间;同时可提高反渗透膜的设计通水量,即在产水量不变的前提下可减少膜的使用数量,从而减少反渗透装置的设备投资。

3. 纳滤

纳滤是一种介于反渗透和超滤之间的压力驱动膜分离方法,纳滤膜的理论孔径是1nm。纳米膜有时被称为“软化膜”,能去除阴离子和阳离子,较大阴离子(如硫酸盐)要比较小阴离子(氯化物)更易于去除。纳米过滤膜对二价阴离子盐以及相对分子质量大于200的有机物有较好的截留作用,这包括有色体、三卤甲烷前体细胞以及硫酸盐。它对一价阴离子或相对分子质量大于150的非离子的有机物的截留较差,但是也有效。

与其他压力驱动型膜分离工艺相比,纳滤出现较晚。纳滤膜大多从反渗透膜衍化而来,如CA、CTA膜、芳香族聚酰胺复合膜和磺化聚醚砜膜等。但与反渗透相比,其操作压力要求更低,一般为0.476~1.02MPa,因此纳滤又被称作“低压反渗透”或“疏松反渗透”。

经过纳滤的最终产水的电导率范围是40~200μS/cm,但这还取决于进水的溶解总固体含量和矿物质的种类,一个单通道RO单元的产水电导率是5~20μS/cm。

目前在我国的纯水制备系统当中,纳滤还没有普遍使用。

4. 反渗透系统

反渗透系统承担了主要的脱盐任务。典型的反渗透系统包括反渗透给水泵、阻垢剂加药装置、还原剂加药装置、5μm精密过滤器、一级高压泵、一级反渗透装置、CO_2脱气装置或NaOH加药装置、二级高压泵、二级反渗透装置以及反渗透清洗装置等。

(1)阻垢剂加药装置　阻垢剂加药系统在反渗透进水中加入阻垢剂,防止反渗透浓水中碳酸钙、碳酸镁、硫酸钙等难溶盐浓缩后析出结垢堵塞反渗透膜,从而损坏膜元件的应用特性,因此在进入膜元件之前设置了阻垢剂加药装置。阻垢剂是一种有机化合物质，除了能在朗格利尔指数（LSI）=2.6 情况下运行之外，还能阻止 SO_4^{2-} 的结垢，它的主要作用是相对增加水中结垢物质的溶解性，以防止碳酸钙、硫酸钙等物质对膜的阻碍，同时它也可以降低铁离子堵塞膜。

系统中是否要安装阻垢剂加药装置，这取决于原水水质与使用者要求的实际情况。

（2）NaOH 加药装置　如果采用的是二级反渗透，在二级反渗透高压泵前加入 NaOH 溶液，用以调节进水 pH，使二级反渗透进水中 CO_2 气体以离子形式溶解于水中，并通过二级反渗透去除，使产水满足 EDI 装置进水要求，减轻 EDI 的负担。

（3）反渗透装置　反渗透（RO）是压力驱动工艺，利用半渗透膜去除水中溶解盐类，同时去除一些有机大分子以及前阶段没有去除的小颗粒等。半渗透膜可以渗透水，而不可以渗透其他物质，如，很多盐、酸、沉淀、胶体、细菌和内毒素。通常情况下反渗透膜单根膜脱盐率可大于 99.5%。反渗透膜的工作原理如图 12－3 所示。

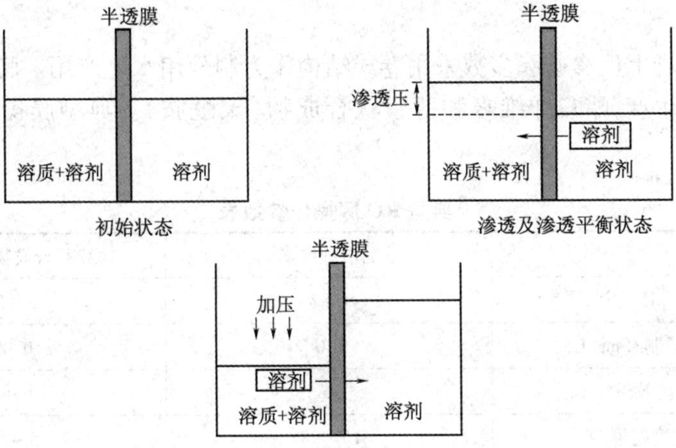

图 12－3　反渗透膜的工作原理图

预处理系统的产水进入反渗透膜组，在压力作用下，大部分水分子和其他微量离子透过反渗透膜，经收集后成为产品水，通过产水管道进入后序设备；水中的大部分盐分、胶体和有机物等不能透过反渗透膜，残留在少量浓水中，由浓水管道排出。

在反渗透装置停止运行时，自动冲洗 3～5min，以去除沉积在膜表面的污垢，对装置和反渗透膜进行有效的保养。

反渗透膜经过长期运行后，会沉积某些难以冲洗的污垢，如有机物、无机盐结垢等，造成反渗透膜性能下降，这类污垢必须使用化学药品进行清洗才能去除，以恢复反渗透膜的性能。化学清洗使用反渗透清洗装置进行，装置通常包括清洗液箱、清洗过滤器、清洗泵以及配套管道、阀门和仪表，当膜组件受污染时，可以用清洗装置进行 RO 膜组件的化学清洗。

反渗透膜组见图 12－4。

图 12－4　反渗透膜组

目前市场上反渗透膜多数采用卷式结构作为制药用水生产用。膜可以用两种基本的材料生产，醋酸纤维素和薄膜状合成物（聚酰胺）。典型膜操作参数见表 12－7。

表 12－7　　典型 RO 膜操作参数表

	醋酸纤维素	薄膜状合成物（聚酰胺）
pH	4～7	2～11
余氯的限制/（mg/L）	1.0	0.05
除菌效果	差	好
操作温度范围/℃	15～28	5～50
脱盐率/%	90～98	97～99
消毒温度限制/℃	30	50～80
进水总溶解固体范围/（mg/L）	30～1000	30～1000
最大污染指数	5	—

反渗透不能完全去除水中的污染物，很难甚至不能去除极小分子质量的溶解有机物。但是反渗透能大量去除水中细菌、内毒素、胶体和有机大分子。

反渗透不能完全纯化进料水，通常是用浓水流来去除被膜截留的污染物。很多反渗透的用户利用反渗透单元的浓水作为冷却塔的补充水或压缩机的冷却水等。

CO_2 可以直接通过反渗透膜,反渗透产水的 CO_2 含量和进水的 CO_2 含量一样。反渗透产水中过量的 CO_2 可能会引起产水的电导率达不到药典的要求。CO_2 将增加反渗透单元后面的混合床中阴离子树脂的负担,所以在进入反渗透前可以通过加 NaOH 除去 CO_2,如果水中的 CO_2 水平很高,可通过脱气将其浓度降低到 5 ~ 10mg/L,脱气有增加细菌负荷的可能性,应将其安装在有细菌控制措施的地方,例如将脱气器安装在一级与二级反渗透装置之间。

反渗透在实际操作中有温度的限制。大多数反渗透系统对进水的操作都是在 5 ~ 28℃进行的。

反渗透膜必须防止水垢的形成、膜的污染和膜的退化。水垢的控制通常是通过膜前水的软化过程来实现。反渗透膜污垢的减少可通过前期可靠的预处理来减少杂质及微生物污染。

引起膜的退化的主要原因是某个膜单元的氧化和加热退化。膜一般来说不耐氯,通常要用活性炭和 $NaHSO_3$ 去除氯。

所有的反渗透膜都能用化学剂消毒,这些化学剂因膜的选择不同而不同。特殊制造的膜可以采用 80℃左右的热水消毒。

螺旋卷式反渗透膜见图 12 - 5,图 12 - 6,图 12 - 7。

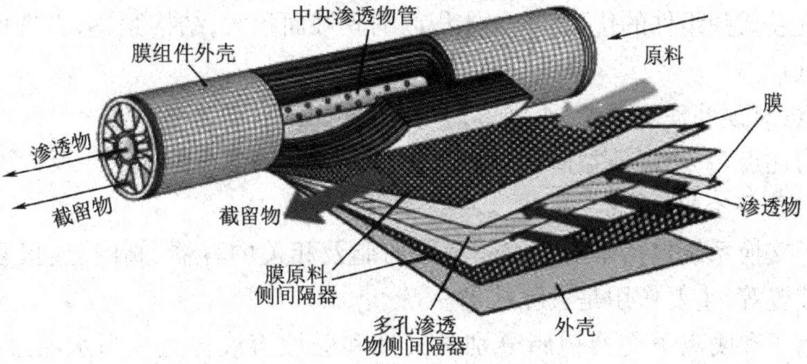

图 12 - 5　螺旋卷式膜组件示意图

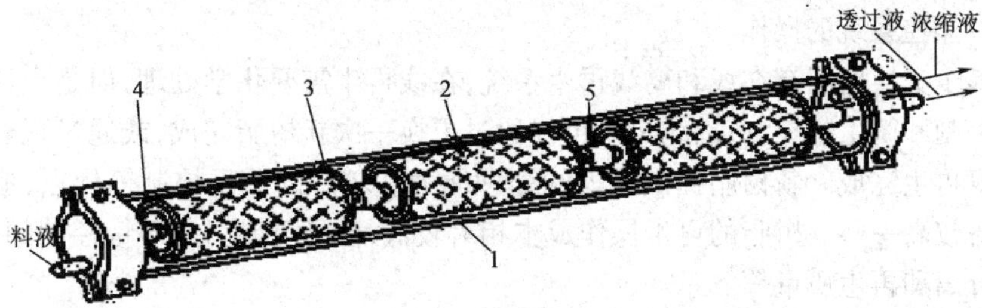

图 12 - 6　螺旋卷式膜组件图

1—管式压力容器　2—螺旋式膜组件　3—密封圈　4—密封端帽　5—密封连接

图 12－7　螺旋卷式膜实体图

螺旋卷式膜组件主要原件是螺旋卷，为双层结构，中间多为多孔支撑材料，两边是膜，其中三边被密封而粘贴成膜袋状，另一个开放边与一根多孔中心管密封连接，在膜袋外部的料液侧再垫网眼型间隔材料，也就是把膜—多孔支撑体—膜—料液侧间隔材料一次叠合，围绕一中心管卷紧，形成一个螺旋卷，再装入圆柱形压力容器里，就成为一个螺旋卷式膜组件。料液在膜表面通过间隔材料沿轴向流动，而透过液则以螺旋的形式由中心管流出。

螺旋卷式膜组件的优点：单位体积内的膜堆面积大；结构紧凑，占地面积小；设备费用低。

缺点：对预处理要求严，否则容易堵塞；清洗较困难。

因为优点多，经济效益高，且易于大规模生产，目前广泛应用于反渗透装置。

（五）离子交换

离子交换系统包括阳离子和阴离子树脂及相关的容器、阀门、连接管道、仪表及再生装置等，主要作用是去除盐类。

阳离子和阴离子交换树脂分别被酸性和碱性溶液再生。当水经过离子交换床，水流中的离子交换了树脂中的氢和氢氧根离子，在浓度的驱动下，这些交换是很容易发生的。因此，再生工艺是受高化学品浓度驱动的。此系统的重要参数包括树脂质量、再生系统、容器的衬里及废水中和系统。通过监测产水的电导率或电阻可以监控系统的操作。

离子交换树脂有在线和离线再生系统，在线再生需要化学处理，但是允许内部工艺控制和微生物控制；离线再生可以通过更换一次新树脂完成，或通过现有树脂的反复再生完成。新树脂提供更大的处理能力和较好的质量控制等优点，但是成本相对较高一些。树脂的再生操作成本相对较低，但是可能引起质量控制问题，如树脂分离和再生质量等。

由于离子交换树脂的再生对环境的污染和操作比较烦琐，所以目前在国内不建议使用离子交换装置，而趋向于使用连续电去离子装置，通常我们所说的 EDI。

（六）电去离子装置

电去离子装置（EDI）系统主要功能是为了进一步除盐。EDI 系统中设备主要包括反渗透产水箱、EDI 给水泵、EDI 装置及相关的阀门、连接管道、仪表及控制系统等。电去离子利用电的活性介质和电压来达到离子的运送，从水中去除电离的或可以离子化的物质。电去离子与电渗析或通过电的活性介质来进行氧化/还原的工艺是有区别的。

电的活性介质在电去离子装置中用于交替收集和释放可以离子化的物质，便于利用离子或电子替代装置来连续输送离子。电去离子装置可能包括永久的或临时的填料，操作可能是分批式、间歇的或连续的。对装置进行操作可以引起电化学反应，这些反应是专门设计来达到或加强其性能，可能包括电活性膜，如半渗透的离子交换膜或两极膜。

连续的电去离子（CEDI）工艺区别于收集/排放工艺（如电化学离子交换或电容性去离子），这个工艺过程是连续的，而不是分批的或间歇的，相对于离子的能力而言，活性介质的离子输送特性是一个主要的选型参数。典型的连续电去离子装置包括半渗透离子交换膜、永久通电的介质、产生直流电的电源。

EDI 单元是由两个相邻的离子交换膜或由一个膜和一个相邻的电极组成。EDI 单元一般有交替离子损耗和离子集中单元，这些单元可以用相同的进水源，也可以用不同的进水源。水在 EDI 装置中通过离子转移被纯化。被电离的或可电离的物质从经过离子损耗的单元的水中分离出来而流入离子浓缩单元的浓缩水中。

在 EDI 单元中被纯化的水只经过通电的离子交换介质，而不是通过离子交换膜。离子交换膜是能透过离子化的或可电离的物质，而不能透过水。

纯化单元一般在一对离子交换膜中能永久地对离子交换介质进行通电。在阳离子和阴离子膜之间，通过有些单元混合（阳离子和阴离子）离子交换介质来组成纯化水单元；有些单元在离子交换膜之间通过阳离子和阴离子交换介质结合层形成了纯化单元；其他的装置通过在离子交换膜之间的单一离子交换介质产生单一的纯化单元（阳离子或阴离子）。CEDI（连续电去离子）单元可以是板框结构或螺旋卷式结构。

通电时在 EDI 装置的阳极和阴极之间产生一个直流电场，原料水中的阳离子在通过纯化单元时被吸引到阴极，通过阳离子交换介质来输送，其输送或是通过阳离子渗透膜或是被阴离子渗透膜排斥；阴离子被吸引到阳极，并通过阴离子交换介质来输送，其输送或是通过阴离子渗透膜或是被阳离子渗透膜排斥。离子交换膜包括在浓缩单元中、在纯化单元中去除的阳离子和阴离子，因此离子污染就从 EDI 单元里去除了。有些 EDI 单元利用浓缩单元中的离子交换介质。

EDI 技术是将电渗析和离子交换相结合的除盐工艺，该装置取电渗析和混合床离子交换两者之长，弥补对方之短，即可利用离子交换做深度处理，且不用药剂进行再生，利用电离产生的 H^+ 和 OH^-，达到再生树脂的目的。由于纯化水流中的离子浓度降低了水离子交换介质界面的高电压梯度，导致水分解为离子成分（H^+ 和 OH^-），在纯化单元的出口末端，H^+ 和 OH^- 连续产生，分别重新生成阳离子和阴离子交换介质。离子交换介质连续高水平地再生使 CEDI 工艺中可以产生高纯水（比电阻 1～18MΩ · cm）。

EDI 单元不能去除水中所有的污染物，主要是去除离子的或可离子化的物质。CEDI 单元不能完全纯化进水流，系统中的污染物是通过浓缩水流来排掉。CEDI 在实际操作中是有温度限制的，大多数 EDI 单元是在 10～40℃进行操作。

EDI 单元必须避免水垢的形成，以及污垢、受热和氧化退化。预处理及反渗透装置能明显地降低硬度、有机物、悬浮固体和氧化剂，从而达到可以接受的水平。

EDI 单元主要用一些化学剂消毒，包括：无机酸、碳酸钠、氢氧化钠、过氧化氢等。特殊制造的 EDI 模块可以采用 80℃左右的热水消毒。

EDI 的工作原理示意图见图 12－8。

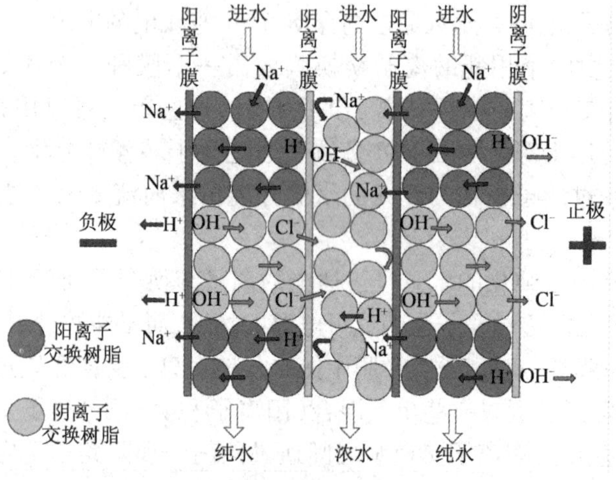

图 12－8　EDI 的工作原理示意图

（七）紫外灯

紫外灯使用方便，是一种非常普遍的用来抑制微生物生长的装置，通常配有强度指示器或时间记录器。水以控制的流速暴露在紫外灯下，紫外灯可以消灭微生物（细菌、病毒、酵母、真菌或藻类）并穿透它们的外膜修改 DNA 并阻止其复制，使细菌减少。在预处理系统中，当使用氯/氯胺以及加热法无效或不可行时，可以使用紫外灯，进入紫外灯的给水必须去除悬浮固体，因为它们可以“遮避”细菌，阻止了与紫外线的充分接触。紫外灯通常用于控制 RO 单元的给水，如果给水是不能用氯或不能进行加热消毒的，还用于控制在系统闲置时的非氯处理水再循环。

紫外灯的特点:紫外线不能完全"灭菌",对水的流速有严格的要求,带来的辐射再污染值得关注,紫外灯管寿命有限。

(八)换热器

换热器可以是板式的或列管式的,主要用于预处理部分、反渗透装置及EDI装置的消毒。

三、纯化水生产工艺流程

某纯化水生产工艺流程见图12-9。

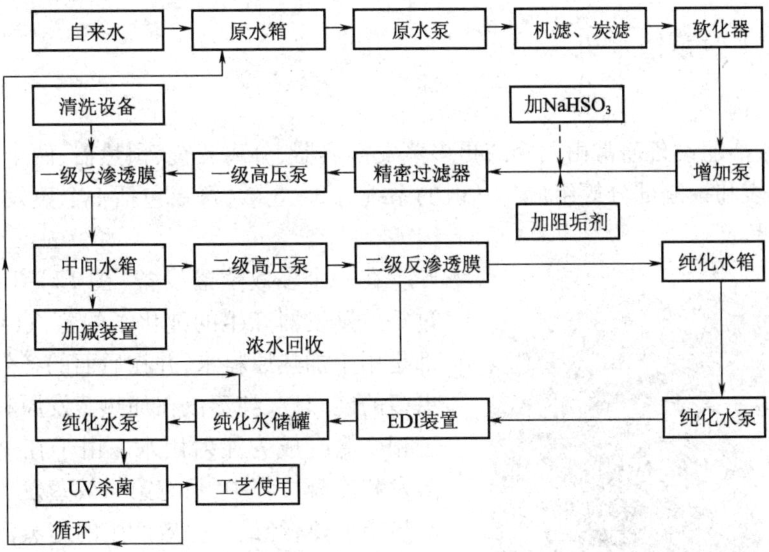

图12-9　某纯化水生产工艺流程示意图

第三节　注射水设备

《中国药典》(2010版)中规定,注射用水是使用纯化水作为原料水,通过蒸馏的方法来获得。注射用水的制备通常通过以下三种蒸馏方式获得:单效蒸馏、多效蒸馏、热压式蒸馏。

蒸馏是通过气液相变法和分离法来对原料水进行化学和微生物纯化的工艺过程。在这个工艺当中水被蒸发了,产生的蒸汽从水中脱离出来,而流到后面去的未蒸发的水溶解了固体、不挥发物质和高分子杂质。在蒸馏过程中,低分子杂质可能被夹带在水蒸发后的蒸汽中以水雾或水滴的形式被携带,所以需要通过一个分离装置来去除细小的水雾和夹带的杂质,这其中包括内毒素。纯化了的蒸汽经冷凝后成为注射用水。通过蒸馏的方法至少能减少99.99%内毒素的含量。

我国 GMP(2010 版)对验证的要求有所提高,为了满足验证要求和降低系统的风险,推荐注射用水的制备设备要有自动控制功能,使在验证当中要求控制的参数有在线的监控和记录。自动化控制方法及体系的建立,可以参照 GAMP(良好自动化质量规范)。

一、单效蒸馏水机

单效蒸馏水机主要用于实验室或科研机构的注射用水制备,通常情况下产量较低。由于单效蒸馏只蒸发一次,加热蒸汽消耗量较高,在我国属于明令淘汰的产品。目前国内药厂选择节能、高效的多效蒸馏设备用于注射用水的生产。

二、多效蒸馏水机

1.结构

多效蒸馏设备通常由两个或更多蒸发换热器、分离装置、预热器、两个冷凝器、阀门、仪表和控制部分等组成。一般的系统有 3 ~8 效,每效包括一个蒸发器,一个分离装置。

图 12 – 10　多效蒸馏水机示意图

在一个多效蒸馏设备(图 12 – 10)中,经过每效蒸发器产生的纯化了的蒸汽(纯蒸汽)都是用于加热原料水,并在后面的各效中产生更多的纯蒸汽,纯蒸汽在加热蒸发原料水后经过相变冷凝成为注射用水。由于在这个分段蒸发和冷凝过程中,只有第一效蒸发器需要外部热源加热,经最后一效产生的纯蒸汽和各效产生的注射用水的冷凝是用外部冷却介质来冷却的,所以在能源节约方面效果非常明显,效数越多节能效果越好。在注射用水产量一定的情况下,要使蒸汽和冷却水消耗量降低,就得增加效数,这样就会增加投资成本,出于这方面的考虑,要选择合适的效数,这需要药厂购买方与生产厂家共同进行确定。图 12 – 11 为 LDS 型多效蒸馏水机工作原理图。

2.原理

(1)蒸发器原理　多效蒸馏设备采用列管式热交换“闪蒸”使原料水生成蒸汽,同时将纯蒸汽冷凝成注射用水。其核心部分为分离结构,如图 12 – 12 所示。

工业蒸汽经过一效蒸发器蒸汽入口进入壳程与进入蒸发器管程的原料水进行热交换,所产生的凝结水通过压力驱动和重力沉降由凝结水出口排出蒸发器。

原料水经过蒸发器上部的进水口进入,并均匀喷淋沿着列管管壁形成降液膜

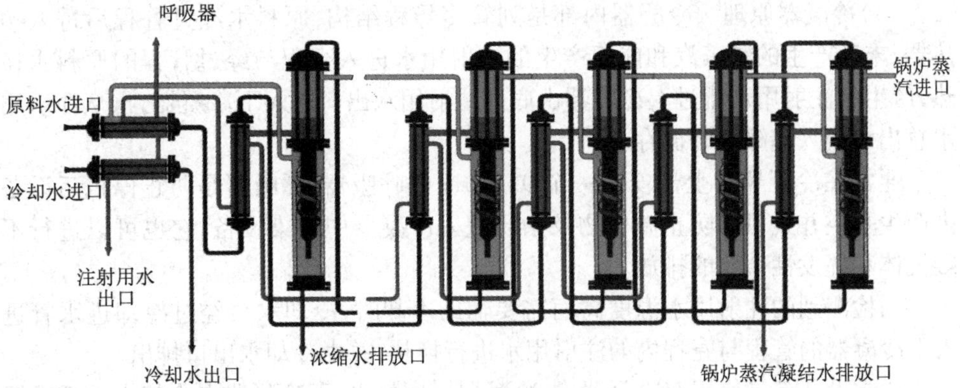

图 12－11　LDS 型多效蒸馏水机工作原理图

图 12－12　蒸发器分离原理图

与经过壳程的蒸汽进行热交换，产生的汽水混合物下沉进入分离器，在连续的压力作用下使混合物中的蒸汽上升，上升的蒸汽与夹带的小液滴进入分离器后，小液滴从蒸汽中分离出来聚集沉降到底部，产生的纯蒸汽由纯蒸汽出口进入下一效作为加热源。混合物中未蒸发的原料水与被分离下来的小液滴在两个蒸发器间的压差作用下进入下一效蒸发器继续蒸发。以此类推，后面的蒸发器原理与之相同，第一效以后的蒸发器用的是前一效蒸发器产生的纯蒸汽作为加热源。纯蒸汽在二效开始冷凝并被收集输送到冷凝器的壳程中。末效产生的纯蒸汽进入冷凝器壳程与进入的注射用水混合。

（2）预热器原理　蒸馏水机中预热器的加热源是蒸汽或蒸汽凝结水，来自蒸发器的蒸汽或蒸汽凝结水进入预热器的壳程与经过管程的原料水进行换热。预热器对原料水是逐级预热的，经过冷凝器的原料水温度在 80℃ 以上，这个温度的原料水必须经过预热器逐级加热，直到终端达到沸点后进入蒸发器蒸发。

(3)冷凝器原理　冷凝器内部是列管多导程结构,原料水经过管程后进入预热器,末效产生的纯蒸汽和前面产生的注射用水进入壳程与经过管程的原料水换热,产生的注射用水流过上冷凝器由底部注射用水出口进入下冷凝器,再从注射用水总出口流入储罐进行储存。

通常在冷凝器的上部安装一个 0.22μm 的呼吸器,呼吸器是防止停机后设备内产生真空并且可以防止微生物及杂质进入冷凝器中污染设备;它也可以进行不凝气体和挥发性杂质的排放。

当检测到的注射用水温度高而需要辅助冷却时,冷却水会经过冷却进水管进入下冷凝器的管程与壳程内的注射用水进行换热,并由冷却水出口排出。

通常设备都是使用双冷凝器,上冷凝器走原料水,下冷凝器走冷却水。呼吸器安装在上冷凝器的上部。

3. 多效蒸馏水器组成示意

多效蒸馏水器是由多个蒸馏水器竖直串接或水平串接而成。多效蒸馏水器的性能取决于加热蒸汽的汽压和效数,汽压越高,蒸馏水的产量越大;效数越多,热能利用率越高。与压汽式蒸馏水器相同,它也要求原水应是比电阻≥1.0MΩ · cm 的去离子水。

图 12－13 是一个垂直串接的三效蒸馏水器示意图。每一效产生的二次蒸汽经冷凝后即得到蒸馏水。为提高蒸馏水的质量,在每一效的二次蒸汽的通道上均装有隔沫装置。原水经预热器预热后分别进入各蒸发器。加热蒸汽由最底部的第一效加热室进入,通过盘管换热器将水加热汽化。第一效的二次蒸汽进入第二效作为加热蒸汽。同理,第二效的二次蒸汽作为第三效的加热蒸汽。由第三效上部出来的二次蒸汽进入冷凝器被冷凝,然后与第二、三效加热蒸汽的冷凝水一起进入冷却器冷却,得到成品蒸馏水。

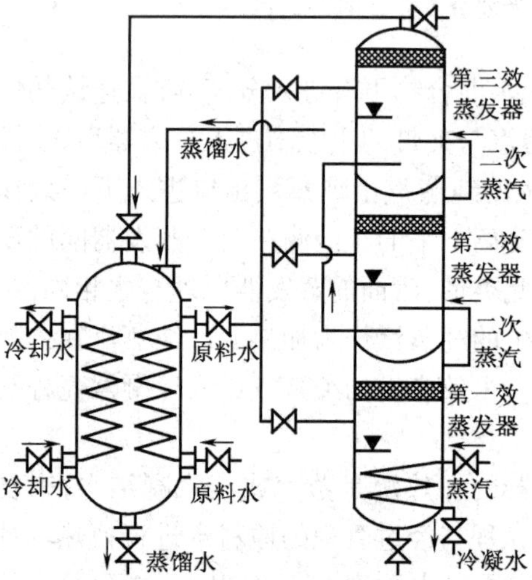

图 12－13　三效蒸馏水器示意图

图 12－14 是水平串接式多效蒸馏水器的单体。内有列管换热器、发夹形换热器和螺旋形汽液离心分离器等。进料水自列管上部进入,沿加热管内壁呈膜状流下,被管外加热蒸汽加热汽化,生成的蒸汽自管下口排出,再沿螺旋形分离器高速旋转向上流动,蒸汽中夹带的液滴被分离,而二次蒸汽由上部出口排出,可作为下一个单体的加热蒸汽。另外在加热室的列管中间有一个发夹形管式换热器,用以预热进料水。

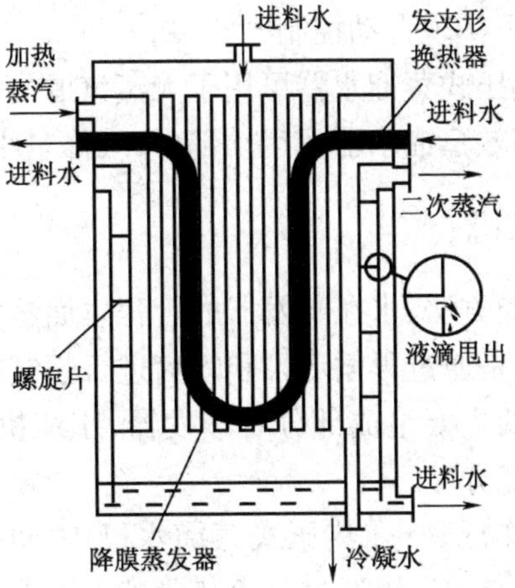

图 12－14　多效蒸馏水器单体图

图 12－15 为四效蒸馏水器流程图。它由 4 个单体蒸馏器和 1 个冷凝器组成。使用约 165℃的加热蒸汽。进料水经冷凝器 5 并依次经各蒸馏水器内的发夹形管式换热器,最终被加热到约 142℃进入蒸馏器 1,外来的加热蒸汽(约 165℃)进入蒸馏器 1 的列管蒸发器管外,将进料水蒸发,外来的蒸汽被冷凝,由器底排出。进料水在蒸馏器 1 内约有 30% 被蒸发,其生成的二次蒸汽(约 141℃)作为热源进入蒸馏器 2,剩余未蒸发的进料水也从顶部进入蒸馏器 2(约 130℃)。在蒸馏器 2 内进料水再次被蒸发,而进入其中的加热蒸汽全部冷凝,为利用显热,蒸馏水被导入下一个蒸馏水器。进入蒸馏水器 2 的进料水,部分蒸发生成二次蒸汽(约 130℃),作为热源进入蒸馏器 3。蒸馏器 3 与蒸馏器 2 操作相同。进入蒸馏器 4 的进料水(约 108℃)大部分被同时进入的二次蒸汽(约 119℃)加热蒸发,剩下是杂质较多的废水,由蒸馏器 4 的底部排出。蒸馏器 4 生成的二次蒸汽和来自蒸馏器 2、3、4 的蒸馏水一起进入冷凝器 5,冷凝后得到约 97℃的蒸馏水产品。为保证冷却效果,需经蛇管向冷凝器 5 通入适量冷却水。

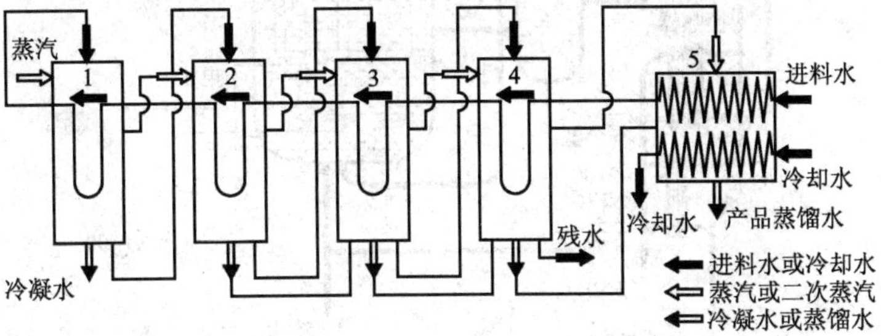

图 12－15　四效蒸馏水器流程图
1,2,3,4—蒸馏器　5—冷凝器

与热压式蒸馏水器相比,它们的共同点有:出水水质好;出水量大;运转费用低;少用或不用冷却水;可实现自动控制。

它们的不同点有:热压式蒸馏水器可用于无蒸汽源的地方;多效蒸馏水器生产的蒸馏水可直接贮存;多效蒸馏水器无运动部件,维修量小,寿命长。

三、热压式蒸馏水机

蒸汽压缩是一种蒸馏方法,水在蒸发器的管程里面蒸发,蒸发列管水平或垂直方向排列,水平设计一般是通过再循环泵和喷嘴进行强制的循环类型,而垂直设计是自然循环类型。系统的主要组成部分有蒸发器、压缩机、热交换器、脱气器、泵、电机、阀门、仪表和控制部分等。

热压式蒸馏水机工作原理:在热压式蒸馏水机中,进料水在列管的一侧被蒸发,产生的蒸汽通过分离空间后再通过分离装置进入压缩机,通过压缩机的运行使被压缩蒸汽的压力和温度升高,然后高能量的蒸汽被释放回蒸发器和冷凝器的容器,在这里蒸汽冷凝并释放出潜在的热量,这个过程是通过列管的管壁传递给水的。水被加热蒸发得越多,产生的蒸汽就越多,此工艺过程不断重复。流出的蒸馏物和排放水流用来预热原料水进水,这样节约能源。因为潜在的热量是重复利用的,所以没有必要配置一个单独的冷凝器。

图 12-16 所示为热压式蒸馏水机工作原理图。纯化水经逆流的板式换热器 E101(注射用水)及 E102(浓水排放)加热至约 80℃。此后预热的水再进入气体冷凝器 E103 外壳层,温度进一步升高。E103 同时作为汽水分离器,壳内蒸汽冷凝成水,返回静压柱,不凝气体则排放。

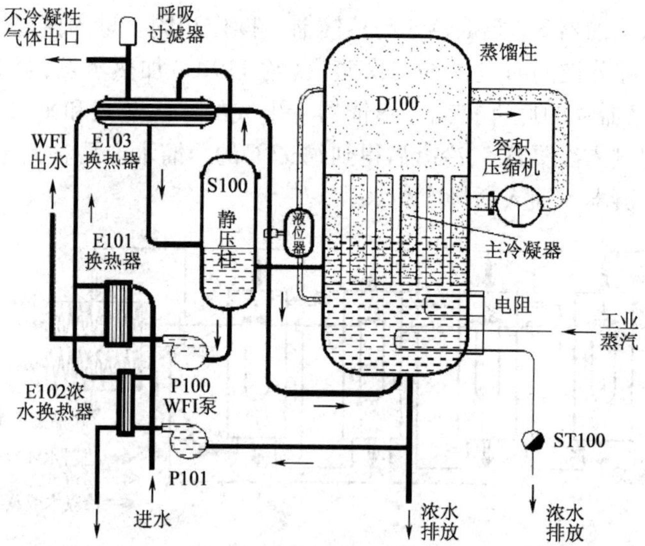

图 12-16　热压式蒸馏水机工作原理图

预热水通过机械水位调节器（蒸馏水机的液位控制器）进入蒸馏柱 D100 的蒸发段，由电加热或工业蒸汽加热，达到蒸发温度后产生纯蒸汽并上升，含细菌内毒素及杂质的水珠沉降，实现分离。D100 中有一圆形罩，有助于汽水分离。

纯蒸汽由容积式压缩机吸入，在主冷凝器的壳程内被压缩，使温度达到 125 ~ 130℃。压缩蒸汽（冷凝器壳层）与沸水（冷凝器的管程）之间存在高的温差，使蒸汽完全冷凝并使沸水蒸发，蒸发热得到了充分利用。

冷凝的蒸汽即注射用水和不凝气体的混合物进入 S100 静压柱，S100 的作用如同一个注射用水的收集器。

静压柱中的注射用水由泵 P100 增压，经 E101 输送至储罐或使用点，在经过 E101 后的注射用水管路上要配有切换阀门，如果检测到电导率不合格，阀门就会自动切换排掉不合格的水。

随着纯蒸汽的不断产生，D100 中未蒸发的浓水会越来越多而导致电导率上升，所以浓水要定期排放。

热压式蒸馏水机的汽水分离靠重力作用，即含细菌内毒素及其他杂质的小水珠依靠重力自然沉降，而不是依靠离心来实现分离。

热压式蒸馏水器实体设备见图 12 - 17。

图 12 - 17　热压式蒸馏水器实体设备示意图

【思考题】

1. 热压式蒸馏水器的原理是什么？
2. 简述纯化水生产流程图。
3. 多效蒸馏水器与热压式蒸馏水器有何相同点和不同点？它们对原料水的质量要求是什么？
4. 什么是反渗透？常见的反渗透器有哪几种？目前应用最广泛的是哪种？
5. 螺旋卷式反渗透器的膜元件构成和材质是什么？

第十三章　混合、粉碎、筛分设备

【学习目标】

1. 熟悉混合设备的工作原理和类型,了解其主要作用方式和适用范围。
2. 熟悉粉碎设备的工作原理和类型,了解其主要作用方式和适用范围。
3. 掌握机械振动筛的基本原理、结构。

第一节　混合设备

混合是指两种或两种以上的固体粉料,在混合设备中相互分散而达到均一状态的操作,是片剂、冲剂、散剂、胶囊剂、丸剂等固体制剂生产中的一个基本单元操作。在固体粉末制药中,对于原料配制或产品标准化、均匀化,混合机都是不可缺少的装置。

一、混合原理

固体粒子在混合机内混合时有发生对流、剪切、扩散三种不同形式的运动。

1. 对流混合

物料在混合机内从颗粒之间产生相对运动,引起的颗粒之间混合。

2. 剪切混合

依靠物料内部粒子间的相互滑移和撞击,引起的颗粒之间混合。

3. 扩散混合

颗粒不断出现在新料面上,相互粒子间相互交换位置,产生局部混合。

上述三种混合运动在混合过程常常同时发生,但表现的程度随混合设备的类型不同而异。

二、混合设备的类型

混合设备由两个基本的部件构成,即容器和提供能量的装置。由于固体颗粒的形状、大小、密度不同,对混合的要求也不同。常见的型式为三种:固定型、回转型、复合型。

混合设备的类型见表 13－1。

表 13－1　　混合设备的类型

操作方式	型式	机型举例	备注
间歇	固定型	螺旋桨型(垂直、水平)、喷流型、搅拌釜型	容器固定
	回转型	V 型、S 型、立方型、圆筒型、双圆锥型、水平圆锥型、倾斜圆锥型	容器可以转动
	复合型	回转容器内装搅拌器型	具有固定型回转型特点
连续	固定型	螺旋桨型(垂直、水平)、重力流动无搅拌型	
	回转型	水平圆锥型、连续 V 型、水平圆筒型	
	复合型	回转容器吹入气流型式	

三、混合设备

1. 槽型混合机

槽型混合机(图 13－1)主要由机座、电机、减速器、混合槽、搅拌桨、控制面板组成。其工作原理是利用水平槽内的“S”形螺带所产生的纵向和横向运动,使物料混合均匀。槽可绕水平轴转动,以便卸料。

槽型混合机结构简单、操作维修方便。缺点是混合强度小,混合时间长。当颗粒密度相差较大时,密度大颗粒易沉积于底部,故适用于密度相近的物料。

槽型混合机实体示意图见图 13－2。

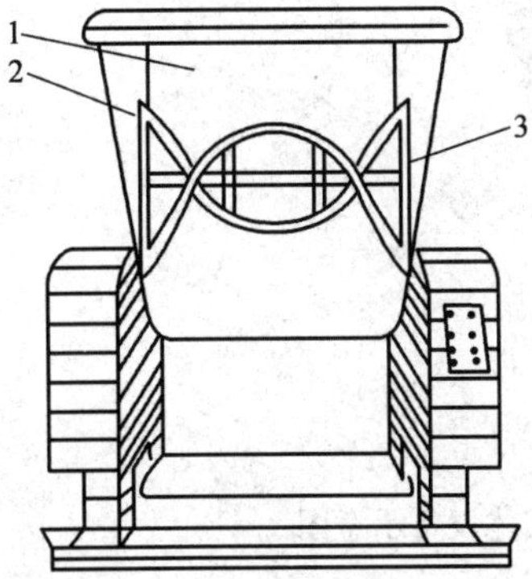

图 13－1　槽型混合机结构示意图
1—混合槽　2—搅拌桨　3—固定轴

图 13－2　槽型混合机实体示意图

2. 锥型混合机

锥型混合机有单螺旋锥型混合机(图 13－3)和双螺旋锥型混合机(图 13－4,图 13－5)。

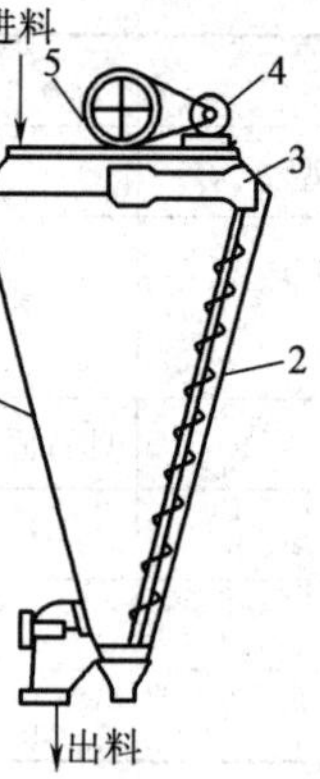

图 13-3 单螺旋锥型混合机示意图

1—锥体 2—螺旋杆 3—转臂

4—电机 5—减速器

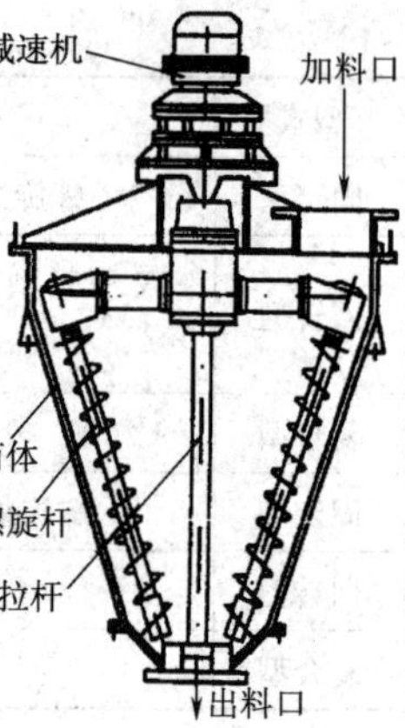

图 13-4 双螺旋锥型混合机示意图

图 13-5 双螺旋锥型混合机实体设备示意图

双螺旋锥型混合机由以下四部分组成:锥体、螺旋杆、转臂、传动部分。两个螺旋杆的快速自转将物料自下而上提升,形成两股对称的沿壁上升的螺旋状物料流。转臂带动螺旋杆公转,使螺柱体外的物料相应地混入螺旋状物料内。中心锥体内外的物料不断地混掺错位,由锥体中心汇合,向下流动,又被螺旋杆向上提升。如此循环,使物料能在较短时间内混合均匀。

双螺旋锥型混合机的特点:可密闭操作,混合效率高;清理方便,无粉尘;适用性广,包括湿润、黏性物料;混合均匀;动力消耗小;劳动强度低;可连续生产。

3. V 型混合机

V 型混合机(图 13－6,图 13－7,图 13－8)主要由机座、电机、减速器、V 字型混合筒组成。其工作原理是电机通过三角皮带带动减速器转动,继而带动 V 型混合筒旋转。装在筒内的干物料随着混合筒转动,V 型结构使物料反复分离、合一,用较短时间即可混合均匀。

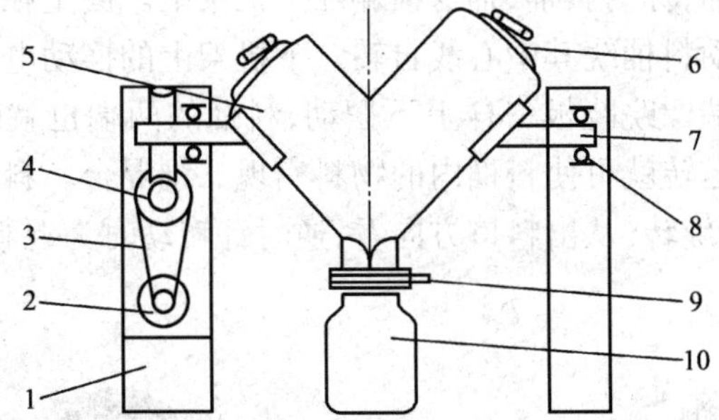

图 13－6　V 型混合机结构示意图

1—机座　2—电机　3—传动皮带　4—蜗轮蜗杆　5—容器　6—盖　7—旋转轴　8—轴承　9—出料口　10—盛料器

图 13－7　V 型混合机实体设备示意图

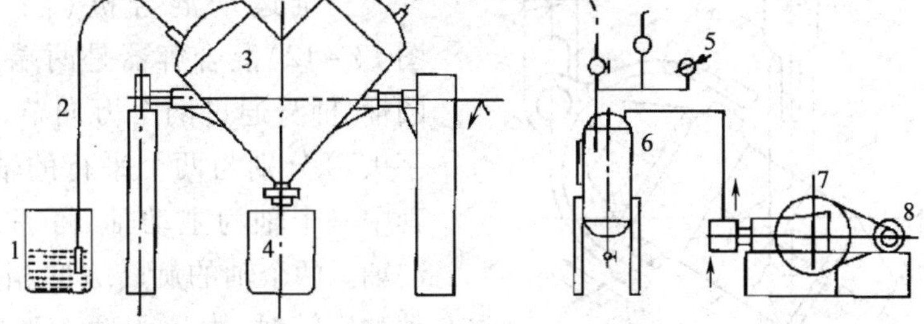

图 13－8　V 型混合机工艺流程示意图

1—物料筒　2—吸料筒　3—混合机　4—出料筒　5—真空表　6—气体净化罐　7—真空泵　8—电动机

特点:适用于流动性较好的干性粉状、颗粒状物料的混合;由两个不对称筒体组成,物料可做纵横方向流动,混合均匀度较高;可利用真空吸料,密封状态下作业,内部无传动机构,洁净、卫生、无死角。

4. 二维运动混合机

二维运动混合机(图 13-9,图 13-10)的机架分为上、下两部分,其混合容器是两端为锥形的圆桶,称为料桶,桶身横躺在上机架上。固定在上机架上的转动电机及其传动机构驱动料桶绕其中心线自转。下机架上的摆动电机通过曲柄摇杆机构可以使上机架两端像跷跷板一样上下摆动,料桶的两端也就随着上机架上下摆动。两个电机同时运转就可使料桶内的物料实现二维混合。料桶内装有出料导向板,它不能随意正反旋转,从出料口方向看,逆时针转动时为混料,顺时针转动时为出料。

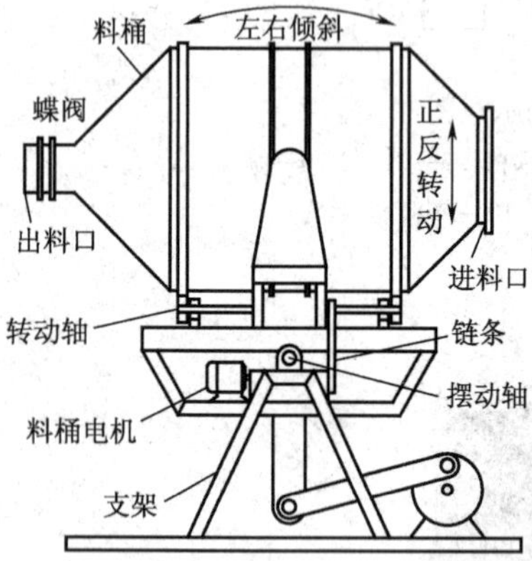

图 13-9　二维运动混合机结构示意图

图 13-10　二维运动混合机实体设备示意图

与 V 型混合机相比,它的特点:混合均匀度高,物料装载系数大,占地面积和空间高度小,上料和出料方便。

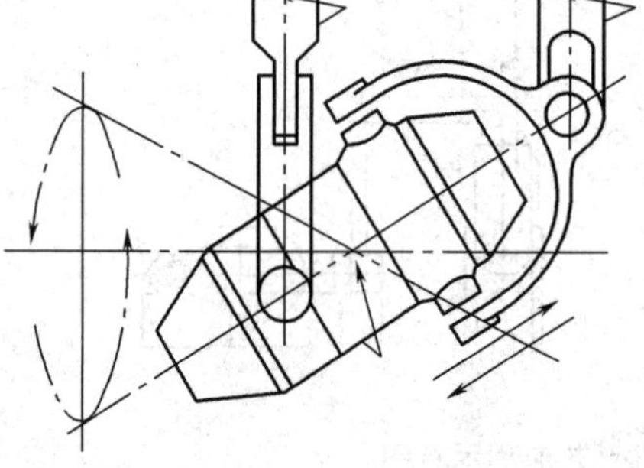

图 13-11　三维运动混合机结构示意图

5. 三维运动混合机

三维运动混合机(图 13-11,图 13-12)混合容器是两端为锥形的圆桶,桶身通过两个万向节(俗称"十字头")分别与两个平行的轴相连接,其中一个轴为主动轴,另一个轴为从动轴。两个轴的旋转方向相同。当主动轴旋转时,由于受两个万向节的钳制,混合容器在空间既有公转又有自转和翻转,完成复杂的空间运动。主动轴转一圈,混合容器在空间上下颠倒。物料在容器内被抛落、平移、翻倒,有效地进行对流混合、剪切混合、扩散混合。

图 13-12　三维运动混合机实体设备示意图

与二维运动混合机相比,它的特点:混合均匀度高,对物料间密度、形状、粒径差别较大时也能较好地混合;可将容器和机身用隔断墙隔开,减少污染机会;物料装载系数大。

6. 回转圆盘(板)型混合机

进入回转圆盘(板)型混合机(图 13-13)的两种不同的固体粒子分别落在两个高速旋转的圆盘上,在离心力的作用下向四外散开。两种粒子在同时散开过程中均匀混合。回转圆盘的转速为 1500~5400r/min,处理量由回转圆盘的大小而定。一般情况下,为保证混合比例,需通过加料器来调节物料流量。

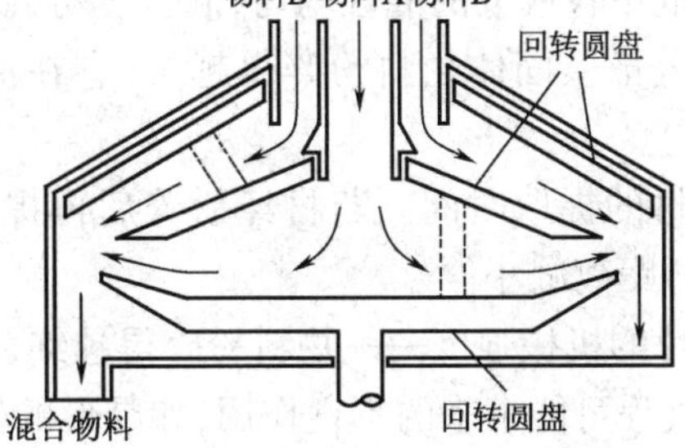

图 13-13　回转圆盘型混合机示意图

7. 流动混合机

如图 13-14 所示,混合机内有高速回转(500~1500r/min)的搅拌叶,物料由顶部加入后受到搅拌叶片的剪切与离心作用,在整个混合室内产生对流混合。一般用 2~3min 即可完成混合操作,混合好的物料由排出口排出。

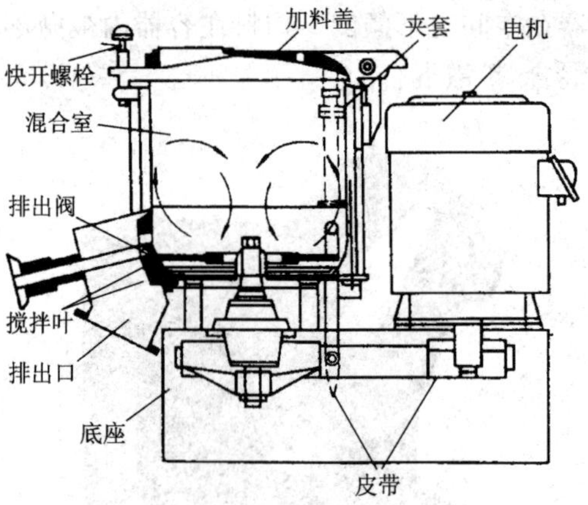

图 13－14　流动混合机示意图

第二节　粉碎设备

粉碎过程主要是依靠外加机械力的作用破坏分子间的内聚力来实现的。是原料药生产的基础操作，又是片剂、颗粒剂、胶囊剂、丸剂等固体制剂生产的基础操作。

粉碎操作是药物的原材料处理及后处理技术中的重要环节，粉碎技术直接关系到产品的质量和应用性能。产品颗粒尺寸的变化，将会影响药品的时效性和即效性。可以根据产品粒度的要求，粉碎物料的性质有几种粉碎的方法可以选择。

固体药物的粉碎对固体制剂过程有重要的意义。

(1)固体药物的吸收首先需要溶解，细粉有利于提高难溶性药物的溶出度以及生物利用度。

(2)有利于固体制剂中各成分的混合均匀，混合度与成分的粒径有关。

(3)有利于溶解或分散。固体物料粉碎得越细，它在液体中的溶解或分散速率越快，且分散得更均匀。

(4)有利于缩短药材的提取时间。药材经粉碎后再提取，增加了与溶剂的接触面积，并使溶剂的穿透距离减小。

(5)提高颗粒及药片的机械强度——物料粉碎得越细，粘合效果越好。

但必须注意，粉碎过程可能带来的不良作用，如晶形的转变、热分解、粘附与凝聚性的增大、堆密度的减少，粉末表面上吸附的空气对湿度的影响，粉尘污染和爆炸等。

一、粉碎的粒度标准

为了区分固体粒度的大小，《中国药典》(2010 版)将固体粉末分为如表 13－2 所示的六级：

表 13－2　　粉料粒度分级表

等级	分等标准
最粗粉	能全部通过一号筛，但混有能通过三号筛不超过 20% 的粉末
粗粉	能全部通过二号筛，但混有能通过四号筛不超过 40% 的粉末
中粉	能全部通过四号筛，但混有能通过五号筛不超过 60% 的粉末
细粉	能全部通过五号筛，并含能通过六号筛不少于 95% 的粉末
最细粉	能全部通过六号筛，并含能通过七号筛不少于 95% 的粉末
极细粉	能全部通过八号筛，并含能通过九号筛不少于 95% 的粉末

二、粉碎操作

制药工业中通常要根据被粉碎物料的性质、粉碎设备的型式、产品的粒度要求及产量来选择粉碎操作方式，粉碎操作主要有下列方式：

（1）自由粉碎和闭塞粉碎　在粉碎过程中，能及时地使已达到粒度要求的固体粉末从粉碎机中分出，使粗粒子继续进行粉碎，这种粉碎方式称为自由粉碎，这样可以降低粉碎的能量消耗。反之，已达到粒度要求的粉末仍滞留在粉碎机中，在排出前多次被重复粉碎的操作称为闭塞粉碎，只适用于粉碎少量的物料并希望在一次操作中完成全部的粉碎。

（2）循环粉碎和开路粉碎　粉碎产品中，若含有尚未粉碎的物料，通过筛子或分级设备将粗颗粒分出再返回继续粉碎，称为循环粉碎（或闭路粉碎）。返料量与给料量之比称为循环负荷系数（以百分率表示）。循环负荷系数越高，说明粉碎机的出料中合格细颗粒的含量越低，粉碎机内物料的平均粒度越大，粉碎的成本也随之增加。循环粉碎可保证产品达到所要求的粒度，适用于对粒度要求较高的粉碎。若物料只通过设备被粉碎一次，则称为开路粉碎。开路粉碎适用于对粉碎产品的粒度要求不十分严格或是为进一步细碎做准备的粉碎。

（3）干法粉碎和湿法粉碎　大多数物料的粉碎操作是在一定的干燥状态下进行，故称为干法粉碎。一般化学药品的水分含量通常多在 5% 以下，可直接进行粉碎，但一些吸湿性较强的物料，例如某些中草药等，在粉碎前需采用不同的方法进行干燥，以增加脆性。

湿法粉碎是指往药物中加入适量的水或其他液体再进行粉碎的操作。湿法粉碎可降低细物料的粘附性；可以使磨碎区只留有粗颗粒，避免细物料的“软垫”作用；还可以避免药物粉尘飞扬，减少贵重药物的损失以及减轻某些有毒药物或刺激性药物对人体的危害。常见的湿法粉碎有：中药的“水飞法”和西药的“加液研磨法”。

（4）低温粉碎　利用一些药物在低温下脆性增加的性质，对药物或粉碎机进行冷冻的粉碎方法称为低温粉碎。低温粉碎可采用冷冻原料、粉碎机夹层通入冷冻剂或者将物料与干冰、液态空气、液氮混合再粉碎等方法进行。

低温粉碎的优点：适用面广；粉碎产品的粒度较细、分布均匀且流动性好；可提高粉碎机的生产能力、降低能量消耗。

低温粉碎主要适用于：软化点和熔点较低的药物，如，树脂、树胶、干浸膏等；含水、含油，但含量较少的药物，如薏苡仁等；要保留挥发性成分的药物，如，薄荷、肉桂等；纤维多的药物，如，黄柏、甘草；热敏性药物，如，血液、酶、抗生素等；贵重药物，如，羚羊角等。

（5）混合粉碎　两种以上的药物混在一起同时粉碎的操作称为混合粉碎。混合粉碎中的物料性质应相近，以期达到粉碎产品粒度的一致。混合粉碎可避免一些黏性物料或热塑性在单独粉碎时的粘壁及物料间的附聚现象，又可使粉碎与混合同时进行。

为了减少粉碎过程中物料的粘壁及附聚、降低能量消耗或者使产品粒度更细，有时在物料中加入少量的添加剂，这种添加剂称为助磨剂。助磨剂的加入可以降低颗粒的表面自由能，有利于新裂缝的形成，也可以降低细颗粒的粘附性，助磨剂可以是固体或液体。

三、粉碎设备

常用粉碎机的一般性能见表 13－3。

表 13－3　常用粉碎机的一般性能

粉碎机	作用方式	产品粒度	适用范围	不宜用于
锤击式粉碎机	冲击	4～325 目	几乎所有物料	高硬度和黏性物料
截切式粉碎机	剪切	20～80 目	纤维质动植物药材	脆性和黏性物料
滚筒式粉碎机	压力	20～200 目	低硬度脆性物料	高硬度和黏性物料
球磨机	冲击和研磨	35～200 目	适度硬质及脆性物料	高硬度物料
乳钵研磨机	研磨	35～200 目	适度硬质及脆性物料	高硬度物料
流能磨	摩擦与撞击	1～30μm	适度硬质及脆性物料	黏性物料

1. 锤击式粉碎机

锤击式粉碎机（图 13－15）的粉碎室内装有一个能高速旋转的回转盘，其上装有许多活动的钢锤。转盘旋转时，由于离心作用使钢锤挺立，对物料进行强烈锤击（钢锤受阻时自动退避，以免损坏）。物料从料斗由螺旋给料器定量加入，通过锤头的冲击、剪断以及被抛向衬板的撞击等作用而粉碎，细料通过底部筛板的筛孔排入集粉袋收集，粗料则被留下继续粉碎。

锤击式粉碎机适用于粉碎干燥、性脆易碎的药物或用于粗碎。常用转速：小型机 1000～2500r/min；大型机 500～800r/min。

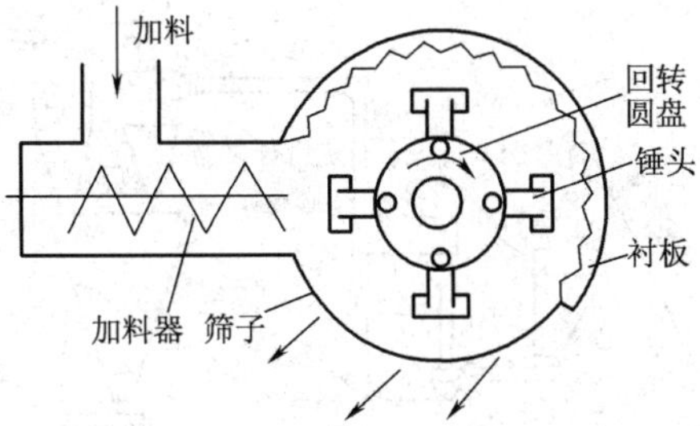

图 13－15 锤击式粉碎机示意图

2. 轴流撞击式粉碎机

轴流撞击式粉碎机（也称冲击式粉碎机）的原理与锤击式粉碎机相同。其结构（图 13－16）是一种轴流撞击式粉碎机，借助刀盘在水平轴上固定五组刀片，其中四组矩形刀片（正刀片）在前，一组梯形刀片（斜刀片）在后，在轴的后端装有一个风轮，各组正刀片之间各有圆形挡板一个。

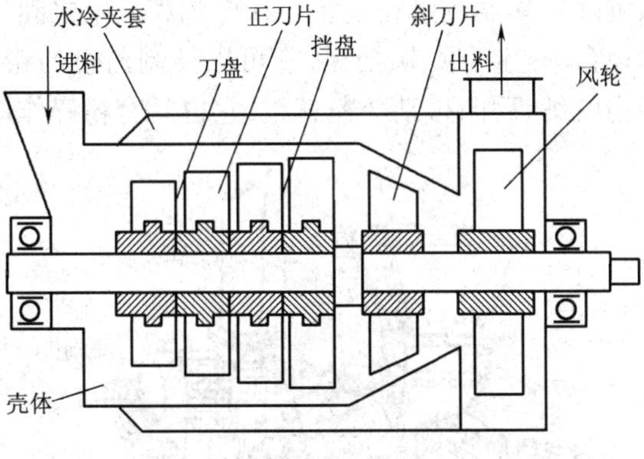

图 13－16 轴流撞击式粉碎机示意图

当转轴高速旋转时，由于风轮的作用，物料和空气同时进入机内，物料多次受到圆周速度越来越大的刀片的冲击、剪切和衬板的撞击作用而粉碎，最后被空气携带由出口排出。被粉碎物料的粒度可以由调节刀片与衬板间的间隙而改变。

轴流撞击式粉碎机适用于产量较大的化学药品、纤维质动植物药材等的粉碎。

由轴流撞击式粉碎机所组成的粉碎机组如图 13－17 所示。物料由斗式提升机将物料投入储料斗中，电磁振动给料器将物料连续定量地加入粉碎机进行粉碎，被粉碎的物料由空气携带进入圆盘筛，细粉与空气通过圆盘筛进入旋风除尘器进行分离，未被分离的细粉在脉冲布袋除尘器进一步分离，净化的尾气由风机排空，由旋风分离器及布袋除尘器所分离出的细粉在混合槽中混合后由电磁振动卸料器排出。在圆盘筛中分出的粗粉返回粉碎机被再次粉碎。

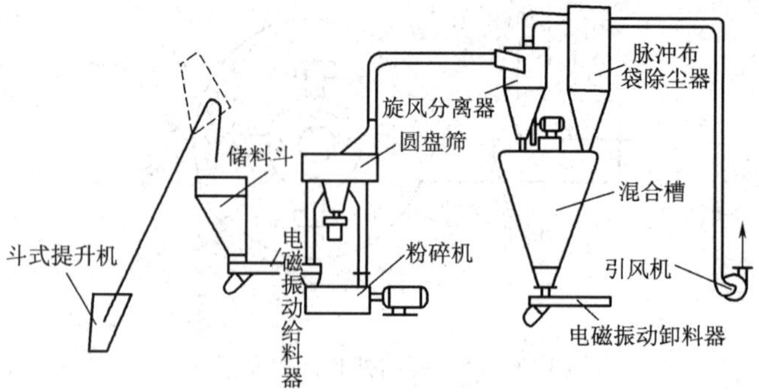

图 13－17　粉碎机组示意图

3. 柴田式粉碎机

柴田式粉碎机也称万能粉碎机(图 13－18),其机壳由外壳和内套两层构成,机壳内的动力轴上有个装有 6 块打板的甩盘,打板主要起粉碎作用,易被磨损,应注意及时更换。在靠近出粉口处装有 1 个由 3～6 块风扇叶组成的风扇,它可以将细粉经出粉管吹入沉降收集器或筛粉装置。在甩盘和风扇之间还有一个可在动力轴上左右移动的挡板盘,盘上有 6 块挡板,它可以控制药粉的粗细和粉碎速度,如向风扇方向移动药粉就细,反向移动药粉就粗,它也具有粉碎作用。

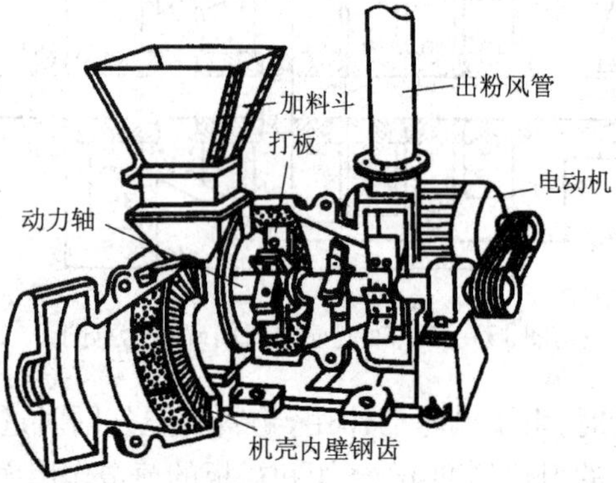

图 13－18　柴田式粉碎机示意图

柴田式粉碎机应用较普遍,适用于粉碎动植物药材以及硬度不大的药物,但对较硬的或含油较多的药物不宜使用。此外它耗能较大,且需另装筛粉装置或细粉收集器。

4. 回转盘式粉碎机

回转盘式粉碎机又称万能磨粉机或冲击柱式粉碎机(图 13－19)。药物自料斗加入后,借助抖动装置以一定的速度从粉碎室中心进入粉碎室,粉碎室内的转子

(回转盘)上及密封盖上各装有多个钢齿(冲击柱),呈同心圆状排列,密封盖关闭后,转子上的钢齿在与其交错的密封盖上钢齿的内圈和外圈高速旋转。在药物受离心力的作用被甩向室壁的过程中,经受了钢齿和室壁反复的劈裂、撕裂、碰撞、挤压和研磨作用。粉碎后的物料随转子产生的强烈气流冲向粉碎室壁的环状筛板,细粉通过环状筛板,经出粉口落入有排气功能的粉末收集袋中,粗粉则被留下继续粉碎。

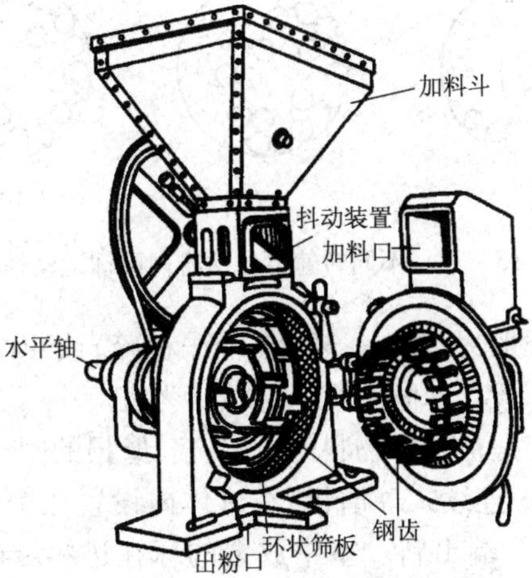

图 13－19　回转盘式粉碎机(万能磨粉机)示意图

它可以用于制备各种粉碎度的粉末,并且粉碎与过筛操作可以同时进行,适用于粉碎几乎所有的药物,含大量挥发性成分的药物和黏性药物除外。

5. 球磨机

球磨机是由不锈钢、生铁或瓷制的圆筒,内装一定数量的钢球或瓷球构成。钢球或瓷球起研磨介质的作用。使用时将药物装入圆筒密闭后,由电动机带动旋转,药物借圆球落下时的撞击作用和圆球与筒壁以及球与球之间的研磨作用而粉碎,球磨机可将药物粉碎成很细的粉末。图 13－20 和图 13－21 为球磨机的外形。

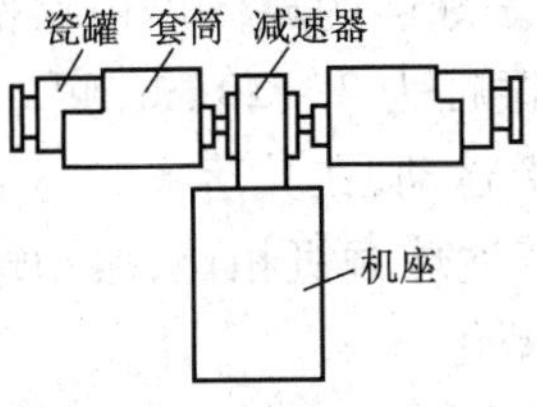

图 13－20　小型球磨机外形

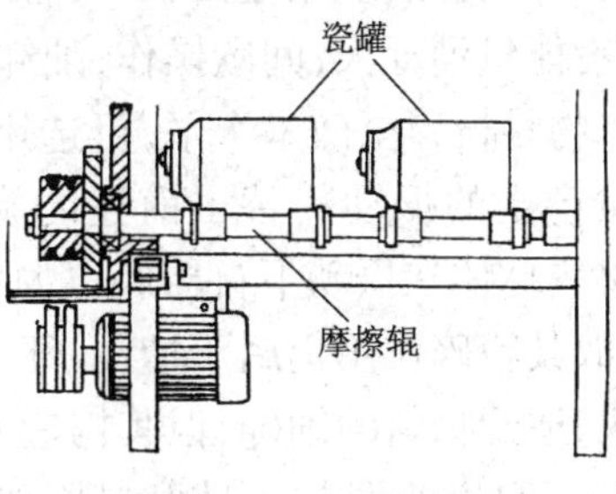

图 13－21　球磨机外形

图 13－22 为不同转速下球磨机内圆球运动情况，其中：（1）转速太慢，进行粉碎的仅有研磨作用；（2）转速适中，进行粉碎既有研磨作用又有撞击作用；（3）转速太快，既没有研磨作用又没有撞击作用。下式为实用转速的计算公式。

$$实用转速(r/min) = 32/\sqrt{D} \sim 37.2/\sqrt{D}$$

式中 D——罐体直径，m

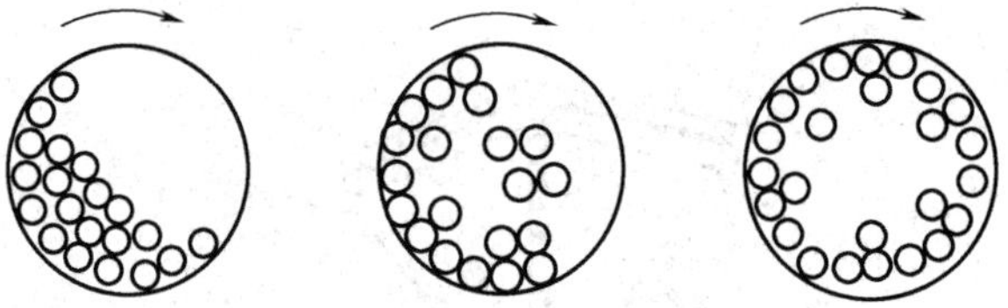

图 13－22　不同转速下球磨机内圆球运动情况

罐中球的充填率一般为 28%～35%（干法粉碎）或 40%～50%（湿法粉碎）。罐体加入物料的体积一般以球间空隙全部填满为宜。

罐内圆球的直径应是被粉碎物料的 4～9 倍，磨损的圆球应及时更换。

图 13－23 所示为一连续式球磨机，在罐体内设置三个侧壁有筛孔的粉碎室，物料由一端加入，在另一端出料。室中放置的球在进料端较大，以后各室依次减小，故可将粒径较大的物料粉碎至很细。

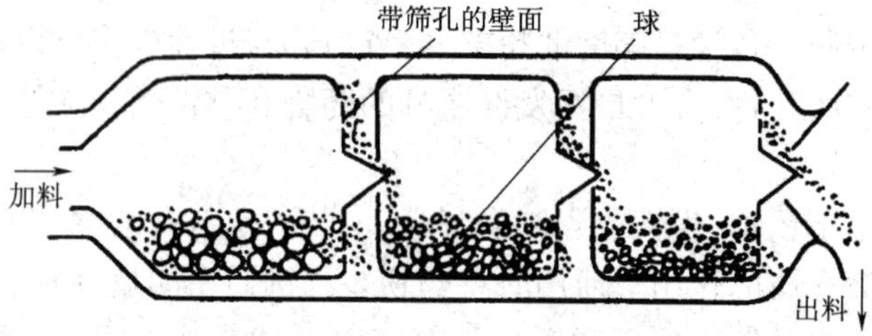

图 13－23　连续式球磨机示意图

球磨机的优点：应用范围较广；管理简便；不易被污染；无粉尘飞扬。

缺点：能量消耗大；间歇操作；加卸料费时、费事；粉碎时间较长。

要将物料粉碎至微米水平，可选用振动球磨机。球磨的罐体以依靠偏心振动块和弹簧产生的振动代替了前述的旋转运动，其振幅为 3～20mm，频率在 25～42Hz。罐内球体在振动下自器底以抛物线轨迹向上运动，在其落下时与上升的球体相遇，故其粉碎作用仍属于撞击、压缩粉碎。与普通球磨机相比，振动球磨机粉碎速度快，适于物料的细碎，但其构造复杂，不易大型化。

图 13－24 为两种振动球磨机原理的示意图，其中图 13－24（2）的罐体进行的是螺旋状回旋振动，其粉碎效果更好。

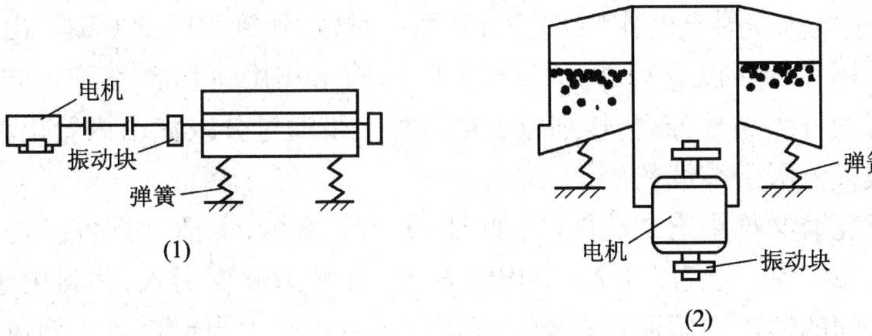

图 13－24　振动球磨机

对于小量物料的快速粉碎，则可选用高速回转球磨机，其结构如图 13－25 所示。在工作盘上装有四只球磨罐，当工作盘旋转时，带动球磨罐围绕同一轴心做自转运动，罐内的球体由于离心力不断将物料粉碎。由于工作盘公转的结果，球磨罐可以比普通球磨机更高的速度自转，故粉碎时间可由几十小时缩短到几十分钟。

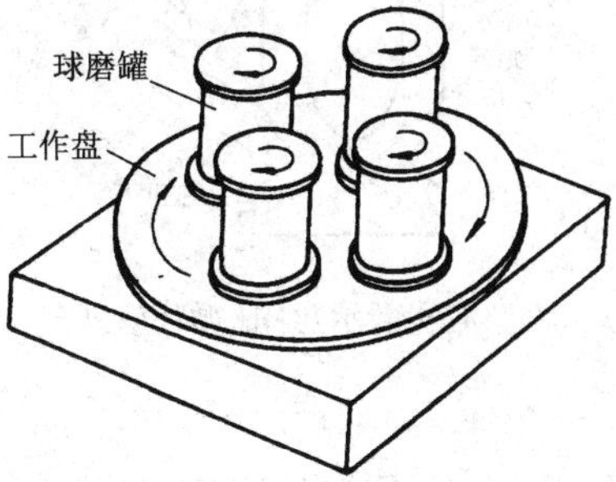

图 13－25　高速回转球磨机

6. 流能磨（气流粉碎机）

流能磨即流体能量磨，也称射流磨，是利用高压气体自喷嘴喷出的动能将固体粒子加速，使粒子之间、粒子与器壁之间发生冲击、研磨而粉碎的设备。常见的流能磨有圆盘式（扁平式）和跑道式（轮形）等。

流能磨的优点：粉碎过程中物料温度几乎不升高，故可适用于热敏性物料。

缺点：能量消耗较大，故加入的物料最好先经过预粉碎。

圆盘式流能磨又称微粉磨和扁平式流能磨（图 13－26），在空气室内壁装有数个喷嘴，高压空气由喷嘴以超音速喷入粉碎室，物料由加料口

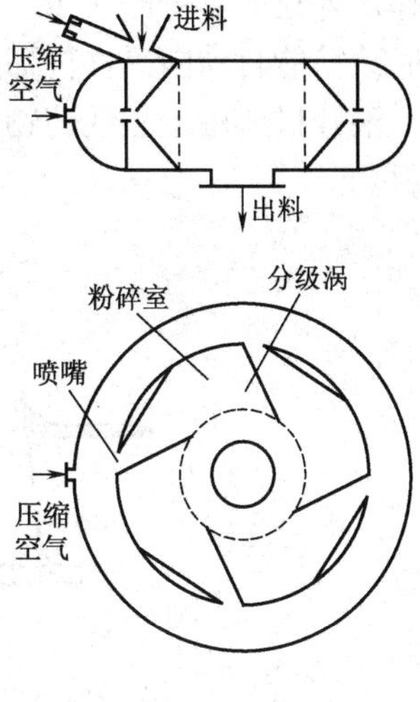

图 13－26　圆盘式流能磨（圆盘式气流粉碎机）示意图

引射(相当于气流喷射泵的作用)进入粉碎室后被加速到50～300m/s,由于高速气流的剪切作用和物料粒子间、粒子与器壁间的撞击作用将物料粉碎。被粉碎粒子在靠近内管的分级涡处分离:较细粒子被空气夹带通过分级涡由内管出料,较粗粒子则再次被气流吸引继续粉碎。

轮型流能磨又称跑道式流能磨,如图13－27所示,无活动部件。物料从加料口引射进入粉碎室,气流以0.2～2MPa(表压)自底部喷嘴引入,物料由于粒子间、粒子与器壁间的撞击作用而被粉碎。气流夹带着细粉由出料口进入旋风分离器或袋滤器;较大的颗粒返回粉碎室继续粉碎。

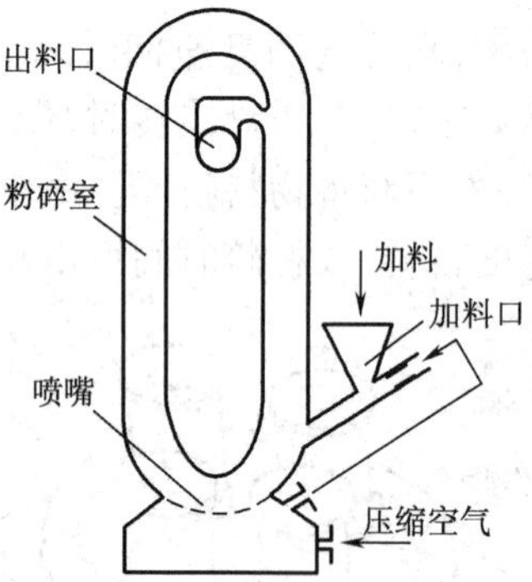

图13－27　轮型流能磨示意图(循环管式气流粉碎机)

7. 滚碎机

滚碎机(图13－28)有两个相向旋转的滚筒,块状药物加入后被带入滚筒间隙中而被挤碎,粉碎程度可由滚筒间隙的大小来调节。两滚筒的转速不同,故除了挤压作用外还兼有研磨作用。其中一个滚筒的活动轴装在强力弹簧上,遇到硬物填塞时滚筒能自动向后移位而避免损坏。

滚碎机适用于脆性药物的粗碎,不宜用于潮湿、有弹性或黏性以及富含纤维的药材。

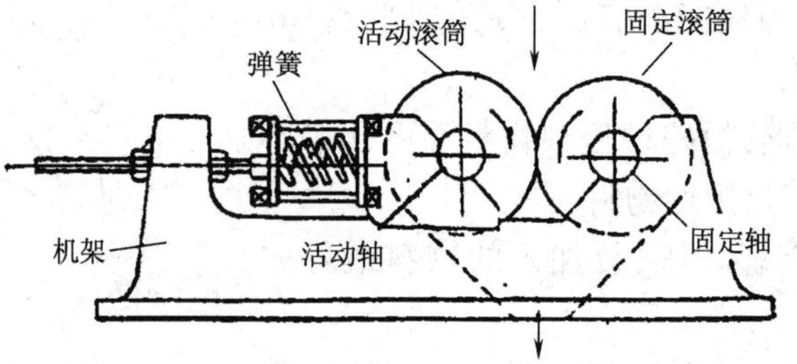

图13－28　滚碎机

8. 乳钵研磨机

乳钵研磨机的构造如图 13－29 所示，研磨头在研钵内沿底壁做一种既有公转又有自转的有规律研磨运动将物料粉碎。其公转速度为 100r/min，自转速度为 240r/min。操作时将物料加入研钵后将研钵上升至研钵底接近研磨头，调好位置后即可进行研磨。在研钵内靠研磨头的回转运动将物料粉碎，可采用干磨或加水研磨。研磨完毕，可将研钵下降翻转出料。

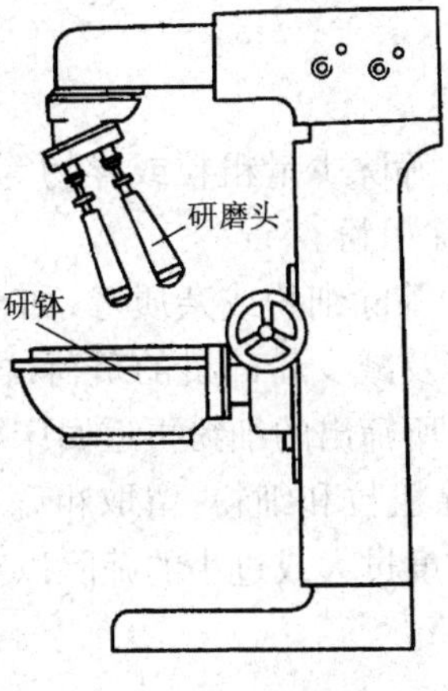

图 13－29　乳钵研磨机

乳钵研磨机适用于少量物料的细碎或超细碎，多用于中药材细料（麝香、牛黄、珍珠、冰片等）的研磨和各种中成药药粉的套色及混合等。其缺点是粉碎效率较低。

9. 往复式切药机和转盘式切药机

往复式切药机又称截切机或剁刀式切药机。如图 13－30 所示，其切刀被曲柄连杆机构带动做上下往复运动以切断药材。操作时，均匀加到输送带上的药材被送到相向旋转的给料辊处受到挤压，刻有网纹的给料辊将药材向前推出适宜的长度，当切刀向下移动时，输送带和给料辊则停止不动，已切碎的药材经出料槽排出。

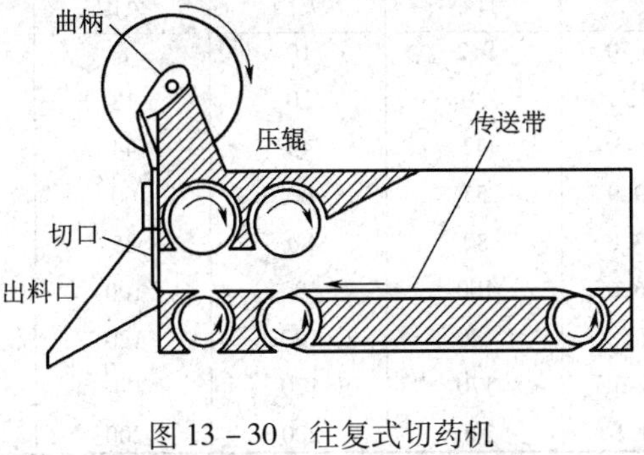

图 13－30　往复式切药机

转盘式切药机的构造与其基本相同,只是将往复式切刀改为转盘式切刀,并可以连续进料。往复式切药机和转盘式切药机的生产能力大,主要用于草、叶或韧性根的截切。

第三节 筛分设备

筛分是借助于筛网将粒度不均匀的松散物料分离为两种或两种以上粒级的操作。

一、筛分操作的目的

(1)筛除粗粉 从物料中筛除少量粗粒或异物等,如,片剂制作的辅料和制备混悬剂的固体物料均需要筛除粗粉。

(2)筛除细粉 从物料中筛除细粉或杂质等,如,物料送入粉碎机之前将其细粉筛出,以免物料的过度粉碎及减少粉碎机的负荷;再如,喷雾流化制粒操作需不断将床层中的物料引出筛分,所筛出的细粉再返回床层继续操作。

(3)整粒 从物料中筛除粗粒和细粉,留取粗筛网和细筛网之间的筛分,如,制备糖丸时,将最终产品中粒度过大或过小的筛除以获得成品。

二、筛分常用的筛面

(1)筛板 在金属板上冲出圆形、长方形、人字形等筛孔制成。主要用于锤击式、冲击柱式粉碎机的底部。

(2)筛网 是用一定机械强度的金属丝(如,不锈钢丝、铜丝、铁丝等)或非金属丝(如,尼龙丝、绢丝、马尾丝等)编织而成。编织筛线易发生位移致使筛孔变形,故常将金属筛线交叉处压扁固定。我国药典按筛孔内径规定了 9 种筛号。各国药典均有规定,但大致按每英寸筛网长度有多少孔目表示。表 13 - 4 列出我国药典与一些外国药典标准筛号的比较。

表 13 - 4 我国药典与一些外国药典标准筛号的比较

中国药典标准筛号	筛孔内径/μm	相当于国外药典的标准筛号(目)				相当于工业筛目
		日本	美国	英国	WHO	
一号	2000 ±70	9.2	10	8	8	10
二号	850 ±29	20	20	18	18	23 ~ 24
三号	355 ±13	42	45	44	44	50
四号	250 ±9.9	55	60	60	60	65
五号	180 ±7.6	80	80	85	85	80
六号	150 ±6.6	100	100	100	100	100
七号	125 ±5.8	120	120	120	120	120
八号	90 ±4.6	170	170	170	170	170
九号	75 ±4.1	200	200	200	200	200

在我国制药工业中，长期以来习惯用目数表示筛号和粉体粒度，例如，每英寸长度(25.4mm)有100个孔的筛称为100目筛，能通过此筛的粉末称为100目粉。如果筛网的材质不同或直径不同，目数相同筛网的筛孔内径会有较大差异。我国工业用筛大部分按五金行业铜丝箩底的规格制定。

三、筛分设备

1. 手摇筛

手摇筛是由不锈钢丝、铜丝、尼龙丝等编织的筛网，固定在圆形或长方形的不锈钢框上制成。《中国药典》(2010版)标准筛一般制成圆形，按照筛号大小依次叠放成套(也称套筛)，最粗号在顶上，其上面加盖，最细号在底下，套在接收器上。应用时可取所需要号数的药筛套在接收器上，上面用盖子盖好，用手摇动过筛。

手摇筛多用于小量生产或粒度检验，也适于筛剧毒性、刺激性或质轻的药粉。

2. 摇动筛

摇动筛如图13－31所示，由筛网、摇杆、连杆、偏心轮等组成。边框呈簸箕状的长方形，筛网水平或出口稍低放置，筛框支承于摇杆上或用绳索悬吊于框架上，操作时利用偏心轮和连杆使其往复运动，加入物料后细料通过筛网落下，粗料由出口排出。其摇动幅度为5～225mm，频率为50～400次/min。有的在筛网摇动幅度两端设置可被筛框击打的板框，以振动筛网，提高过筛效果。摇动筛所需功率较小，但维护费用较高，生产能力低，适宜小规模生产。

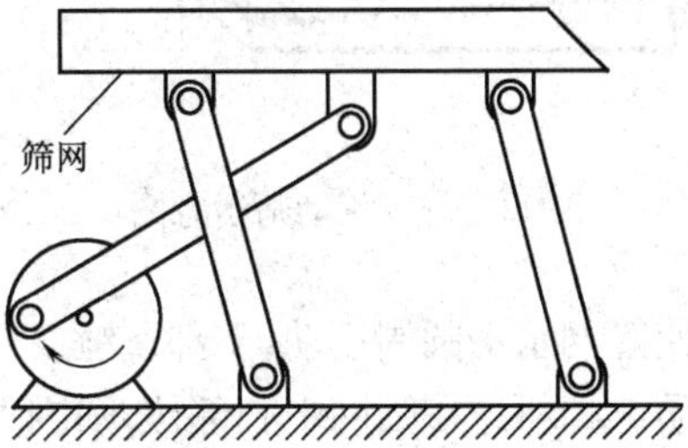

图13－31　摇动筛

3. 滚筒筛

如图13－32所示，滚筒筛的筛网覆在圆筒形、圆锥形或六角形的滚筒筛框上，滚筒与水平面一般有2°～9°的倾斜角，由电机经减速器等带动其转动。物料由高端加入筒内，筛过的细料在筛下收集，粗料自低端排出。

滚筒转速一般为15～20r/min。滚筒筛只用于粗粒物料的筛选，也不适于黏性物料，其缺点是有效的筛网面积小。

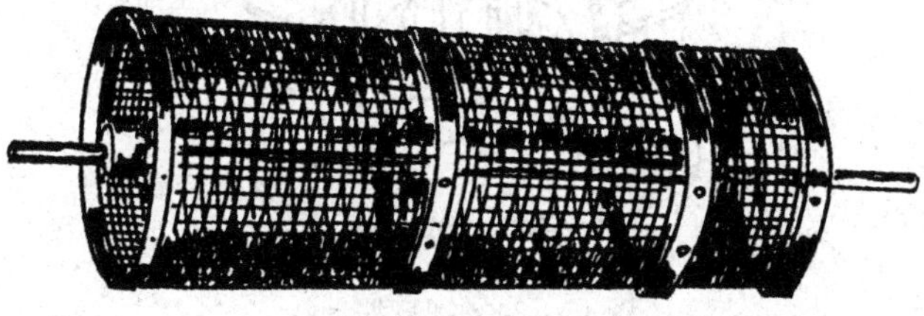

图13－32　滚筒筛

4. 旋动筛

旋动筛(图 13－33)的筛框一般为长方形或正方形,由偏心轴带动在水平面内绕轴心沿圆形轨迹旋动,回转速度为150～260r/min,回转半径为 32～60mm,筛框旋动时,筛网可产生高频振动,筛网具有一定的倾斜度。在筛网底部网格内放有若干小球,利用小球的撞击作用振动筛网,可以防止堵网。它可以连续操作,粗、细粉可由各自的出口排出。

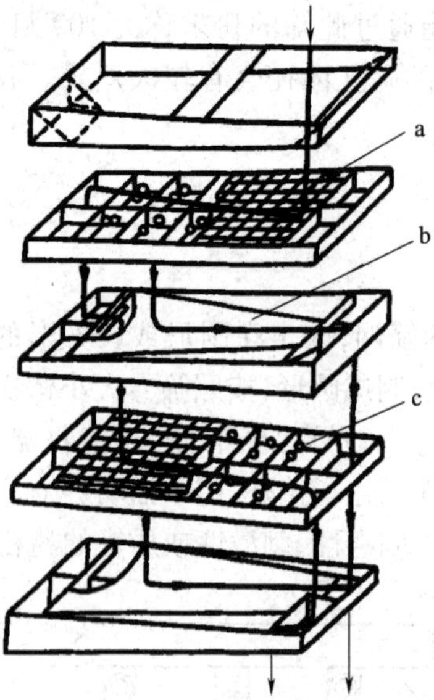

图 13－33　旋动筛示意图

5. 振动筛(也称"振荡筛")

(1)机械振动筛　机械振动筛一般是在旋转轴上配置不平衡重锤或配置有棱角的凸轮,而使筛网产生振动,图 13－34,图 13－35 是一种常见的圆形振动筛,其电机轴的上下各装有一个不平衡重锤,电机轴向上穿过筛网并与其相连,筛框以弹簧支承于底座上,上部重锤使筛网水平圆周运动,下部重锤使筛网垂直方向运动,故筛网的运动方向具有三维性质。物料加在筛网中心部位,筛网上的粗料由排出口排出,筛出的细料由下部出口排出。筛网直径一般为0.4～1.5m,通常安装1～3 层筛网。

特点:筛分效率高、操作简单、清洗方便;全封闭结构,可防止粉末飞扬,符合 GMP 要求;分级的粉体自动排出,可以连续作业;耗能少、体积小;适于中、大规模生产。

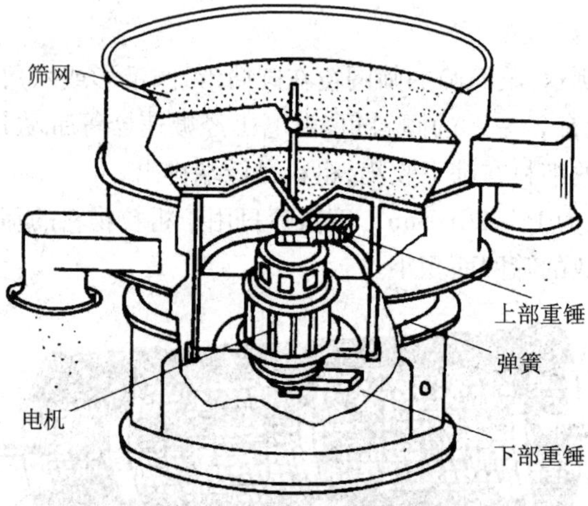

图 13－34　圆形振动筛

图 13－35　圆形振动筛实体设备实体图

为避免振动造成设备位移，可将机械振动筛制成悬挂式，如图 13－36 所示。筛内装毛刷，随时刷过筛网，以防筛孔堵塞。装有不平衡重锤的偏重轮外有防护罩保护。为避免粉尘飞扬，可将机器用布罩盖严（留出加料口）。由于需要清除累积粗粉，它属于间歇性筛分。

悬挂式振动筛的特点：结构简单；造价低；占地小；效率较高，适用于无显著黏性物料。

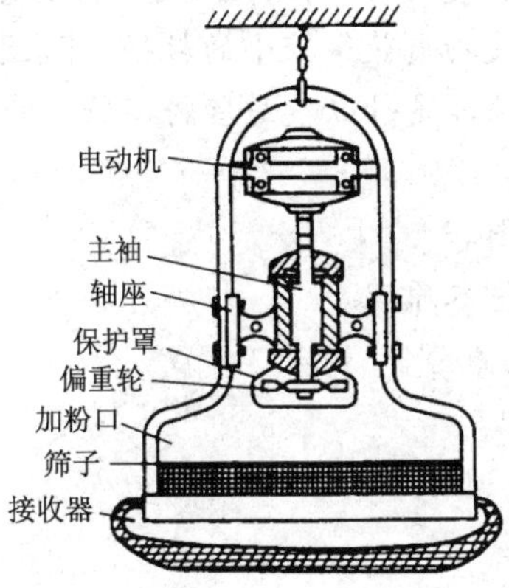

图 13－36　悬挂式振动筛示意图

（2）电磁振动筛　如图 13－37 所示，电磁振动筛的电磁振动装置支承在筛网的边框上，磁芯下端与筛网相连。磁芯的一边装有电磁铁，一边装有弹簧，当弹簧带动磁芯将筛网拉紧时，接触器通电，使电磁铁产生磁性而吸引磁芯，将弹簧拉伸并使筛网放松，这时接触器被拉脱而断电，使电磁铁失去磁性，筛网又重新被弹簧拉紧，如此不断地循环，使筛网产生垂直方向的振动。因此其筛网不易堵塞，能适用于黏性较强，如，含油或含树脂的药粉。其振动频率为3000～3600次/min，振幅为0.5～1mm。

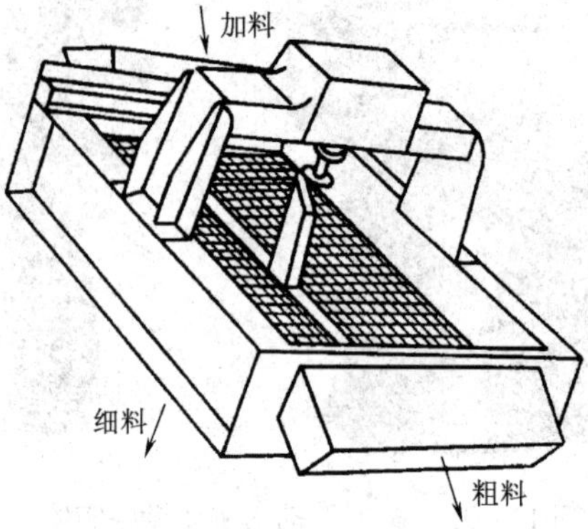

图13－37　电磁振动筛

【思考题】

1. 试述各种混合设备的主要作用方式和适用范围。
2. 试述各种粉碎设备的主要作用方式和适用范围。
3. 试述回转盘式粉碎机(万能磨粉机)的工作原理。
4. 画出锤击式粉碎机和气流粉碎机(流能磨)的示意图。
5. 用锤击式粉碎机要使物质获得较小的粒径，可采取哪些措施？
6. 流能磨粉碎物料的原理是什么？适宜粉碎物料的粒径范围是多少？它有什么特点？
7. 画出摇动筛的示意图。
8. 试述机械振动筛的基本原理。

第十四章　固体口服制剂设备

【学习目标】

1. 熟悉固体口服制剂生产流程(片剂、胶囊剂)。
2. 熟悉各类制粒设备、压片设备。
3. 掌握胶囊填充设备结构、原理、常见故障。

第一节　生产工艺概述

口服固体制剂作为应用最为广泛的药品剂型,包括颗粒剂、片剂和胶囊剂等。

颗粒剂系指活性药物组分与适宜的辅料制成具有一定粒度的干燥颗粒状制剂。它的特点是吸收快、显效迅速。携带方便,药效稳定。基本质量要求是干燥、颗粒均匀、色泽一致,无吸潮、软化、结块、潮解等现象。颗粒剂宜密封,置干燥处贮藏。

片剂以口服普通片为主,由定量体积的颗粒,在固定位置的冲模中压制而成。片剂与其他剂型相比有如下优点:片剂的溶出度及生物利用度较其他剂型好;剂量准确,片剂内药物含量差异较小;质量稳定,片剂为干燥固体,且某些易氧化变质及易潮解的药物可借包衣加以保护。光线、空气、水分等对其影响较小;服用、携带、运输等较方便;机械化生产产量大,便于实现规模效益。

胶囊剂是指将活性药物组分加适宜的辅料充填于空心硬质胶囊中或者密封于弹性软质囊材中而制成的固体制剂,主要供口服应用,少数用于直肠等肠道给药,本书主要介绍硬胶囊。胶囊剂可以掩盖药物的味道,提高稳定性;药物在体内起效快;液态药物固体剂型化;缓释胶囊技术可延缓药物的释放时间,控释胶囊技术可实现定向释放或者定位。

片剂生产工艺流程包括配料、制粒、干燥、整粒、混合、压片、片剂的包衣以及内包装、外包装等九个步骤(生产工艺流程步骤不是通用的,企业在生产管理和确定工艺步骤时要根据所用原辅料的性质和生产工艺特点,确定与企业实际相符的工艺路线设计)。

一、片剂生产工艺过程

片剂生产工艺流程图见图 14－1。

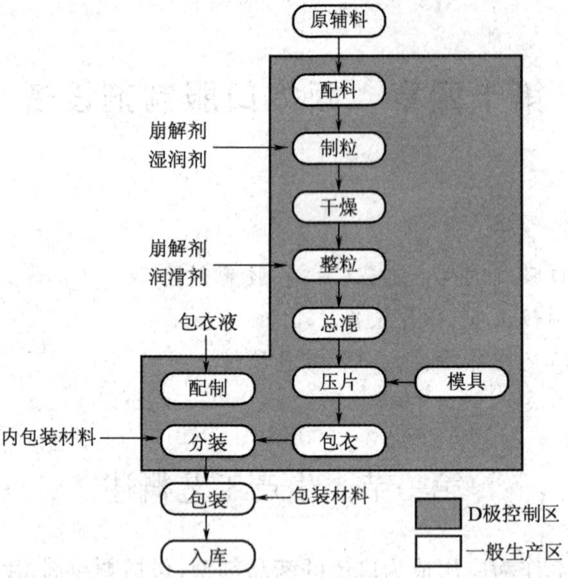

图 14－1　片剂生产工艺流程图

二、胶囊剂生产工艺过程

胶囊剂生产工艺流程图见图 14－2。

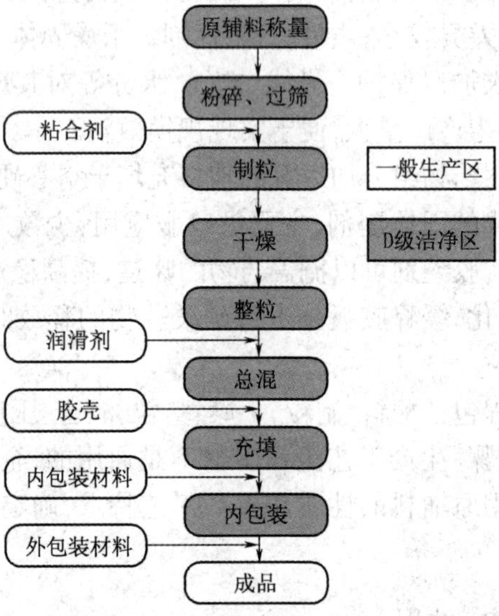

图 14－2　胶囊剂生产工艺流程图

三、生产工序

固体制剂生产工序:原辅料的称量、配料、制粒、干燥、整粒、混合、压片、包衣、胶囊剂灌装、内包装和外包装。

颗粒剂的生产工序:包含在片剂生产工艺过程中;从配料到整粒,混合后直接包装,只是不经过压片工艺。即,原辅料的称量、配料、制粒、干燥、整粒、混合、内包装和外包装。

片剂的生产工序:原辅料的称量、配料、制粒、干燥、整粒、混合、压片、包衣、内包装和外包装。

胶囊剂的生产工序:原辅料的称量、配料、制粒、干燥、整粒、混合、胶囊剂灌装、内包装和外包装。

第二节　制粒设备

制粒是把粉末聚结成具有一定形状与大小的颗粒的操作。此过程有改善物料流动性、可压性,提高主料的混合均匀度,防止粉尘暴露等作用。

制粒的目的:改善流动性,避免粘结;防止各成分的离析;防止粉末飞扬及粘附器壁;调整堆密度,改善溶解性能;改善片剂生产中压力的均匀传递;便于服用,携带方便,提高商品价值等。

制粒通常分为湿法制粒和干法制粒两种分布最广的方式。湿法制粒可分为挤压制粒、高速搅拌制粒、流化床制粒、喷雾制粒、挤出滚圆制粒等。干法制粒分为压饼式、辊压式。

一、湿法制粒设备

湿法制粒压片流程见图 14－3。

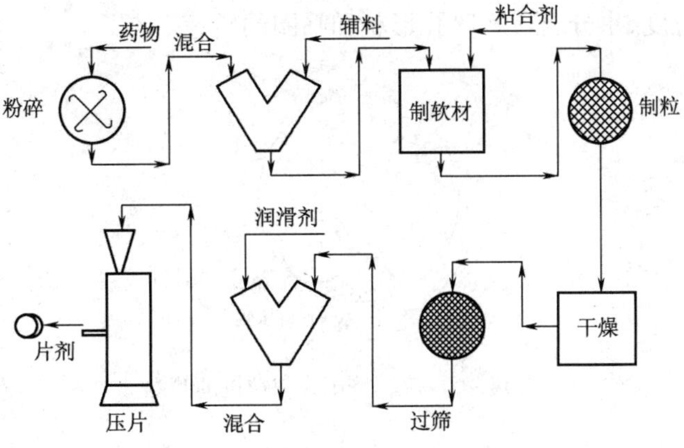

图 14－3　湿法制粒压片流程示意图

1. 挤压制粒

把药物粉末用适当的粘合剂制成软材后，用强挤压的方式使其通过具有一定大小筛孔的孔板或筛网而制粒的方法。

(1)螺旋挤压制粒机　螺旋挤压制粒机由混合室和制粒室两部分组成(图14-4)。物料从混合室双螺杆上方的加料口加入。两个螺杆分别由齿轮带动相向旋转，借助螺杆上螺旋的推力，物料被挤进制粒室。物料在制粒室内被挤压滚筒进一步挤压，通过筛筒上的筛孔而成为颗粒。

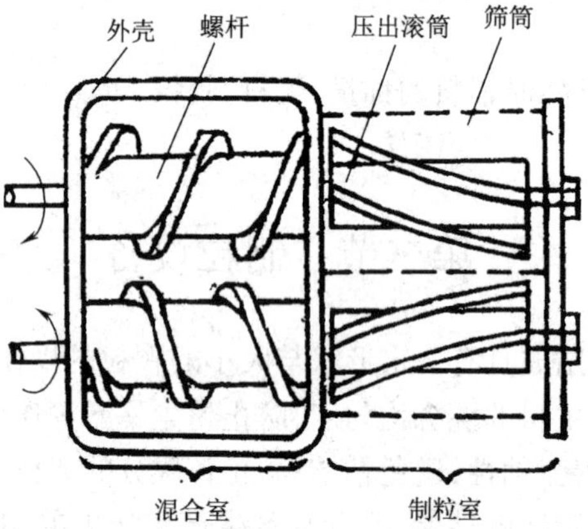

图14-4　螺旋挤压制粒机示意图

螺旋挤压制粒机的特点：①生产能力大；②制得颗粒较结实，不易破碎。

(2)旋转式挤压式制粒机　在旋转挤压式制粒机里面，由电动机带动旋转的圆环形筛框内放置一个可更换的筛圈(图14-5)。筛圈内有一个可自由旋转或由另一个电动机带动旋转的辊子。投入筛圈里的湿料被同向旋转的辊子和筛圈挤压通过筛孔而成颗粒。挤压制粒的压力由辊子和筛圈之间的距离调节，颗粒的粒度可以由更换不同孔径的筛圈来调节。筛圈转速约100r/min，其生产能力决定于物料的流动性、粒度、水分、含量、筛孔形状和筛圈的转速等。

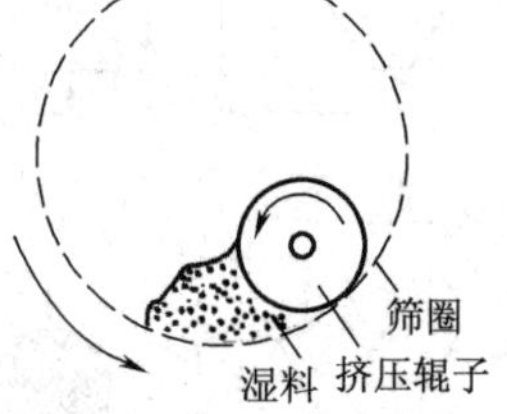

图14-5　旋转挤压式制粒机的筛圈

特点:①产热较少;②处理能力大;③运转可靠。

(3)摇摆式颗粒机　摇摆式颗粒机(图 14－6,图 14－7)料斗底部有个可正反旋转的多棱滚筒,多棱滚筒的下面被一个筛网紧紧兜住,拉紧的筛网靠两个棘轮装置来固定。滚筒的各棱截面为梯形,称为刮刀。滚筒旋转时,借助刮刀斜面对物料的挤压作用以及它与筛网对物料的剪切作用,将物料挤过筛网制成颗粒。

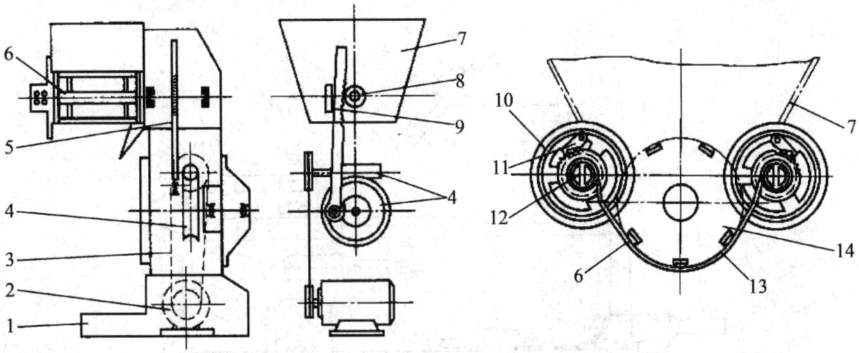

(1) 整体结构示意图　(2) 部分结构示意图

图 14－6　摇摆式颗粒机结构示意图

1—底座　2—电机　3—传动皮带　4—蜗轮蜗杆　5—齿条　6—滚轮　7—料斗
8—转轴齿轮　9—挡块　10—手柄　11—棘爪　12—夹管　13—筛网　14—软材

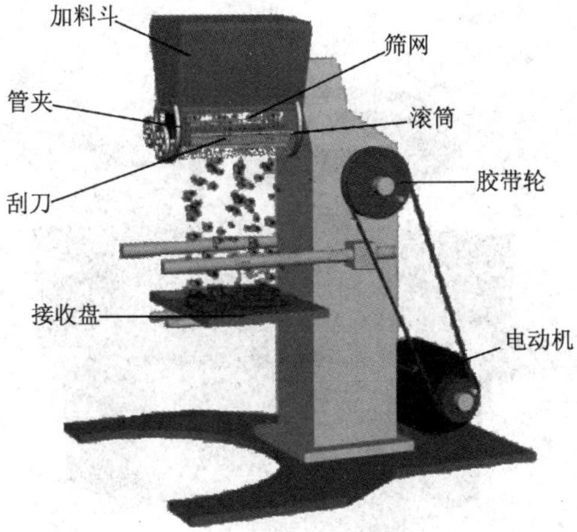

图 14－7　摇摆式颗粒机实体图

摇摆式颗粒机是最常用的制颗粒设备,它制得的颗粒更接近于球形,且表面更光滑。除制颗粒外,它还常用于筛分、整粒(去除团块和大颗粒)、粉碎(如片剂打碎返工)和混合(如等量递加稀释)。要得到密度较大、表面光滑的颗粒通常采用尼龙筛网。由于筛网承受较大的摩擦力,较易磨损,可改用由整块不锈钢板冲孔得到的筛板。

摇摆式颗粒机是目前国内医药生产中最常用的制粒设备,具有结构简单、操作方便、装拆和清理方便等特点。

2. 快速混合制粒机

快速混合制粒机有卧式(图 14-8,图 14-9)和立式(图 14-10)两种。

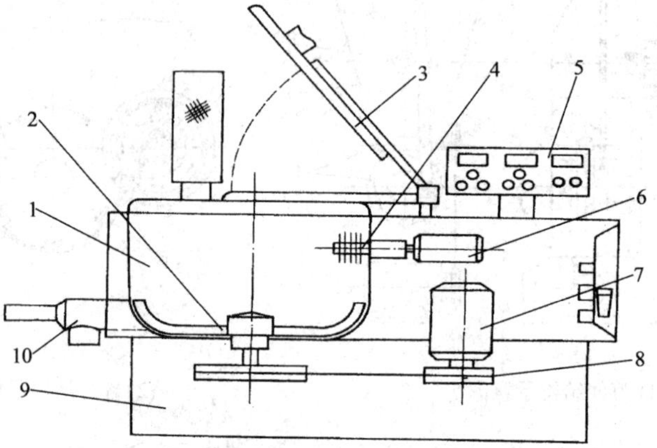

图 14-8　快速混合制粒机结构示意图(卧式)

1—盛料器　2—搅拌桨　3—盖　4—制粒刀　5—控制器　6—制粒电机　7—搅拌电机　8—传动皮带　9—机座　10—控制出料门

图 14-9　快速混合制粒机实体示意图

快速混合制粒是将药物粉末、辅料和粘合剂加入一个容器内,靠高速旋转的搅拌器的搅拌作用和切碎器的切割作用迅速完成混合并制成颗粒的方法。搅拌器的形状多种多样,其结构主要由容器、搅拌桨、切割刀组成。操作时先把药物和各种辅料倒入容器中盖上盖,把物料搅拌混合均匀后加入粘合剂,搅拌颗粒。完成制粒后倾倒颗粒或打开安装位于底邻的出料口自动放出湿颗粒,然后进行干燥。

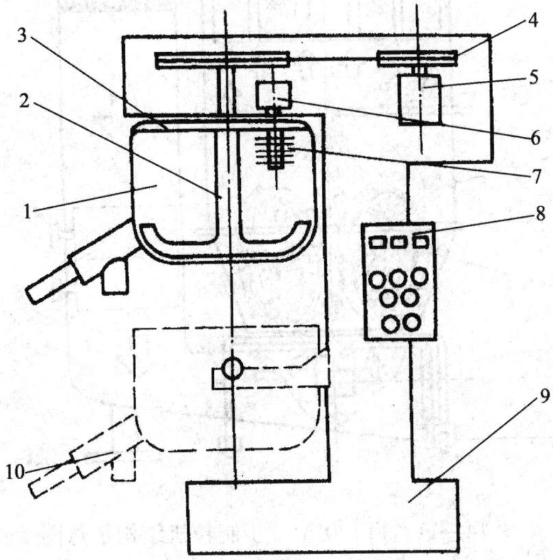

图 14-10　快速混合制粒机结构示意图(立式)

1—容器　2—搅拌桨　3—盖　4—皮带轮　5—搅拌电机
6—制粒电机　7—制粒刀　8—控制器　9—基座　10—出粒口

优点:混合制粒所需时间短(一般仅需 8 ~ 10min);制成的颗粒大小均匀,质地结实,细粉少,压片时流动性好;制粒时所消耗的粘合剂少;操作时混合部分密闭,粉尘无外溢,室内环境比较清洁;设备的清洗比较方便。

3. 流化床制粒(沸腾制粒机、一步制粒机)

流化床制粒是使药物粉末在自下而上的气流作用下保持悬浮的流化状态,粘合剂液体向流化层喷入使药物粉末聚结成颗粒的方法。

流化制粒机又称沸腾制粒机,其基本原理就是流态化干燥。用气流将固体粉末流化,再喷入粘合剂溶液,使粉末凝结成颗粒,再经热风流化干燥即可制得粒径在 0.15 ~ 0.5mm 的干颗粒(相当于粒状散剂)。采用这种方法可将混合、制粒、干燥等工序合并在一台设备中完成,故又称一步制粒,沸腾制粒机也常被称为一步制粒机(图 14-11,图 14-12)。

沸腾制粒机属间歇操作,每批的操作时间为 40 ~ 60min。生产能力由设备的大小而定。加入干燥室中物料的静止高度应根据物料性质控制在 50 ~ 300mm,否则容易产生沟流,对流化不利。

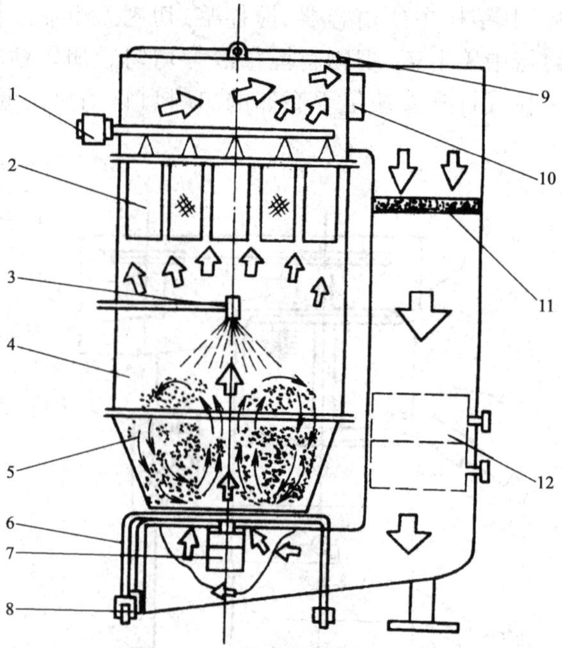

图 14－11　FL120 型一步制粒机结构示意图

1—反冲装置　2—过滤袋　3—喷嘴　4—喷雾室　5—盛料器　6—台车　7—顶升气缸
8—排水口　9—安全盖　10—排气口　11—空气过滤器　12—加热器

图 14－12　一步制粒机实体图

将干燥室下部的原料容器平移出来，把物料加到分布板上（为防止漏粉，常在分布板上衬一层60～80目不锈钢筛网）。原料容器恢复原位后借助顶升气缸即可将干燥室密闭。由风机吸入的空气先经空气过滤器过滤，再由翅片式换热器加热到所需要的温度，通过分布板进入干燥室，使物料流态化。空气流量可由风门调节，进而调整流化状态。干燥室上方的布袋过滤器能让空气通过而防止固体粉末溢出（粘在布袋上的物料可采用压缩空气反吹抖落）。粘合剂的喷嘴多装在干燥室上部。粘合剂喷入流化物料中，可使物料粉末湿润，发生凝聚，形成颗粒，然后提高进风温度进行颗粒干燥。如制备压片的颗粒，还可加入一些其他辅料，继续流化混合直到均匀。

常用的粘合剂：聚乙烯吡咯烷酮、羟丙基甲基纤维素、明胶等。粘合剂喷雾的喷嘴多为气流式喷嘴；对易结晶的物料，如，乙基纤维素等，可采用压力式喷嘴。

根据所制颗粒的要求不同，如，缓释制剂和微丸剂的生产，喷嘴可以采取不同的方式（角度）喷出粘合剂（图14－13），其中，顶喷时喷嘴不容易被堵塞，可以得到较大的颗粒；底喷时增大向上的动力，形成中心向四周的环流，更适合对颗粒物料进行包衣；侧喷和底部转盘的协同作用，使物料呈螺旋状运动，除制粒外还适用于制微丸。

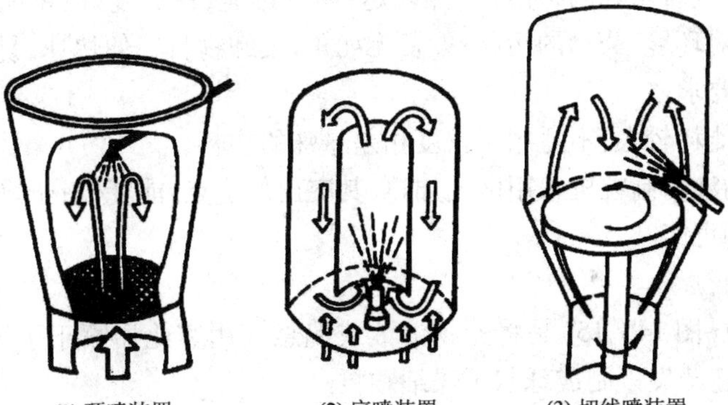

(1) 顶喷装置　(2) 底喷装置　(3) 切线喷装置

图14－13　喷嘴的不同喷出方式

顶喷装置：喷枪的位置一般置于物料运动的最高点上方，以免物料将喷枪堵塞，喷液方向与物料方向相向。

底喷装置：喷液方向与物料运动方向相同，适用于包衣，如薄膜包衣、缓释包衣、肠溶包衣等。

切线喷装置：喷枪装在容器的壁上，底部有旋转运动的转盘，物料除上、下运动外，还有周围的旋转运动，形成了螺旋状运动，适用于制粒、制微丸。

为了提高生产能力，可采用强制循环沸腾制粒机，如图14－14所示，它的分布板为倒锥形，可消除流化床的死角。在床底中心有一股喷射气流，使床层产生强制循环，可以使粘合剂的雾滴分散于更多的固体粉末上，防止物料集块成团或粘附于器壁。

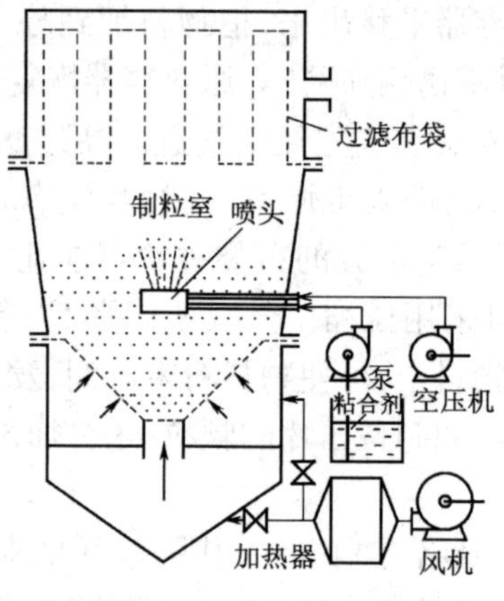

图 14－14　强制循环沸腾制粒机示意图

与摇摆式颗粒机等的湿法制粒相比，沸腾制粒的优点：将混合、制粒、干燥在一套设备内完成，自动化程度高，劳动强度低，操作周期短，从而提高了生产能力；通过粉体造粒，改善流动性，并可以改善药物溶解性能。颗粒粒度均匀，松实适宜，用于压片可使片剂含量均匀，片重差异稳定，崩解迅速，释放度好；密闭操作，减少原料消耗，避免对环境、药物的污染；设备无死角，装卸物料轻便快速，易清洗干净，符合 GMP 生产要求。

其缺点：能耗较大；不适用于密度相差悬殊的物料。

国外有的沸腾制粒机采用微波加热，其突出的优点：能耗低；干燥周期短；可降低药品降解的可能。

4. 喷雾制粒

喷雾制粒（图 14－15）是将药物溶液或混悬液用雾化器喷于干燥室内的气流中，使水分迅速蒸发以制成球状干燥细颗粒。

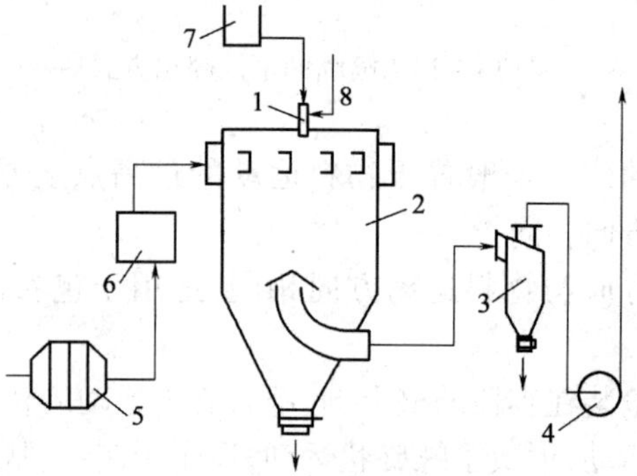

图 14－15　喷雾制粒示意图

1—雾化器　2—干燥室　3—旋风分离器　4—风机

5—加热器　6—电加热器　7—料液贮槽　8—压缩空气

二、干法制粒设备

干法辊压示意图见图 14－16。

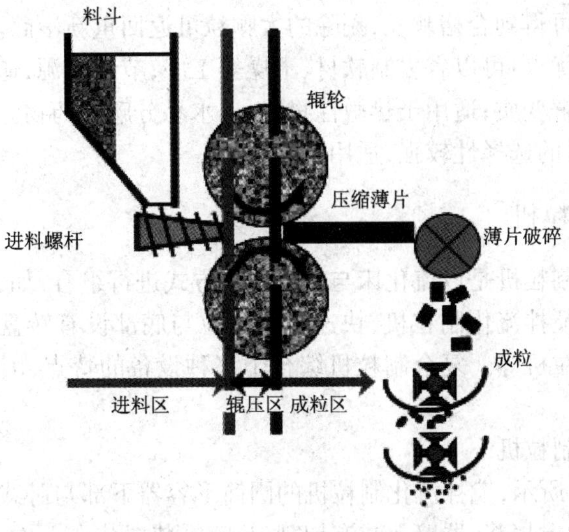

图 14－16　干法辊压示意图

干法制粒机(图 14－17 所示)主要由螺旋加料器、波形滚筒、液压装置、十字轮、滚碎轮和整粒器等部分组成。

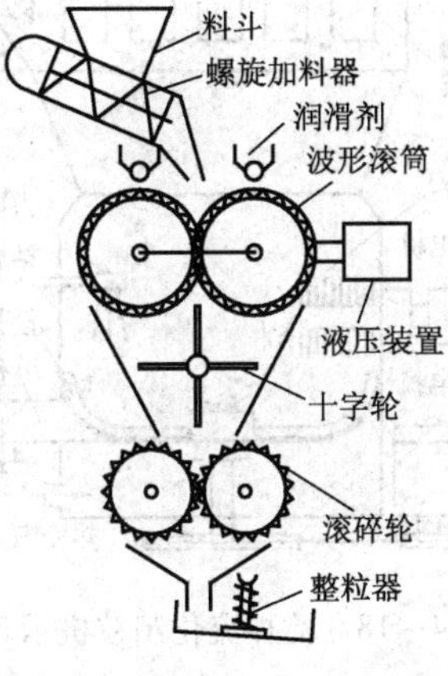

图 14－17　干法制粒机示意图

工作原理:将药物与辅料的粉末混合均匀后压成大片状或板状,然后再粉碎成所需大小的颗粒的方法。该法不加入任何粘合剂,靠压缩力的作用使粒子间产生结合力。

物料由料斗加入后，被螺旋加料器推送到波形滚轮，相向旋转的波形滚轮借助液压装置的压力将物料压成固体片坯。必要时可由喷散装置向滚筒表面喷撒固体润滑剂。固体片坯在装有十字轮的料斗内被打碎成较小的块状物，落到两个相向旋转的滚碎轮之间，具有较小凹槽的滚碎轮将物料进一步制成一定大小的颗粒。经整粒器整粒即可得到合格颗粒，剔除的大颗粒可返回重新滚碎。

干法制粒的优点：可以省去制软材、干燥等工序；节约能源；避免药物在受潮或在干燥温度下分解变质；适用于热敏性物料、遇水易分解的药物。

缺点：对物料的选择性较强，适用范围较小。

三、复合制粒机

常见的复合制粒机是以流化床与其他制粒方式进行组合，如，快速搅拌制粒与流化床组合成为搅拌流化制粒机，快速搅拌制粒与底部设有转盘的流化床组合成搅拌转动流化制粒机等。复合制粒机综合了多种设备的特点，因此具备更强功能和更广适应性。

1. 搅拌流化制粒机

如图 14－18 所示，搅拌流化制粒机的圆筒形容器下部与卧式快速搅拌制粒机基本相同，有锚型搅拌桨，器壁上装有切割刀，喷雾装置装在上方。不同的地方：搅拌桨下面装有固定孔板及可上下移动的通气阀，容器顶部有袋滤器的反吹装置。

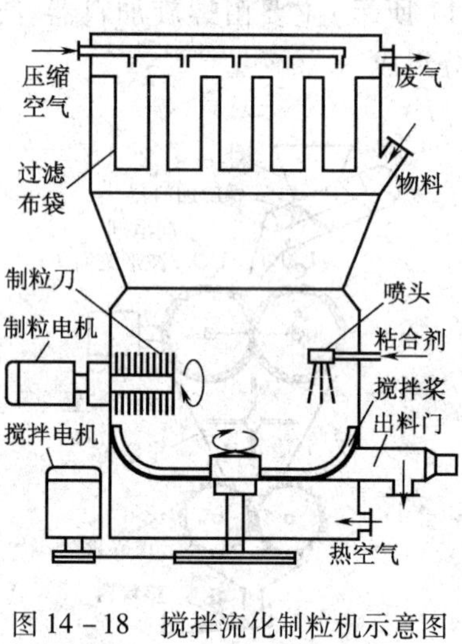

图 14－18　搅拌流化制粒机示意图

混合时关闭流化板上的通气阀，其余操作和卧式快速搅拌制粒机基本相同；干燥时则全开通气阀，其余操作和沸腾制粒机基本相同。

根据口服固体制剂工艺对颗粒的要求，可采取不同的制粒方式：生产用于压片的颗粒或生产要求速溶的轻质颗粒时，以流化为主；生产用于填充硬胶囊或生产以包衣颗粒的形式制备缓释、控释制剂的重质颗粒时，则以搅拌为主。

2. 搅拌转动流化制粒机

如图 14－19 所示，搅拌转动流化制粒机的圆筒形容器下部由一个转动的圆盘代替了锚型搅拌桨，从其周边缝隙通入流化空气。器壁上装有切割刀。喷雾装置根据需要安装在流化床上部、中部或下部的切线方向。容器顶部采用高压逆流处理式圆筒袋滤器。

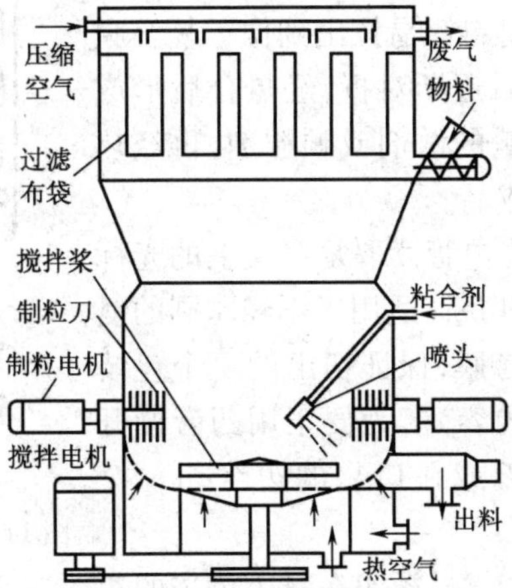

图 14－19　搅拌转动流化制粒机示意图

流态化的物料粉末受旋转圆盘上冲空气的联合作用，沿圆筒形容器周边以螺旋运动的方式旋转。粘合剂喷在物料上，使其聚结成颗粒，再由于离心力作用，使颗粒不断沿光滑壁面滚动。借助高速旋转的切割刀，可以得到细小、均匀的致密颗粒。除了制粒时的切割刀操作之外，其余操作和采用旋转圆盘、侧吹喷嘴的沸腾制粒机基本相同。

搅拌转动流化制粒机具有制粒速度快、不易结块、喷雾效率高等优点。用于颗粒的制备（包括致密球形颗粒）、颗粒的包衣、颗粒的修饰等。

第三节　散剂、颗粒剂分装和硬胶囊充填抛光设备

一、散剂、颗粒剂分装机

如图 14－20 所示，散剂、颗粒剂分装机是将物料定量分装在复合膜材料中的设备，复合膜材料是包装材料，故生产厂家常称为“包装机”。它还可用于包装膏状半流质物品。

复合膜材料通常是在糖果纸、玻璃纸、尼龙膜、涤纶膜、聚丙烯膜、铝箔等基纸或基膜上喷涂高压聚乙烯而制成。需要印刷商标等内容印在基纸或基膜上，对折

复合膜材料使喷涂高压聚乙烯的一面贴在一起，借助可调节温度热合装置可使其粘合制成口袋。

散剂、颗粒剂分装机主要由薄膜支架、成形器、料斗、料盘（内有容杯和刮板等）、热合装置、切刀和控制箱等部分组成。

成卷的复合膜材料卡在薄膜支架的轴上，它下面的拉膜装置使复合膜材料容易拉出到位。复合膜材料进入下面的成形器后逐渐对折，经热合后形成口袋。往袋内装入一定量的散剂或颗粒剂，再经热合封口、切断，即可得到成品。

口袋的长度可以由光电管读取复合膜上的光标来确定，也可以固定长度切断（适用于不经印刷的复合膜或连续版印刷的复合膜，保证切出的每个包装上面都有完整的说明书内容）。为便于用药者撕开口袋，可采用锯齿形切刀或在口袋的边缘切一个小口。

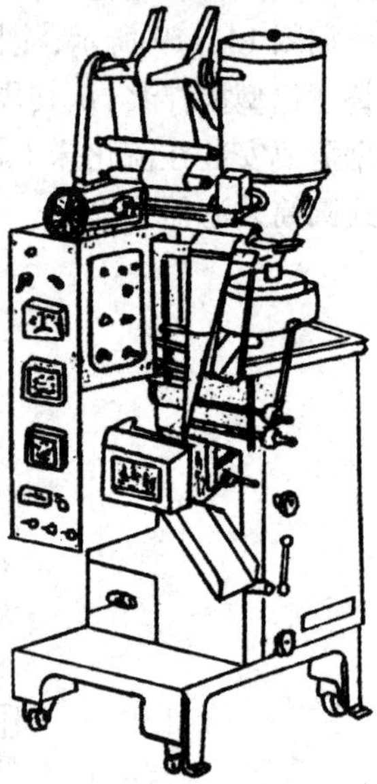

图 14－20　散剂、颗粒剂分装机示意图

热合装置还可将生产批号烫印在每个口袋的边缘以便识别。

散剂、颗粒剂的定量分装多采用容杯式计量，如图 14－21 所示，在略微倾斜的料盘底面均匀分布若干个容杯。容杯的上口与料盘底面相平，下口下面有一个可开闭的尼龙挡片——开闭器。当刮板刮过容杯上口之后，容杯内容纳了一定量的物料。料盘在步进机构的推送下间歇转动，当容杯转到成形器上方时，下面的开闭

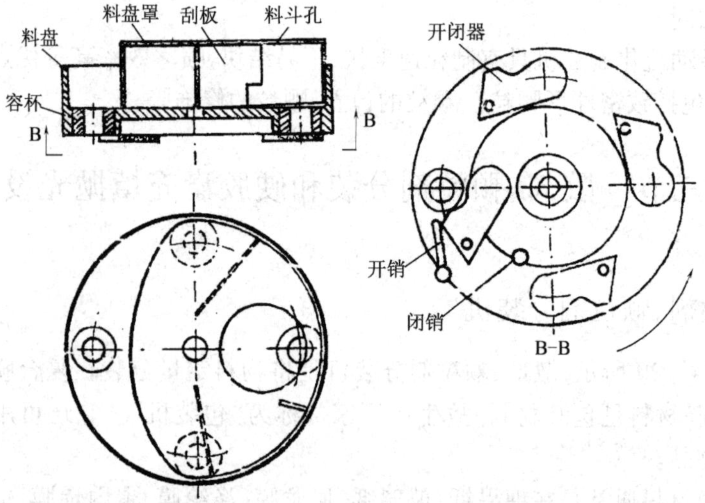

图 14－21　固定容杯式计量示意图

器在开销的作用下打开，容杯内的物料就会全部落下，经过成形器，进入复合膜热合后形成的口袋里。随着料盘的继续转动，容杯下面的开闭器又在闭销的作用下关闭，以便继续容纳物料。实际装料量一般以调整刮板与料盘的间隙来补偿，但间隙不应过大，以免造成计量不精确；间隙也不应过小，以免引起刮板剧烈磨损，污染药品。如不行就需改变容杯的容积来调整装量。

容杯式计量范围一般在2.0～100g。

容杯式颗粒分装机可以做成各种不同的式样。如，热合装置有的采用成对"L"型热合器（纵封、横封一次完成），有的采用条型热合器（多用于横封）和滚轮式热合器（多用于纵封）；有的颗粒分装机使用两个复合膜卷相向旋转，而不是一个膜卷在成形器上对折，这样经多个滚轮热合后就可以形成多个口袋，由于每一个口袋都是四面热封，而不是三面热封，所以外观更平整美观，显得档次更高；有的颗粒分装机为防止温度过高影响热封质量，热封模具内装有降温水套，开机前应接好水套的上下水管路，通入自来水冷却，确认水套出水口有冷却水流出方可开机。

剂量较小的散剂则采用螺杆分装，也可选用散剂分装机，一定量的药粉被装在经三次折叠形成的纸包内，再装入外袋，经压花、封口即完成了散剂的分装和包装操作。

二、自动胶囊灌装（充填）机

自动胶囊灌装机，也称自动胶囊充填机，分为全自动和半自动两类。常见的全自动胶囊灌装机有连续式和间歇式两种。

1. 空心胶囊

如图14－22所示，空心胶囊是由一个外径在一定范围的内胶囊壳（称为"囊身"）和一个内径在一定范围的外胶囊壳（称为"囊帽"）组成。装入固体、半固体药物（多为药粉、颗粒）后，再将囊身和囊帽锁合（紧密套接在一起），就制成了硬胶囊剂。常见的胶囊壳是以明胶为主要原料制成的，明胶的质量和空心胶囊的尺寸对灌装机的运行好坏影响很大。机器灌装使用的空心胶囊有两道锁合槽，为了避免空心胶囊的囊身、囊帽在运输过程分离，交付制剂厂的机用空心胶囊是处于第一道

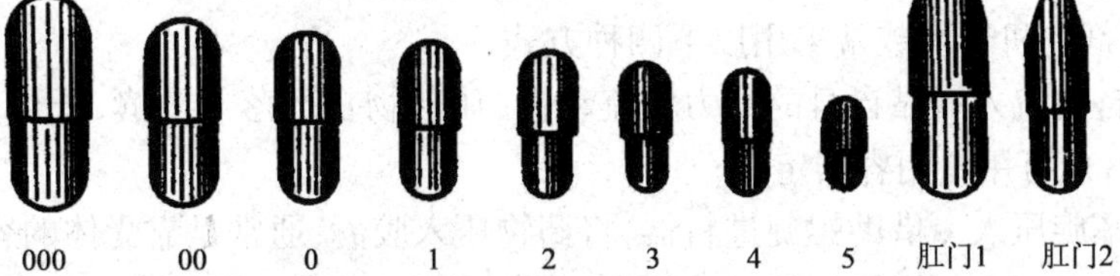

图14－22　空心胶囊的外形示意图

锁合槽锁合的状态,灌装药物后的锁合是第二道锁合槽锁合的状态,这时胶囊就不容易再被打开。

空心胶囊性状、规格是影响胶囊生产最重要的因素之一,除空心胶囊损耗大,返工频繁外,可能污染药品,甚至造成设备不能运转。故空心胶囊材质和规格必须符合国家规定,并且一定在规定温度(18~25℃)、相对湿度(35%~60%)条件下贮存和使用。

2. 空心胶囊的整理(矫正)和灌装的原理

空心胶囊的整理也称“矫正”,是各种胶囊自动灌装机的核心技术,目的是将空心胶囊全部整理(矫正)成囊帽向上、囊身向下的状态,其原理见图14-23。

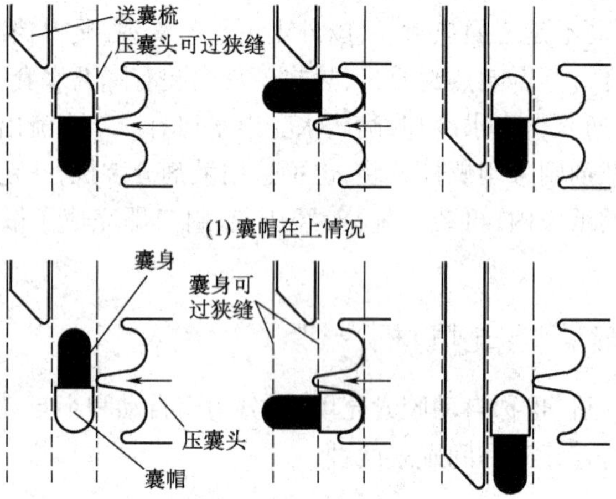

图14-23　胶囊整理的原理示意图

因为囊身的长度比囊帽要大一些,处于第一道锁合的空心胶囊的长度中心还是在囊身上面。空心胶囊是竖直状态落入整理位置的送囊梳中,这时空心胶囊有的是囊帽向上,有的是囊身向上。空心胶囊被挡住不继续下落的同时,有点像三叉戟一样的压囊头水平运动,中间的尖部正好顶在空心胶囊的长度中心的囊身上,迫使空心胶囊躺倒。由于外侧缝隙的宽度限制,只能允许囊体伸出缝外,囊帽伸不出去,故无论原来囊体在上面还是在下面,躺倒的空心胶囊都是囊体向外。在压囊头回缩的同时,竖直拨片向下推囊体,就将它们都整理成囊体向下的状态。

胶囊剂的机器灌装常采用以下四种方式:

(1)自由流入　靠自身的重力和流动性,让药物自己落入胶囊,既可用囊体的容积定量,也可用专用容器定量;

(2)螺旋压入　借助螺旋进料器,将药物压入胶囊,通常是靠囊体的容积定量;

(3)柱塞压入　用往复运动的柱塞,将药物压入囊体,可以直接将药粉压入囊体,也可在模孔内多次加粉、夯实后形成药块(药粉芯子)再压入囊体;

(4)插管灌装 由插管先将药物定量,再将插管内的药物推送到胶囊里。插管灌装的基本过程是:将药物均匀平铺,保持一定高度(可调)。插管向下插入前,插管里面的芯棒与插管下口保持一定距离(可调)。插管插到药物底面时芯棒下压,将插管内的药物压实成块,药物受压后与插管壁的摩擦力增大,插管提出药物平面,插管里的药块不会掉下。插管移到囊体上方时,芯棒下压,就把药块送入了囊体。

3. 连续式全自动胶囊灌装机

以一种进口的全自动胶囊灌装机为例,它主要由空胶囊整理机构、药物填充机构、胶囊锁合和排出机构、清洁吸尘机构以及动力系统、真空和压缩空气系统、电气控制系统等部分组成。它有三个转盘:胶囊整理(翻转)转盘、胶囊传递转盘和灌装转盘,如图 14 - 24 所示。图中在灌装转盘上表明了囊体(灰色)、囊帽(白色)分离又合并的过程。

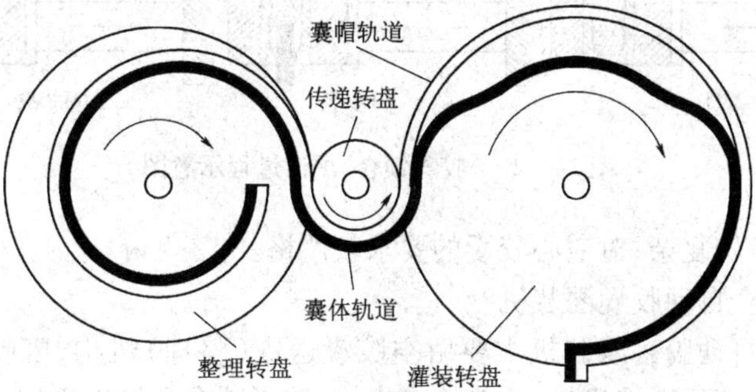

图 14 - 24 连续式全自动胶囊灌装机的三个转盘示意图

前面已述,从料斗进入胶囊整理转盘的空心胶囊被全部翻转成囊帽向上,囊体向下。借助真空吸附在胶囊整理转盘侧壁上的空心胶囊与胶囊转移转盘相交汇的瞬间,空心胶囊后面的真空断开,接通压缩空气,它就被对面胶囊转移转盘上的真空孔吸引过去,附在胶囊转移转盘的侧壁上。同样原理,空心胶囊又被转移到灌装转盘上,落入它周边的孔内,完成了空心胶囊的传递。

之后,借助真空的作用,囊体被向下拔出,与囊帽分离。囊帽沿着原来的圆周轨道继续前进;囊体则移到另一条较靠近圆心的圆周轨道继续前进,同时由加粉装置以不同的方式将定量的药粉充填到囊体里。充填好药粉的囊体又移动到原来的圆周轨道时,上下顶杆互相配合将囊体再插回到囊帽里,使胶囊锁合,最后由下顶杆将锁合好的胶囊从孔内顶出。硬胶囊剂的药粉充填及胶囊锁合的整个过程如图 14 - 25 和图 14 - 26 所示。最后要借助真空将膜孔内的药粉清理干净。

连续式全自动胶囊充填机的优点:全自动连续操作;避免了受环境污染和污染环境;减轻劳动强度。

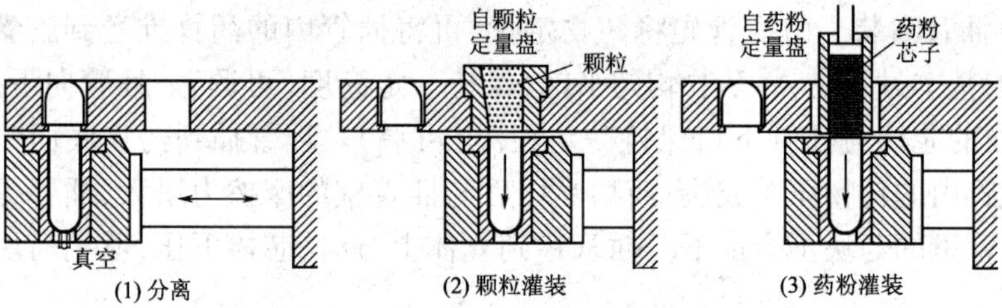

图 14－25　胶囊分囊、充填过程示意图

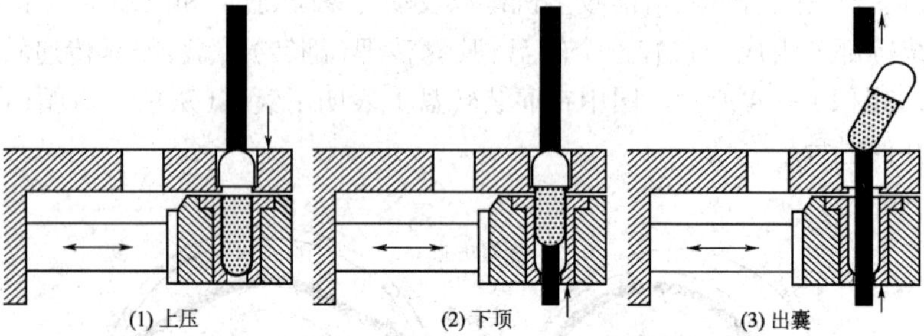

图 14－26　胶囊锁合、顶出过程示意图

缺点：设备较复杂；对空心胶囊的要求较严格。

4. 间歇式全自动胶囊灌装机

间歇式全自动胶囊灌装机主要由空胶囊送进（整理）机构、废胶囊剔出机构、颗粒填充机构、药粉搅拌机构、药粉填充机构、胶囊锁合和排出机构、清洁吸尘机构以及动力系统、真空和压缩空气系统、电气控制系统等部分组成。它有两个同步运行的步进转盘（回转台）：胶囊转盘和药粉填充转盘。

图 14－27 是一种间歇式灌装机的胶囊步进转盘。它有 12 个工位，它旋转一圈，即可依次完成送囊整理、分囊、颗填粒充（可不用）、药粉填充、废胶囊剔出、胶囊锁合、成品胶囊排出和吸尘清洁等操作。药粉填充转盘有 6 个工位，依次完成药粉的定量、压实操作，在两个转盘相交处，冲头将模孔里压实的定量药粉压进下模套里的囊体内（下模套内如无囊体，则落入预置的专用容器内）。为了提高产量，在步进转盘的每一个工位可同时加工若干个（本图为 6 个）胶囊。

药粉在药粉填充转盘上被多次压实，可以增大其堆密度，以便选用小一号的胶囊，同时也提高了药物装量的均匀性。实际压入囊体内的药物通常呈圆柱状。

间歇式全自动胶囊灌装机其余部分的工作原理与连续式全自动胶囊灌装机基本相同。如，剔出废胶囊（图 14－28），当上下模套处于分离状态时，以一个销子向上插入模套内，如果囊帽已与囊体分离，销子只能将囊帽顶起又放下，否则就会将未分离的空胶囊向上顶出上模套。

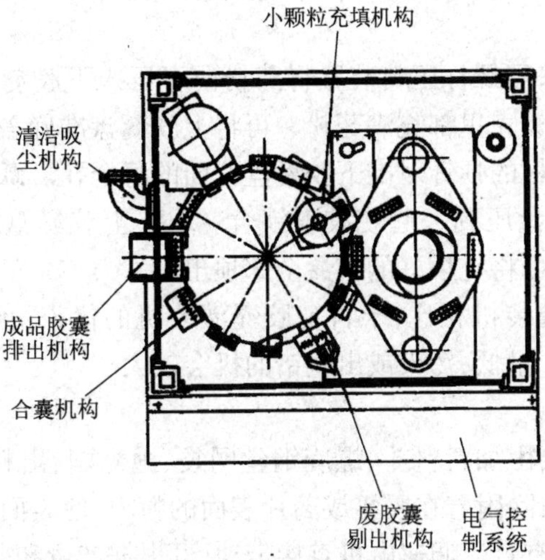

图 14－27　间歇式胶囊灌装机的胶囊步进转盘示意图

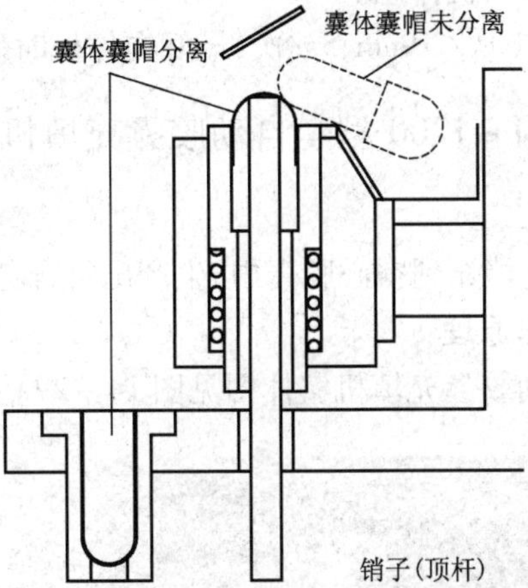

图 14－28　剔出废胶囊的原理示意图

和连续式全自动胶囊灌装机相比,间歇式全自动胶囊灌装机的优点:设备比较简单;对空胶囊的规格要求不太苛刻;维修方便。缺点:振动和噪声较大;故障率较高。

5. 半自动胶囊灌装机

半自动胶囊灌装机主要由送胶囊机构、药粉充填机构、顶胶囊机构等部分组成。操作时,将空心胶囊倒入送囊机构的料斗内,再将下胶囊盘放在送囊机构的固定位置。开机后,借助真空的帮助在送囊梳和插囊装置的共同作用下,空心胶囊被插到下胶囊盘的每个孔内(囊体向下)。靠定位销将上胶囊盘准确盖到下胶囊盘上，给上、下胶囊盘接通真空。再掀开上胶囊盘时就可将囊帽全部拔出带走，囊体留在下胶囊盘内。

药粉充填机构采用螺杆压料装置将药粉向下压入下胶囊盘的囊体内，转动下胶囊盘，使每个内胶囊壳里都充满药粉。再将上胶囊盘准确盖到下胶囊盘上，移到顶胶囊机构上，使顶板的顶针对准下胶囊盘背面的每个孔。踩下脚踏气阀，借助压缩空气将上、下胶囊盘压到一起使胶囊锁合。取下上胶囊盘，将下胶囊盘推向顶板，顶板上的顶针就可将充填好的胶囊全部顶出。

与全自动胶囊灌装机相比，半自动胶囊灌装机的优点：价格便宜；维修方便。缺点：劳动强度大；产量低；污染或出差错的机会较大。

6. 药品抛光机

药品抛光机主要由加料料斗、螺旋钢丝网袋、抛光刷、出料口和吸尘器等部分组成。它的作用是清除附着在胶囊或药片表面的粉末，使表面洁净、光亮。

操作时，抛光刷有直流调速电机直接带动，可根据产量和药品情况合理确定转速。提高抛光速度，可提高表面光洁度，但速度过快，易使硬度较低的药品破碎。可通过调节机架倾斜角度，来改变药品在抛光机中的停留时间。药品温度过高，可能产生不良影响时应适当停机休息。

吸尘器的使用：通常 1 次/20min，5s/次，最好在停机时使用。

三、实体设备（CFM－1200 型全自动胶囊充填机）

（一）设备用途

将颗粒按照预定装量填充到空心胶壳内，生产出符合标准的胶囊。

（二）设备结构和工作原理

CFM－1200 型全自动胶囊充填机实体图见图 14－29。

图 14－29　CFM－1200 型全自动胶囊充填机实体图

模块转台示意图见图14－30。

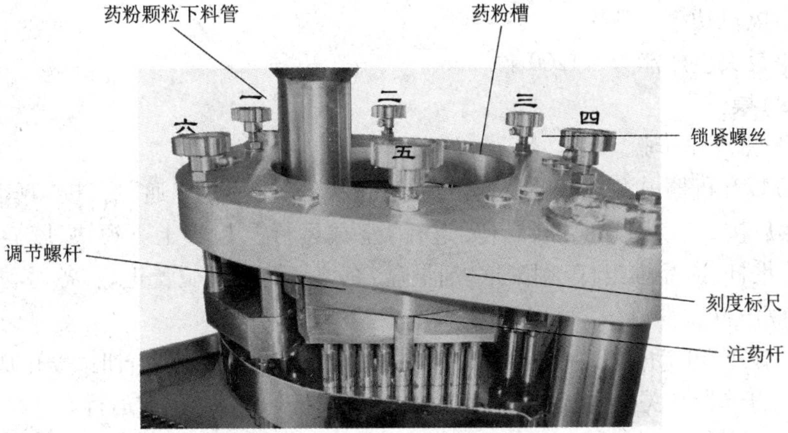

图14－30　模块转台示意图

充填计量装置见图14－31。

图14－31　充填计量装置示意图

工作原理：模块转台每运转一周，机器就完成送囊、分囊、充填、剔囊、锁囊、出囊、清理等十个工位的工作。胶囊料斗里的空胶囊通过送囊板顺序在第一、二工位进入校正块，由水平叉进行调头，再由垂直叉及真空吸力顺入模块，并将帽体分离。第三工位下模块下降并向外运动，做好充填准备。第四工位物料充填，在剂量盘内通过间歇旋转将物料经过五次压缩形成柱状后被推入模孔的胶囊体内。第五工位增加微丸或片剂的预留工位。第六工位剔除未分离帽、体的残次胶囊。第七工位下模块向内运动并同时上升。第八工位将已经充填药物的胶囊锁合。第九工位将成品胶囊推出。第十工位清洁上、下模块后进入下一个循环。

(三)设备主要技术参数

(1)真空度　-0.02～-0.06MPa;

(2)电机功率　4kW;

(3)最大生产能力　1200粒/min。

(四)操作

1.开机操作步骤

(1)打开机器电源总开关,将运行状态选择开关拨向“点通”后,按“真空启动”按钮,然后按“启动”按钮,机器开始进行“空载运行”,检查上下模块、胶囊输送装置、闭合推杆、成品推出杆、剔废爪、剂量盘、充填杆的相对位置正确,各运动部件无碰撞摩擦声音。

(2)按下“手动供药”按钮,开始供料,供料量达到刮粉槽位置时,停止加料。

(3)将选择开关拨向“连续”,然后按“启动”按钮,生产正常运行。

2.装量调整

(1)按下操作面板上的“主机停止”按钮,关闭总电源。

(2)手动盘车,使充填杆座下降到最低位置,使充填杆的下端面与计量盘上表面在同一平面上,此时记下标尺刻度值。然后松开锁紧螺母,用扳手调整充填杆、调整螺栓,顺时针增加装量,逆时针减少装量。

(3)调整完后,拧紧充填杆调整螺栓,拧紧锁紧螺母,打开总电源,按下操作面板上的“主机运行”按钮,设备开始运行,待设备转台旋转至一周后,用手接出一组胶囊成品,检查成品胶囊的装量是否符合要求,若不符合要求需重新按以上步骤进行装量调整。

3.无药料延时停机时间设定

按“系统”键进入后,按“调试参数”键进入时间数值设定,设定:加药料延时时间在0.5～1.5s内;无药料停机时间在2.0～5.0s内。设定完毕后,按“返回”键再按“控制面板”。

4.模具更换

(1)上下模块的更换与调整

①松开固定上、下模块的紧固螺钉,取下上、下模块。

②将更换的上模块装入转盘上的两个柱销中,定位后拧紧螺钉。

③将更换的下模块装在滑座上,拧上螺钉。

④在八工位上,把两个模块调试杆分别插入上、下模块最外侧的两个孔中,使下模块孔对准上模块孔后拧紧螺钉。要保证模块调试杆在模孔中能自由落下或转动灵活。

⑤当更换模具转动工位时,必须手盘车进行操作,严禁点动操作。

(2)胶囊分送部件的更换

①松开胶囊料斗前面的两个螺钉,向下取出挡板。

②手盘车,使选送叉运行至最高位。

③拧下选送叉部件的两个紧固螺钉,并将选送叉拨离两个定位销,慢慢取下。

④拧下固定胶囊导槽的两个螺钉,取下胶囊导槽。

⑤拧下拨叉上面的紧固螺钉,取下胶囊导槽。

⑥将要更换的胶囊分送部件按相反顺序装上,并拧紧紧固螺钉。

(3)计量盘和计量杆的更换

①升起药粉料斗,并转向外侧。

②手动盘车,使充填杆座运行至最高位。

③松开并拧下压板旋钮,将压板、夹持器和充填杆向上提起拿下。将夹持器体下面带长槽的小压板螺钉拧下,拿下小压板并取出充填杆,把更换的充填杆装上后,压上小压板拧紧螺钉。

④拧下盖板两端的四个紧固螺钉,再取下盛粉环外的挡板,松开盛粉环的三个紧固螺钉,将盛粉环慢慢提离计量盘。将盖板和盛粉环一起从侧面取下,不必卸掉充填杆座,用专用扳手卸下三个紧固计量盘的螺钉,取下计量盘。

⑤将托座内的药粉清除干净后,装上要更换的计量盘,三个紧固螺钉装上后不要拧紧。

⑥把计量盘调试杆分别插入充填杆座的多个不同位置的孔中,此时要仔细适量地转动剂量盘,使调试杆顺利地插入孔中。然后轮换拧紧三个螺钉,紧固后如果调试杆不能顺利通过计量盘孔,还要重新调整,直到顺利通过为止。

⑦将盛粉环和盖板一起从侧面安装到位,拧紧三个固定盛粉环的螺钉,如果更换的计量盘比原计量盘厚时,先把刮粉器往上调整一下,再把固定盖板的四个螺钉拧紧。

⑧盖板固定好后,再仔细调整刮粉器,使刮粉器与剂量盘的间隙在0.02~0.1mm,然后拧紧螺母。

⑨按原位将充填杆和夹持器及压板装上,再把旋钮装上拧紧。

⑩当每次更换完整套模具后,都必须对设备做适当的调整和检查。先用手转动主电机轴轮,使设备转动1~2个循环,如果感到有异常阻力,就马上停止转动,找出故障并排除,直到正常为止。

(4)停机操作步骤

①正常停机:按“主机停机”按钮,电源总开关从“I”位转至“0”位,关闭真空供给阀门,关闭空压阀门。

②紧急停机:如机器出现故障或异常声音等发生危害人身安全或设备安全的紧急情况发生时,按下“急停”按钮,设备即停止运行。等一切正常后,将急停按钮复位,可重新开车。

5. 设备日常保养

(1)运行期间的巡检内容

①开车后，经常观察在拔壳时真空表显示值应为 -0.06 ~ -0.02MPa。

②观察上下模块(无垫壳、拔不开空心胶囊)、胶囊输送装置(无卡空心胶囊、空胶囊送囊板孔无堵塞)、闭合推杆(无顶壳、长胶囊、窝角)、成品推出杆(无黄底)、剔废爪(甩绿帽、空壳)、计量盘(搅龙的下料状况正常)，如有异常情况，停机进行处理。

③检查吸尘效果应良好。

④检查物料输送装置运行应正常。

⑤经常检查并确认机器运转良好。如有杂音、零部件松动现象，应立即停车，请维修工进行维修。

⑥操作工要经常观察料斗视镜中的粉层高度，及时加料。

⑦每隔一小时停机，打开有机玻璃门，用吸尘器、毛刷清理台面上的废胶囊和药粉积层。

(2)停机后检查

①机器使用完毕将粉槽及粉桶内的药粉取出，把胶囊壳贮存器内的胶囊壳清理干净。

②打开有机玻璃门，用吸尘器把上下模板、计量盘、药粉充填装置、剔废爪、胶囊闭合推杆、成品推出杆等部位清理干净。

③关闭吸尘装置，切断电源。

④通知动力关闭真空泵。

⑤检查、整理好工具。

⑥更换标识：将“在用”牌摘下，换上“备用”牌。

(3)清洁和维护保养

①每班用丝光毛巾将设备表面清洁干净。

②每班工作完毕清理吸尘系统的过滤网、过滤袋。

③每班工作完毕，必须将设备台面残存胶壳、设备外表面浮粉和机仓内残存胶壳清理干净。

④当更换不同药料或停机超过 24h，必须将药粉斗、计量盘、盛粉环、刮粉器、模块、锁合推杆、成品推杆、剔废爪上药粉胶壳，设备外表面浮粉和机仓内药粉胶壳清理干净。

6. 安全操作注意事项

(1)排除设备故障时，必须停机并切断电源；故障处理完毕，必须用手盘车 2 ~ 3 个循环，检查设备运转情况，确认无误后方可开机。

(2)机器运行时严防人、异物探入工作部位。

(3)机器运行过程中，不得抹、擦运转部位；发生胶壳堵塞胶囊输送装置及上、下模块等情况，必须待机器停稳后，用工具进行清理，严禁用手直接清理。

(4)机器运行时操作人员严禁脱岗。

(5)手启闭有机玻璃门两次，检查充填机限位器应能有效保证停机，如不能有效停机应禁止使用，并找维修人员维修处理。

(6)开机后实验充填机急停开关能起到相应的作用，如按下急停开关设备不能立即停机则禁止使用，并找维修人员维修处理。

7. 常见故障及处理方法

常见故障及处理方法见表14－1。

表14－1　　常见故障及处理方法

故障现象	产生原因	处理方法
送囊缺粒	1. 残次胶囊堵塞送囊板进口	1. 用胶囊通针剔除，将其清理出送囊板孔
	2. 送囊插板开口过小	2. 调整送囊插板在1/2处
	3. 限位块位置不对	3. 松开固定限位块紧固螺丝，向上移动调整限位块位置
	4. 卡囊片损坏或位置不均匀	4. 通知维修工更换卡囊片，或将卡囊片角度修正均匀
胶囊入模孔成品率低	1. 上、下模孔未对正	1. 用校正棒校对模孔同轴度，松开2个模块紧固螺丝，用2个校正棒对角插入模孔内，慢慢上紧螺丝，同时保证校正棒能上下顺利活动
	2. 胶壳大小不均匀	2. 将不均匀胶壳捡出，并通知班长
	3. 水平叉太前或太后	3. 通知维修工调整水平叉位置与模孔对正
胶囊分离时飞帽	真空度过大	调整真空阀适量降低真空度，一般拔壳时真空度为－0.06～－0.02MPa
胶囊未能正常分离	1. 真空度过小	1. 把真空阀门适当开大，一般拔壳时真空度为－0.06～－0.02MPa
	2. 胶壳堵塞吸囊头气孔	2. 停机用毛刷或小钩针清理胶囊碎片
	3. 下模块下面粘有药粉	3. 停机用毛刷清理模块下药粉
	4. 模孔积垢	4. 停机用毛刷清洗上下模孔
	5. 模孔不正	5. 用校正棒校对模孔同轴度，松开2个模块紧固螺丝，用2个校正棒对角插入模孔内，慢慢上紧螺丝，同时保证校正棒能上下顺利活动
	6. 真空管路堵塞	6. 疏通真空管路
	7. 模块损坏	7. 更换新模块

续表

故障现象	产生原因	处理方法
胶囊锁紧不到位	1. 锁合推杆的位置太低	1. 停机打开机仓门，调整锁合推杆的位置，松开调节杆上下两端的螺母，顺时针旋转调节杆，闭合杆的位置会下降。反之，逆时针旋转则升高，位置调整好，拧紧调节杆两端的螺母
	2. 锁合推杆密封圈磨损，轴承孔内药粉阻塞，影响闭合推杆的上下活动，导致长胶囊出现而未能及时发现	2. 停机确定此原因后，拆下闭合推杆，对轴承和推杆进行清理、润滑，更换完好密封圈，然后复位
	3. 充填过量	3. 调整工艺，减少装量
主机故障停机	1. 离合器摩擦片过松	1. 调大摩擦片压力
	2. 计量盘下平面与铜环上平面摩擦力增大	2. 调整计量盘与铜环间隙在 0.03 ~ 0.08mm（用塞尺检验）
胶囊锁合出现劈壳、凹口	1. 上下模孔不正	1. 用校正棒校对模孔同轴度，松开 2 个模块紧固螺丝，用 2 个校正棒对角插入模孔内，慢慢上紧螺丝，同时保证校正棒能上下顺利活动
	2. 顶针上端面积垢	2. 清洗顶针上端面
	3. 顶针高度偏高	3. 调整顶针高度
	4. 锁囊顶针弯曲	4. 调整或更换锁囊顶针
	5. 模孔损坏或磨损	5. 通知维修工更换模块
	6. 锁合挡板与模块中胶囊最高点间距过小	6. 通知维修工调整锁合挡板与模块中胶囊最高点间距在 0.5 ~ 0.8mm（用塞尺检验）
	7. 空心胶囊质量差	7. 通知班组长处理（更换空心胶囊）
装量不稳	1. 注药杆压入量调整不合适	1. 按操作要求调整注药杆压入量
	2. 药粉传感器高度调整不合适	2. 药粉传感器有效感应物料间距为 2 ~ 8mm
	3. 刮粉器调整不合适	3. 调整刮粉器，使粉槽内药粉均匀铺平
	4. 供料时间和停料时间调整不合适	4. 供料时间要小于停机时间，加药料延时时间在 0.5 ~ 1.5s 内、无药料停机时间在 2.0 ~ 5.0s 内
	5. 药粉流动性差、粒度分布不合适	5. 通知班组长联系处理（更换）
	6. 刮粉器与剂量盘间距不合适	6. 通知维修工调整刮粉器与剂量盘间距在 0.05 ~ 0.1mm（用塞尺检验）

续表

故障现象	产生原因	处理方法
胶囊顺序装置的矫正块掉空心胶囊	1. 空心胶囊尺寸小，矫正块卡不住	1. 停机，用毛刷将空心胶囊清理干净，并通知班组长
	2. 矫正块磨损，间距变大，不能将空心胶囊卡住。落入下模块与真空推杆间	2. 停机，用毛刷将空心胶囊清理干净，并通知维修人员维修

第四节　压片和包衣设备

一、压片设备

压片机按其冲头数分为单冲压片机和旋转式(多冲)压片机。按所压制的片形可分为圆形片压片机和异形片压片机。按对片剂加压次数及操作可分为一次压缩压片机、二次压缩压片机以及多层压片机、包衣片压片机。后几种压片机属于特殊形式压片机，是近年来发展的新机种，这里我们重点介绍单冲压片机和旋转压片机。

1. 单冲压片机

单冲压片机的核心结构(图 14 -32)，是由模圈、上冲、下冲、三个调节器(压力、片重、出片)和一个可左右移动的加料斗组成。借助偏心轮和凸轮机构等在惯性轮旋转一圈的周期内完成充填、压片、出片等动作(图 14 -33)，如此反复循环。

充填：上冲上升，下冲下降，加料器平移到模圈上，将药粉填满模孔，再将加料器移开。

压片：下冲不动，上冲下落、加压，将药粉压成片剂。

出片：上、下冲相继上升，下冲把片剂从模孔中顶出，至片剂下边与模圈上面平齐，加料器再次移向模圈上时就可将片剂推出模台落入接受器中。

单冲压片机的产量 80 ~ 100 片/min，最大片径 12mm，最大充填深度 11mm，适用于少量多品种的生产。

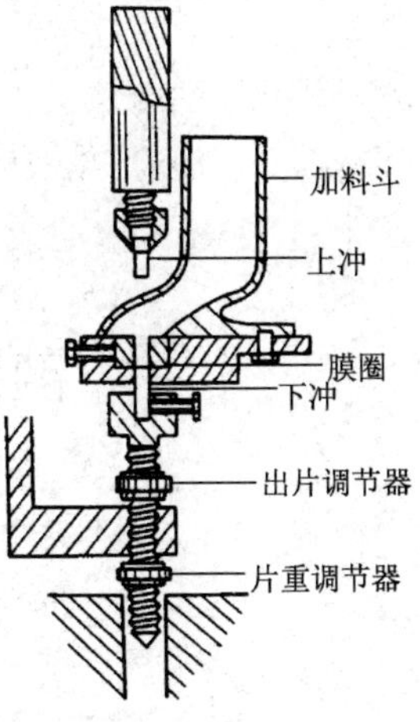

图 14 -32　单冲压片机核心结构示意图

2. 旋转式压片机

旋转式压片机被广泛应用于片剂生产，最常见的 ZP33 型旋转式压片机的结构如图 14 -34

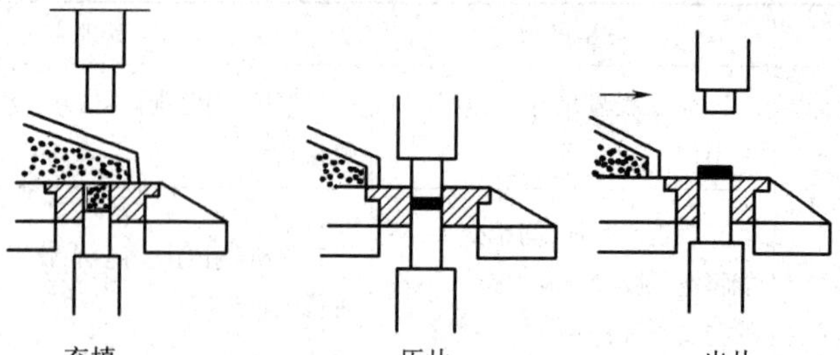

图 14－33　单冲压片机动作原理示意图

所示。旋转式压片机的竖直主轴上固定着一个具有三层凸边的转盘,三层凸边由上而下依次被称为上冲盘、模盘和下冲盘。各层凸边上距竖直主轴中心线一定距离的圆周上均布着相同数量的孔。三层凸边上对应位置的孔,中心为同一条竖直线。将冲模(包括:上冲、中模、下冲)分别装在各层凸边相应的孔内,再配以加粉装置、压力调节装置、片重调节装置、压轮、导轨等就组成了旋转式压片机的核心部分。

由此可以看出,上下冲和中模是跟着转盘匀速转动的,上下冲受导轨、压轮和各种调节装置的作用,在转盘转到某个工作位置时,共同完成一个固定的操作。例如,一组上下冲及中模转到上、下压轮之间时,上、下冲分别受上、下压轮的作用,将模孔里的药粉压成片剂;后面的一组上下冲转到这个位置,也将完成同样的压片操作。

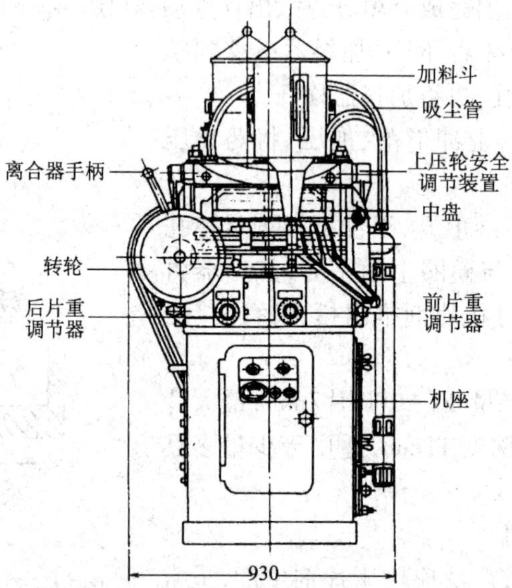

图 14－34　ZP33 型旋转式压片机示意图

图 14－35 为各工作位置上下冲头动作展开图。图中 16 组冲头展开在平面上，其动作就由围绕竖直主轴的转动变为图上的由左向右的平移，依次完成充填、压片、出片等过程。颗粒由加料斗进入加料器，均匀分布在三挡空格内。下冲经过加料器下面时颗粒填入模孔，再移到片重调节器上面时下冲略有上升，由加料器的最后一格刮去多余的颗粒。当一组上下冲移动到上下压轮之间时上下冲的间距最小，模孔内的颗粒被挤压成片。压片后上冲沿着上导轨上升，同时下冲也沿着下导轨上升到与模盘上表面相平，将药片顶出模孔，由加料器将药片推出模盘，进入收集容器。以后又进入下一个相同的操作循环。

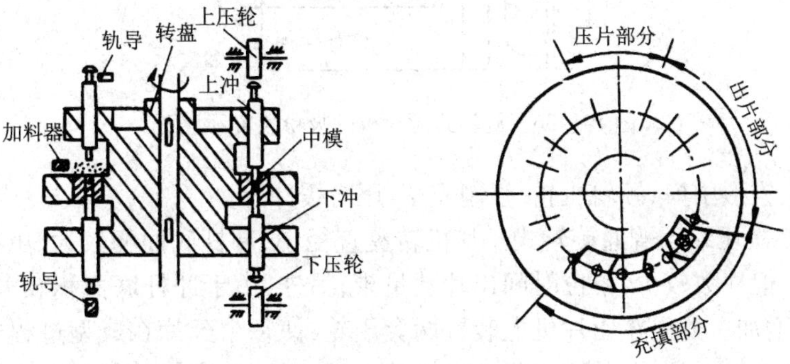

图 14－35　旋转式压片机原理示意图

为了充分利用模盘空间，提高压片机的生产能力，旋转式压片机多设计成双压式，由过去的模盘旋转一周仅完成一次充填、压片、出片的循环，变为两次循环，即转一圈出两片。双压压片机内有两套压轮，为使机器减少振动及噪声，多采用两套压轮交替加压，故旋转压片机的冲数（上下冲的组数）多是奇数。最常见的 ZP33 型压片机就是 33 冲双压式压片机。

冲模多采用具有较高强度、硬度和耐磨性能的轴承钢制作，并应具有较高的光洁度。另外，冲模应具有良好的互换性，模孔的大小应与冲头精密配合，使冲头在模孔内能自由上下，冲头与模孔的公差≤0.06mm，冲头长度的公差≤0.1mm。为保持冲头和中模的精度，使用时应防止碰撞，开车时尤其要避免上下冲头接触，冲头和中模不用时要在专柜中妥善保存。为提高调节精度，各调节装置多采用蜗轮蜗杆机构。

为防止加料器与模盘摩擦产生金属屑，污染药品，加料器底面与模盘应保持 0.03～0.1mm 的距离。为了防止压片过程产生的药粉污染环境，旋转式压片机通常还装有吸粉装置（图 14－36），药粉被模盘附近的吸粉管吸入粉箱下部的贮粉室，气体则迂回上升经过数个重叠的吸粉盘，进一步分离粉末后，由滤粉盘上部的开口进入滤粉室，最后被滤粉室内部的风机引出。

近年来为提高压片机的生产能力对旋转式压片机的改进主要有以下几方面：

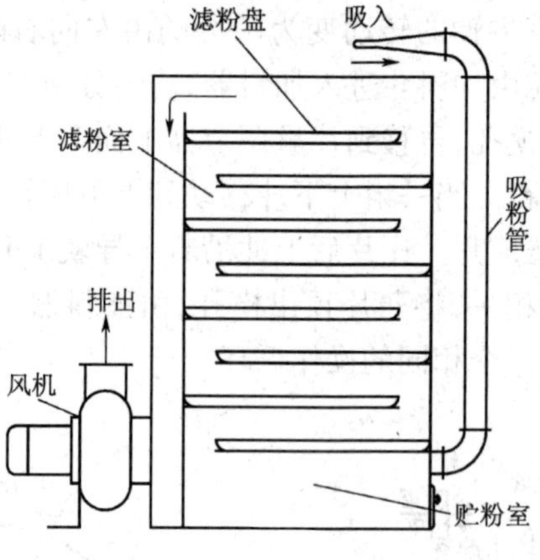

图 14－36　旋转式压片机的吸粉装置示意图

多次压缩、锥形中模、倾斜压轮、强制充填、压力缓冲等。

（1）多次压缩　普通旋转式压片机转盘直径小，冲杆底面积较大，虽有利于片剂的成型，但冲数较少，单位时间出片数量少；另外，由于冲杆底面积较大，它与导轨的摩擦增加。如果在压片机上装置两套压轮，使每个药片在成型过程中经受两次压缩，则不仅可延长压缩时间，减少压片能耗，还不会增加冲杆导轨的损伤。但是，压轮数目增加将增大设备所占面积，故通常采用具有直径相同两套压轮的二次压缩压片机，而不采用三次压缩压片机。

图 14－37 为二次压缩压片机的展开简图。固体颗粒充填于中模后，先后经一次和二次压缩，最后由下冲上升出片。各次压缩的力量调节可通过调节下压轮的升降高度来实现。

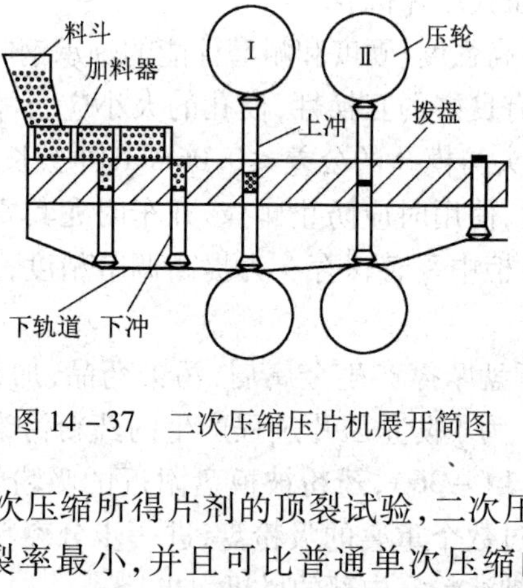

图 14－37　二次压缩压片机展开简图

根据单次压缩与二次压缩所得片剂的顶裂试验，二次压缩中的每一次各将片剂颗粒压缩 50% 时顶裂率最小，并且可比普通单次压缩的顶裂率降低 30% ~ 90% 。采用二次压缩可明显改善片剂内部密度分布，明显降低顶裂及裂片现象，片剂的强度也可提高。

(2)锥形中模　圆形片的普通中模内径比冲头直径大 0.02 ~ 0.05mm,压制时药品颗粒与模壁的摩擦力以及出片的阻力十分显著,不仅增加了能耗,对片剂质量也有很大的影响,如,以 20MPa 的力压制直径 9.5mm 的乳糖淀粉平形圆片,其出模力可达 5.5 ~ 5.8MPa。为降低压片时的摩擦力和出片时的阻力,可将中模内孔上半截(或上下两半截)制成≤5°的锥度,锥度不宜过大,以免引起压片时粉尘飞扬。由于容易形成漏粉,下半截为锥孔的中模只用于压制摩擦力非常大的药品。

(3)倾斜压轮　压片机在压制片剂时承受很大的力,为防止机件和冲模损坏,压制普通黏性粉末时,压片机转速一般应≤50r/min,异形片压制时冲模的摩擦力较大,转速应≤40r/min。为了改善压片机受力状况,开发了倾斜压轮压片机。图 14-38 为倾斜压轮压片机的原理。压轮为球台形,其工作面为球面,工作面与冲杆接触点的轨迹为一复杂的曲线。实践证明,倾斜压轮压片机所得的片剂质量较优,并且当它以比普通压片机高得多的转速操作时,其冲头和中模的损伤程度远小于普通压片机。

(4)强制充填　普通旋转压片机是利用颗粒本身的质量充填到中模孔内,此法不适用于高速压片或粉末直接压片,由于粉粒充填量不足,易产生较大的片重差异。普通旋转压片机粉粒充填时间占总操作周期的 42% 左右,采用粉粒强制充填以缩短充填时间,就能减小模盘直径进而提高压片机的生产能力。粉粒强制充填装置除料斗外,尚有定量给料器及加料器。其目的是:混匀粉粒,消除粉粒中的空穴及调节粉粒加料量,加速粉粒的充填,提高粉粒充填量的准确程度。

图 14-39 为定量给料器。粉粒由料斗落入给料器,在搅拌桨的作用下由出口进入加料器。搅拌桨的转速根据粉粒性质及生产能力由专设的电机调节。

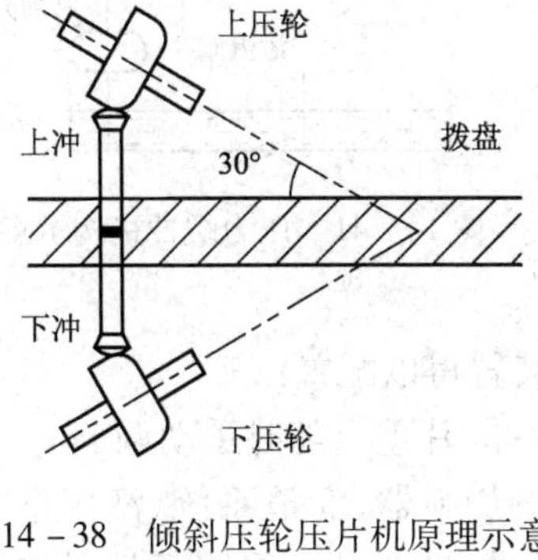

图14-38　倾斜压轮压片机原理示意图

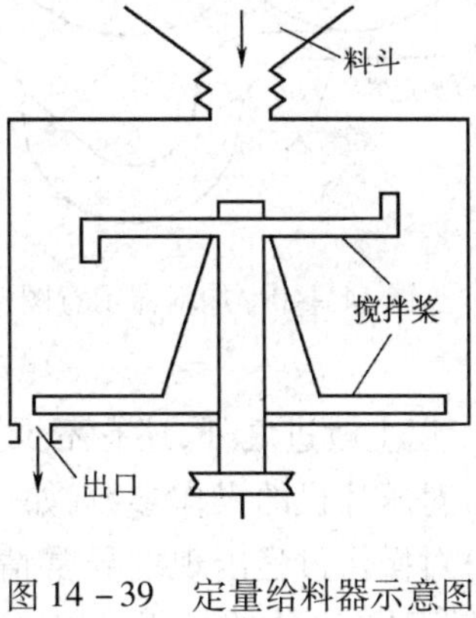

图 14-39　定量给料器示意图

图 14-40 为加料器。加料器固定于压片机模盘的上方,下部开口直接覆于中模上。湿粒法压片时,颗粒从定量给料器自入口加入,第一搅拌器直接将颗粒加入中

模，第二搅拌器再将中模上的颗粒刮平（两搅拌器重叠放置，第二搅拌器在下），此时两个搅拌器旋转方向相同。对流动性很差的颗粒或粉末直接压片时，为保证有足够量的颗粒加入中模，需在搅拌器的上方设置料位测定器，根据所测料位调节定量加料器的粉粒供给量，此时第二搅拌器的旋转方向与第一搅拌器相反，以保证充填量的准确。搅拌器叶片的形状根据物料性质而定：流动性较差的粉粒可选用倾斜45°或75°的平直桨叶；流动性良好的粉粒可选用截面为圆形的直棒。

（5）压力缓冲　一定片重片剂的硬度决定于最后压制上、下冲的距离，上冲在中模内的最低位置是固定的，因此片剂的硬度多由下压轮中心位置调节。片剂的硬度还决定于压制的压力，压制压力的调节一般由连接压轮的压力缓冲机构完成。高速压片机的压力缓冲机构多采用液压系统（图14－41）。液压油自油泵输出，经单向阀进入液压缸，液压缸的活塞杆连接压轮，液压油经缓冲器及溢流阀返回油槽。液压系统的压力由溢流阀调节，冲头压制粉粒时，若粉粒中混有异物或冲头发生粘片，压轮受力突然增高，此时缓冲器和溢流阀将过载的负荷卸掉。正常操作时缓冲器缓冲一部分压制力的波动，以使整个压片机操作平稳。

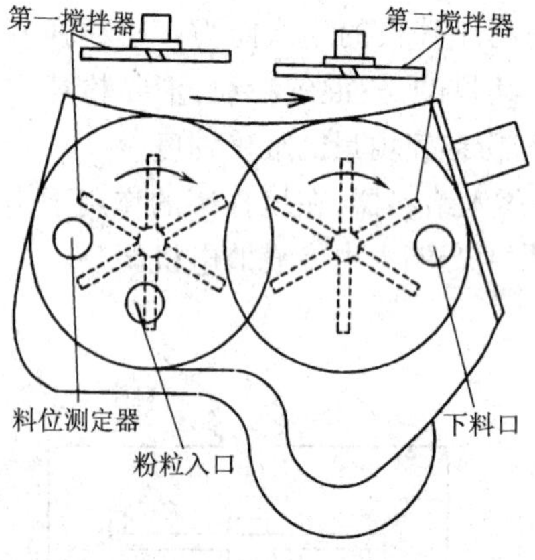

图14－40　加料器示意图

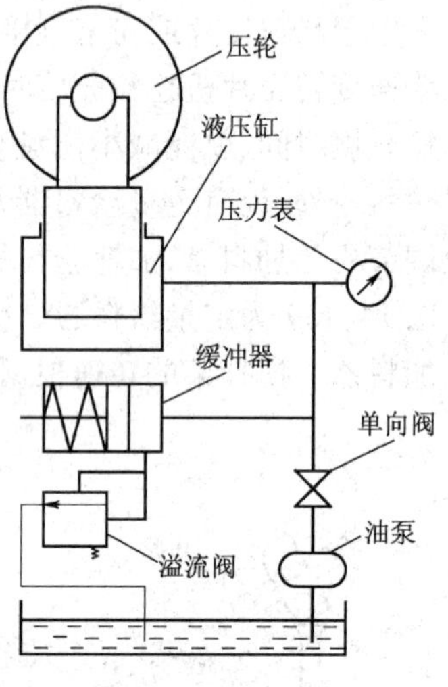

图14－41　压力缓冲机构示意图

除了以上改进之外，还有不少方便操作的装置得以配置：

（1）对压片机的操作参数，如，转盘转速、片厚、片重可随时手动调节。

（2）对操作过程出现的异常情况，如，电机、加料器、润滑系统、液压系统超负荷或油量不足、药物粉粒不足以及冲头断裂、粘冲、冲头移动受阻等情况均可自动停机报警。

（3）配置片重控制器，在每个下冲装有压力传感器取得压力信号，可显示并自动调节恢复片重，可自动剔除不合格药片，并显示产生不合格片的冲头位置，在一定数量药片中不合格片超出一定比例可自动停机。

二、包衣和数片设备

包衣一般是指在片剂(常称其为片芯或素片)的外表面包裹上一定厚度的衣膜,有时也用于颗粒或微丸的包衣。包衣技术在制药工业中占有越来越重要的地位,包衣设备和包衣材料的发展使得包衣应用越来越广泛。片剂包衣既有功能性的目的,也有非功能性的目的,主要包括:

(1)保护药物不受光照、吸潮的影响,增加药物稳定性;

(2)改变片剂的外观质量(尤其是中草药片剂);

(3)掩盖苦味或不良气味,增加患者的顺应性;

(4)隔离药物的配伍禁忌;

(5)改变药物的释放部位及速度。如胃溶型、肠溶型、缓控释等。

包衣的种类主要有两大类,即糖衣和薄膜衣,其中薄膜衣又分为胃溶型和肠溶型两种。

给片剂外面包衣的设备除常用的荸荠型包衣机之外,还有沸腾包衣机、包衣压片机等。

1. 荸荠型包衣机(糖衣锅)

荸荠型包衣机的外形如图 14－42,图 14－43 所示。它主要由:包衣锅、动力传动系统、热风干燥系统和排风系统组成。包衣锅为荸荠型,材质采用紫铜(导热性能好)或不锈钢,通常倾斜角安装,倾斜角一般为30°(0～45°可调)。包衣锅以一定速度旋转,使药片受离心力作用沿锅壁向上移动。加入包衣溶液和需包衣的药片(素片)后,药片表面不断重复着“沾上包衣溶液—包衣溶液被烘干—再沾上包衣溶液”,直到包衣符合要求。在包衣锅底部、背部和锅口附近的旋涡等部位的药片滚动速度较慢,可能造成包衣层厚薄不均,需要帮助搅动。批操作时间需几到十几个小时。

包衣溶液也可以喷雾的方式定时、定量加入,提高包衣质量。

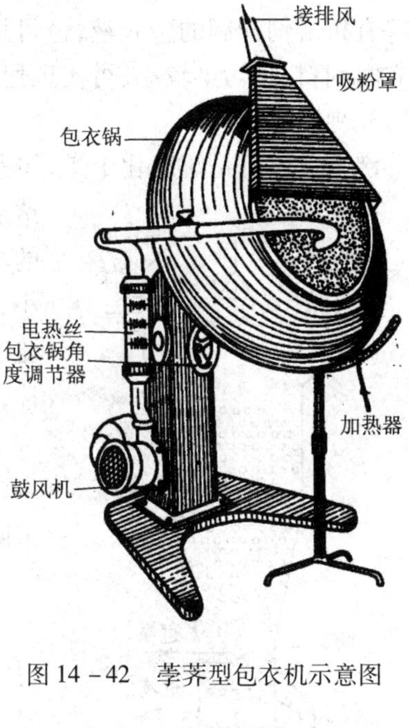

图 14－42　荸荠型包衣机示意图

2. 埋管式包衣机

埋管式包衣机是对荸荠型包衣机的改进形式。在包衣机转动形成的片层底部插入“埋管”(图 14－44),埋管内有包衣溶液的雾化喷头和干燥热空气通道。

图 14 - 43　荸荠型包衣机实体示意图

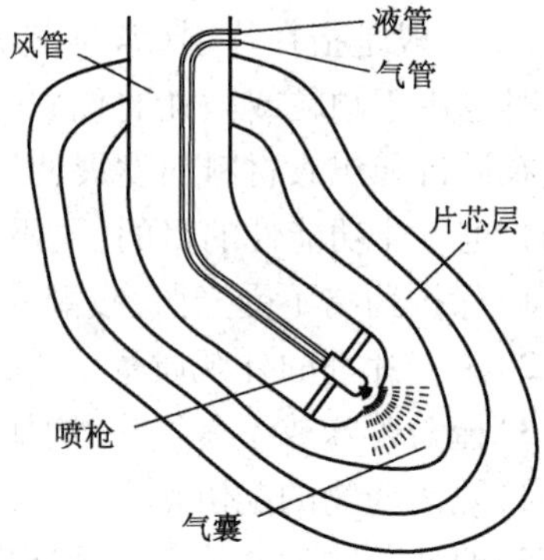

图 14 - 44　埋管式包衣的埋管示意图

雾化喷头多采用压缩空气雾化，也可采用压力雾化。包衣时，雾化喷头直接对片层喷出雾化包衣液，同时埋管内吹出的干燥热空气穿透片层，使药品表面粘着的包衣液迅速干燥。湿热空气由排气口引出，经集尘过滤后排出。

和传统的荸荠型包衣机相比，其特点为：既可包糖衣，又可包薄膜衣；既可用酒精等有机溶剂配制的包衣液，也可用水溶性或混悬型的包衣液；可连续雾化，缩短包衣时间；粉尘污染较小；可实现程序控制自动包衣。

3. 沸腾包衣机

沸腾包衣机是流态化干燥，如图 14 - 45 所示。它主要由干燥室、分布板、包衣溶液喷嘴、进料口、出料口等组成。由于要将较重的药片而不是较轻的粉末流态化，干燥室直径较小，热风流速也较快，有时也称之为喷动床。药片流态化后可用计算机控制定时、定量地喷入包衣溶液，使包衣操作自动化。沸腾包衣属间歇操作。

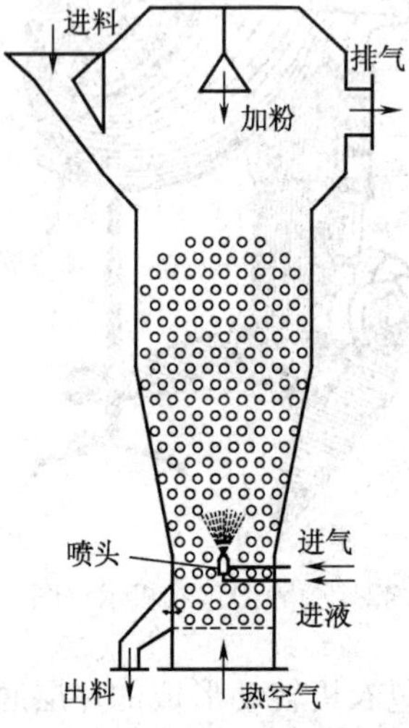

图 14 - 45　沸腾包衣机

和传统荸荠型包衣机相比，沸腾包衣机的优点：操作时间短；包衣薄膜均匀；可节约包衣材料；可防止粉尘、溶剂对人体的危害。

缺点：可能因碰撞破损而剂量不准。

沸腾包衣技术目前被广泛应用于颗粒的包衣，将片剂、胶囊剂等制成缓释或控释制剂。

4. 压制包衣压片机

压制包衣是将作为包衣材料的固体粉末包在片芯外面，压制成包衣的操作。压制包衣压片机多是由主轴带动两台压片机，第一台专门负责压制片芯，片芯被第二台压片机的置芯机构准确地置于已预先放入包衣材料的中心部位，再覆盖适量包衣材料，使片芯埋在包衣材料中。压片一般为一次压制成形，完成压片操作后，片芯就成了包衣片。压制包衣的过程如图 14－46 所示。这种压片机的速度通常为 8～9 片/s。为了保证药片的质量，还设置了将位置不准确的片芯检出的机构和将无芯片剔除的机构。

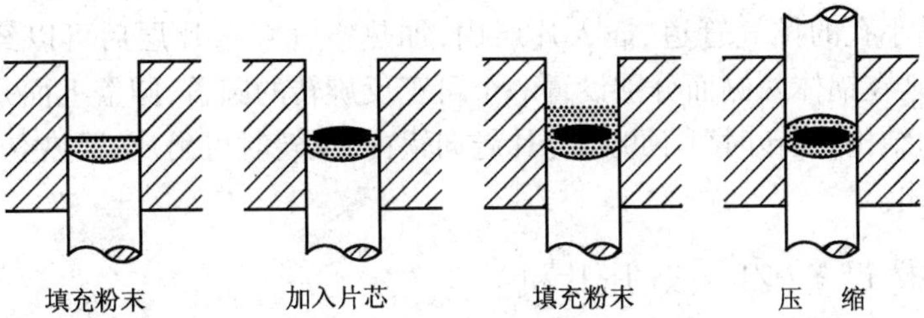

图 14－46　压制包衣的过程示意图

和糖衣机相比，压制包衣机的优点：

(1)可适用于对热、水分不稳定药物的包衣。

(2)可用于压制肠溶片。

(3)可根据不同用途将不同的药物分别置于片芯和包衣层中。

缺点：包衣层机械强度较低，透气性、透湿性较高。

5. 高效包衣机

图 14－47 所示是一种全网孔高效包衣机的原理图，它的包衣锅被密封在金属外壳内，包衣锅的圆周上网状均布着直径约 2mm 的圆孔，加热的净化空气可以穿过网孔进入锅内，穿过运动状态的片层间隙和片层下面的网孔，再经排风管排出。排风管与包衣锅相接的部位应处于运动状态的片层正下方，面积略小于运动片层在锅内的覆盖面，并且做到尽量密封。药片在包衣锅内的运动状况同在糖衣锅内基本相同，而包衣液可以由喷头雾化后喷到片层表面。它可用来包薄膜衣，也可以用来包肠溶衣和包糖衣。它的生产能力为：150kg/批。

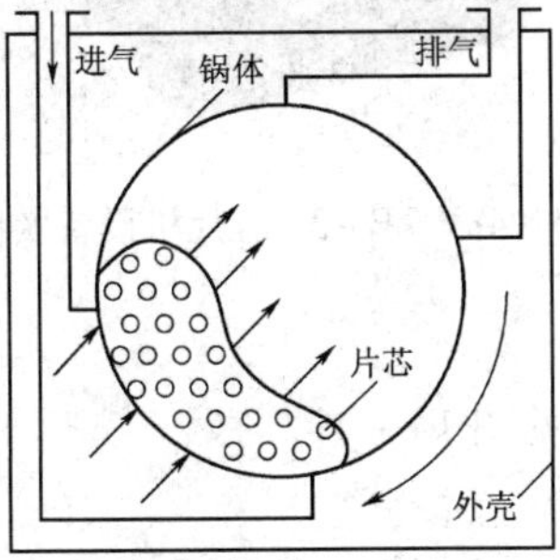

图 14－47　全网孔高效包衣机原理示意图

加热的净化空气也可以采取反向流动，即，从下面风管吹出，经片层下面的网孔向上穿过片层，然后从其他网孔排出。

和传统的糖衣锅相比，它的优点：热风穿过片层，包衣层干燥快，热效率高；密闭操作，避免污染，劳动条件好。

只要同样达到热风穿过片层的目的，高效包衣机也可以局部网孔式（网孔外面的通道对准风道时，热风穿透片层）或者无网孔式。无网孔式目前有两种：一种采用若干布满小孔的排气管道，插入片层内，加热空气穿透片层后可以经排气管排出；另一种则在锅体两侧面分别设置一个可正反旋转的圆盖，圆盖上面是类似电风扇叶一样的结构，正转时可不断将药片赶向锅内，反转时可出片，湿热空气可从“扇叶”间隙流出。

三、实体设备（ZP－35 压片机）

（一）设备用途

用于将符合工艺质量要求的颗粒状物料压制成所需形状的药片。

（二）设备结构和工作原理

1. 设备结构

该设备主要由转台组件、导轨组件、充填调节组件、片厚调节组件、加料装置、传动装置、液压装置等组成。ZP－35 压片机设备实体图见图 14－48。

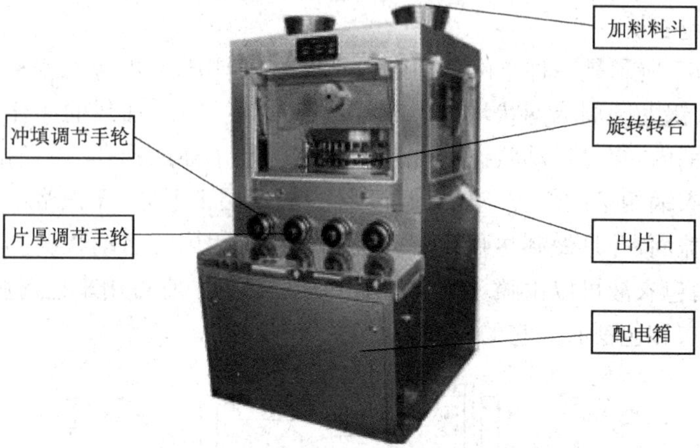

图 14－48　ZP－35 压片机设备实体图

2. 工作流程

压片机工作流程示意图见图 14－49。

3. 工作原理

上、下冲杆由转台带动，分别沿上下导轨做旋转运动，当冲杆运动到加料段时，

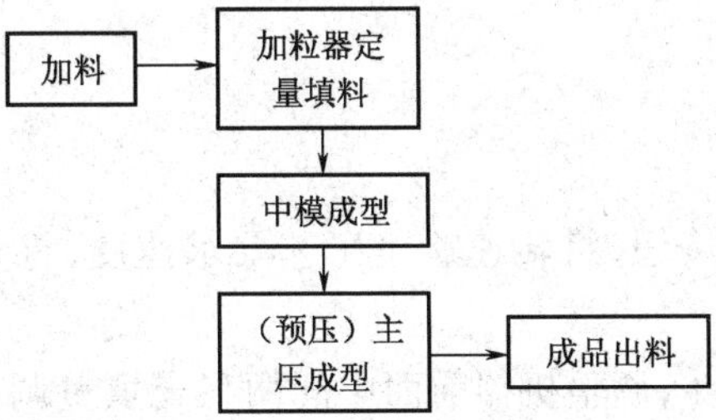

图 14－49　压片机工作流程示意图

上冲杆向上运动绕过加料器，同时下冲杆经下拉导轨作用向下移动，此时，下冲杆冲头与中模内孔形成一个空腔，物料经过加料器搅拌进入空腔内形成过量填充，冲盘继续转动，下冲杆经过填充凸轮时逐渐向上运动，并将多余的物料推出中模内孔，进入定量段。在定量段填充凸轮上表面为水平面，下冲杆保持水平运动状态，由定量刮板将中模上表面多余的物料刮去，填充保护导轨将下冲杆拉下，上冲杆沿上导轨向下运动进入中模孔，由下压凸轮作用向下运动经主压轮完成压片，最后经出片凸轮，上冲杆上移。下冲杆上推，将压制好的药片推出，经出片挡板使药片进入出片装置，完成整个压片过程。

（三）设备主要技术参数

（1）最大压片产量　15.1 万片/h。

（2）最大工作压力　60kN。

（3）最大充填深度　15mm。

（4）最大压片厚度　6mm。

（5）最大压片直径　13mm。

（6）上下冲杆长度　115mm。

（7）转台最高转速　36 个/min。

（四）开机前检查和准备

（1）检查确认减速箱内润滑油的油位不低于油窗上的红线，且无泄漏。

（2）检查确认主轴轴承加油嘴及前后上下压轮轴轴承加油嘴齐全、完好。

（3）打开左侧门，安装上手轮，用手轮盘车，使转台旋转 2～3 圈，检查确认加料器组件及加料斗与转盘和冲模均无摩擦、碰撞现象，拆下盘车手轮，关闭左侧门。

（4）装上料斗，将吸尘器、筛片机等辅机与压片机连接好，准备工作就绪。

（5）每班开机前必须对上下轨道加油一次，用油刷均匀涂抹形成油层。

（6）检查并确认机器台面上没有工具或零部件等异物，及加料器药粉内无异物。

（7）按下机器电源开关，按下增压按钮，反复升降压力，将管道中残余空气排出，然后将压力升至 5kN 以上。

(8)按下启动按钮，空转 3 ~5min，检查确认机器运行平稳无异常，关闭设备启动按钮。

(五)操作

1. 开机操作步骤

(1)按下设备启动按钮，将转速旋至工艺要求速度，打开吸尘器开关、打开筛片机开关。

(2)将物料加入料斗，调整机器前面中间两只充填量调节手轮，使药片充填量满足工艺要求。

(3)调整机器前面两边的两只片厚调节手轮，使药片厚度满足工艺要求。

(4)充填量调整合适后，松开料斗，调整料斗口与转台工作面的距离，或调整料斗插板的开启程度，使加料器内粉子不外溢为宜。

(5)根据被压物料工艺规程要求的参数，设定液压系统压力。

(6)根据被压物料工艺规程要求的参数，设定合适的速度。

2. 模具更换

(1)冲模的安装与调整　打开机器左侧门，安上手轮；打开压片室防护门，拆下下冲装卸轨；将转台工作面、冲模孔清理干净。

(2)安装中模　将转台上的中模紧固螺钉逐个旋出转台外缘 1mm 左右，将中模平稳地放入模孔，用手锤轻轻打入，用刀口尺检查确认中模不高出转台平面，然后将顶丝拧紧。注意：中模必须水平放入中模孔，严禁在中模未放正的情况下用打棒用力敲击，以防将中模盘上的中模孔损坏，且在敲击中模时应在中模上垫专用铜块，严禁直接敲击中模；中模螺钉的紧固应用标准内六角扳手，不得使用加长扳手。

(3)安装上冲　将嵌舌扳上，然后将上冲杆插入上模孔，用大拇指和食指旋转冲杆，使其上下滑动灵活，无阻卡现象为合格，再转动手轮使冲杆颈部接触平行轨，上冲杆全部装毕后，将嵌舌扳下。

(4)安装下冲　按上冲安装方法安装下冲，装毕将下冲装卸轨装上，用螺钉紧固。

(5)冲模安装完毕，转动手轮，使转台旋转 2 ~3 周，观察上下冲杆进入中模孔及在轨道上的运行情况，检查确认无碰撞和阻卡现象，下冲杆上升到最高点(即出片位置)时，高出转台工作面 0.1 ~0.3mm。

3. 加料器的安装与调整

将加料器组件装在加料器支撑板上，拧上滚花螺丝，再调整调节螺栓高低，使加料器底面与转台工作面之间间隙为 0.05 ~0.1mm，拧紧滚花螺丝，再调整刮粉板高低，使其底平面与转台工作面平齐。

4. 充填量的调节

在设备运行时，分别调节机器前面中右、中左两调节手轮，可改变前、后压轮压制的片重，当调节手轮顺时针旋转时充填量减少，反之增加，其充填量的大小由刻度指示，刻度带每转一大格，充填量就增（减）1mm，刻度盘每转一格，充填量就增（减）0.01mm，调节时应注意加料器中必须有足够的物料，同时调节片厚，使片剂有一定的硬度。

5. 药片厚度的调节

在设备运行时，片剂厚度的调节由机器前面右、左两调节手轮分别控制前、后压轮压制的片厚。当调节手轮顺时针旋转时片厚增加，反之减少。片剂厚度由刻度指示，刻度带每转一大格，片剂厚度就增（减）1mm，刻度盘每转一格，片剂厚度就增（减）0.01mm。当充填量调定后，检查片剂的厚度以及硬度，再做适当的微调，直至合格。

6. 出粉量的调整

在设备停机时，先松开料斗架侧面的滚花螺钉，再旋转料斗架顶部的滚花螺钉，调节料斗口与转台工作面的距离，或料斗上挡粉插板的开启程度，从而控制粉子的流量，以加料口内积储量无外溢为合格，调整后，将滚花螺钉拧紧。

7. 液压系统的调整

在设备停机时，合上操作台左侧的电源开关，面板上压力显示表显示出系统压力，按动压力显示表右边的增（减）压按钮“ + ”（“ - ”），反复升降压力，将管道中残余空气排出，按照工艺要求将压力设定为 30 ~ 40kN。设备运行过程中不允许调整液压系统的压力。

8. 速度的选择

一般情况时，黏度差、片径大、快速难以成型的物料选择低速，反之选择快速。持续压片时最高转速为额定转速的90%，不允许超过32r/min。

9. 停机操作步骤

（1）正常停机　按下“停机”按钮，依次关闭吸尘器开关，关闭筛片机开关，关闭总电源开关。

（2）紧急停机　如机器出现故障或异常声音等发生危害人身安全或设备安全的紧急情况发生时，应立即按下控制面板上的“急停”按钮，待原因查出并排除故障后，方可将“急停”按钮复位，重新开车。

（六）设备日常保养

1. 运行期间的巡检内容

（1）设备运行期间，每半小时检查各电气元件、仪表安全有效。

（2）检查设备运转情况，应无杂音，零部件无松动，设备控制台面无异常升温，若有异常情况，立即停机，通知维修人员检修。

（3）根据物料黏性不同，连续运行 24h 至少应将上、下冲模及冲模孔进行一次清理、擦拭。

2. 停机后处理事项

（1）每班生产结束后，如无人接班继续生产，操作人员应拆下料斗、加料器、吸尘器及筛片机，清除剩余或残留的药粉，拆下冲模，将机器台面、冲模孔、机仓内的电机等各部件及辅机全部清理擦拭干净。

（2）每周或每次更换品种时，必须将上、下冲及润滑油毡用煤油清理干净，设备运行过程中要保持上轨道油杯有 N46 机械油。

（3）每次拆装冲模时应注意检查压轮及上下导轨不应有明显磨损，发现缺陷后及时修复。

3. 清洁和保养

（1）每班生产结束，应对设备台面等各部位清理干净，清除粉尘，紧固松动部件。

（2）有机玻璃门应用清水洗过的毛巾擦拭，严禁用乙醇擦拭，以防快速老化。

（七）安全操作注意事项

（1）拆卸或安装冲模时必须切断电源，单人手盘车安装，严禁多人操作。

（2）机器运行过程中不得打开压片室有机玻璃防护门及机器底部的护罩，严禁用手触摸转动部位。

（3）机器运行过程中出现任何异常现象，均必须停机且待停机平稳并按下急停按钮或切断电源后再检查处理，查明原因并待故障排除后，方准重新开机。

（4）机器正常运行速度不得低于 10r/min，以免变频器受到损坏。

（5）在转台上的加料器等部件未拆卸时，严禁倒盘车。

（6）非电工不得对配电柜内电气元件做任何调整和变动。

（7）经压缩可能造成燃烧、爆炸等危险性的物料严禁使用本机器压片。

（8）设备运转过程中严禁脱岗。

（9）生产结束后，应将电源切断。

（八）常见故障及处理方法

常见故障及处理方法见表 14 – 2。

表 14 – 2　　常见故障及处理方法

故障现象	产生原因	处理方法
上下压轮轴向蹿动	1. 紧固圆螺母松动 2. 压轮内轴承磨损 3. 压轮轴内侧轴端挡圈磨损	1. 紧固圆螺母 2. 更换轴承 3. 更换轴端挡圈
上轨道磨损	1. 缺油干磨 2. 油质不好 3. 粉尘太多	1. 轻度磨损时修复，严重时更换轨道 2. 更换合格的润滑油 3. 清除轨道上的粉尘，并改进工艺，保证颗粒中细粉含量≤10%
片重差异超限	1. 调节片重差异的蜗轮磨损严重 2. 加料器磨损或安装不到位 3. 冲模长度差异超限	1. 更换小蜗轮 2. 更换加料器或正确安装加料器 3. 更换符合标准的冲模

续表

故障现象	产生原因	处理方法
整机异常振动	1. 机器减震垫压紧螺母松动 2. 上下压轮架十字接头轴套磨损 3. 油缸漏油或跳动 4. 压片转速不对 5. 颗粒质量问题	1. 拧紧压紧螺母 2. 更换十字接头轴套 3. 检查更换油缸活塞环 O 型圈，检查活塞紧固螺母 4. 升高或降低转速，避开变频器的共振区 5. 调整工艺，改进颗粒质量

第五节　固体口服制剂包装设备

药品包装是指在流通过程中保护产品，方便储运，促进销售，按一定的技术方法所用的容器、材料和辅助物等的总称；也指为达到上述目的在采用容器、材料和辅助物的过程中施加一定技术方法等的操作活动。

一、瓶装包装设备

瓶装包装线一般包括理瓶机、数粒机、旋盖机、铝箔封口机、贴标机等。包装线上合适的位置装有检测开关，能够实现后序机器满瓶时前序机器自动停机、缺瓶时自动开机功能，缺盖剔除等功能。

（一）理瓶机

物料由人工放入储料部分进行存放，经过正瓶装置保证所有进入输送带的瓶子保证无倒立，再由真空静电除尘部分消除静电及灰尘，然后通过错瓶剔除装置，最后清洁整齐的物料进入下一道工序。

（二）数粒机

数粒机主要有模板式数粒机和电子计数式数粒机两种，用于将药片或胶囊计数后装入瓶中。

1. 模板式数粒机

模板式数粒机（图 14－50）有单头数粒机和双头数粒机，生产上主要使用双头数粒机，该机主要由料斗、计数模板、出片装置、振动机构、传动机构、控制系统等组成，工作时数片板在传动机构和振动机构的作用下，做振动和旋转运动，加在料斗内的片子在数片板的带动下，旋转至出料位置，片子经出片装置进入瓶子。

2. 电子计数式数粒机

电子计数式数粒机（图 14－51）有多通道下料式和单通道下料式。生产任务较大时一般使用多通道式，多通道式电子计数式数粒机主要由料斗、轨道盘、下料装置、振动组件、电子计数装置、剔废装置、电器控制装置、输送轨道等组成。

图 14－50　模板式数粒机实体图

图 14－51　电子计数式数粒机实体图

加入料斗内的药粒，通过适当调整各级振动器，使药粒沿着轨道盘逐个排列开，药粒沿着轨道进入下料通道，安装在下料通道内的电子眼对药粒逐个计数，之后药粒通过下料漏斗进入瓶子中，输送轨道将载有药粒的瓶子送入下一个工位，同时将空瓶送入指定位置，如此循环实现计数装瓶的功能。

（三）旋盖机

盖子进入旋盖机的轨道为可调式设计。不同尺寸的盖子皆可调整，采用 PLC 控制，无级调速。瓶子未旋盖或盖里无铝箔本机将自动剔除。

（四）贴标机

瓶子输送出来经分瓶轮调至合适的贴标速度，在测物电眼处产生红外感应，此时贴标打印机同时进行打印动作，标签贴到瓶子上，在滚贴板的转动下完成贴标动作。

(五)封口机

在高倾电磁场作用下,使铝箔产生巨大涡流而迅速发热,熔化铝箔下层的粘合膜并与瓶口粘合,从而达到快速非接触式气密封口的目的。

二、铝塑包装过程

根据铝塑包装的不同形式例如双硬铝、双软铝或者是 PVC 铝塑泡罩等,使用控制板提前调整好设备参数然后进行包装,在包装过程中应人工或者自动化设备检测残损或者缺漏,并且周期性检查铝塑板的密封性。

泡罩包装是近年来飞速发展的、广泛用于固体口服制剂(如,片剂、胶囊剂、滴丸剂、中药丸剂等)的包装形式,也用于针剂和其他剂型的包装。其结构如图 14－52 所示。这种包装形式具有外形美观、防潮性好、便于储存、使用方便等优点。

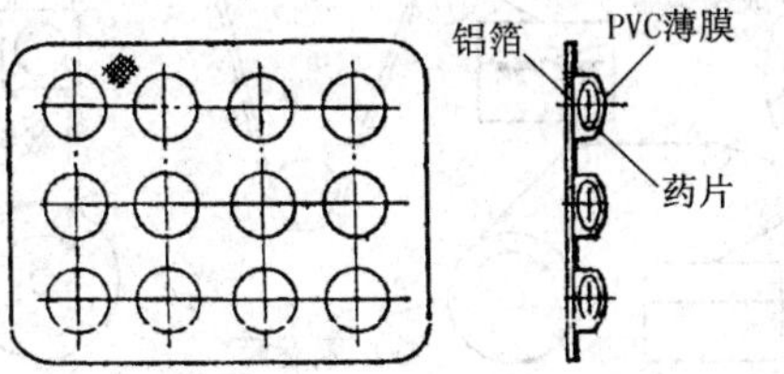

图 14－52　药片的铝塑泡罩包装

铝塑泡罩包装材料是塑料硬片和涂敷有热熔性粘合剂的铝箔。作为片材的塑料硬片的材质:无毒聚氯乙烯(PVC)、聚丙烯(PP)、聚偏二氯乙烯(PVDC)、聚乙烯(PE)、聚酯(PET)等,PVC 最常用,PVDC 和 PP 的防潮作用更强一些。常用塑料硬片的厚度:0.25～0.35mm。作为盖材的铝箔厚度约为 0.02mm。

泡罩包装过程:首先是将塑料硬片加热变软,在模具上真空吸泡或压缩空气吹泡(泡较浅者为避免污染多采用真空吸泡,泡较深者需要采用冲头预拉伸后再用压缩空气吹泡,吹泡的壁厚比吸泡更均匀),塑料硬片的表面就形成了需要形状、大小的泡罩,把需要包装的物品放在泡罩内,覆盖上铝箔一起进行热封合,经冲切后就得到需要的包装成品。

目前常见的铝塑泡罩包装机有三种型式:滚筒式、平板式和滚板式。

(1)滚筒式泡罩包装机　滚筒式泡罩包装机是目前国内制药厂普遍使用的机型,其机身内部装有减速器、真空泵、压缩空气和真空管路系统。在机身上竖直安装了一块基板,基板的背面装有机械传动装置,正面安装着工作辊轮系统、操作盒、上料装置、打印批号和冲裁系统。

滚筒式泡罩包装机的工作原理如图 14－53 所示。卷筒上的塑料片穿过导向辊,在成型滚筒上被紧贴着的半圆弧形的加热器加热到软化程度,当成型滚筒上的泡窝与真空相通时，瞬间在塑料片上吸出一行泡。这些泡卡在泡窝内，随着成型滚筒的匀速转动，可以继续将卷筒上的塑料片匀速拉出。已有成型泡的塑料片移动到上料装置，药品填充入泡。泡内装药的塑料片移动到主动辊上（泡卡在主动辊的泡窝内，可带动后面的塑料片继续前进），盖上涂敷有热熔性粘合剂的铝箔。压在铝箔上面的热压辊表面刻有网纹，内有加热管，在温度、压力的双重作用下将片材（塑料片）和盖材（铝箔）封合成泡罩。带有泡罩的塑料片通过一系列导向辊，以间歇运动的方式进入批号打印位置被打上批号，再进入冲裁装置冲切出成品药板，完成泡罩包装。切剩的废料缠绕在废料辊上。

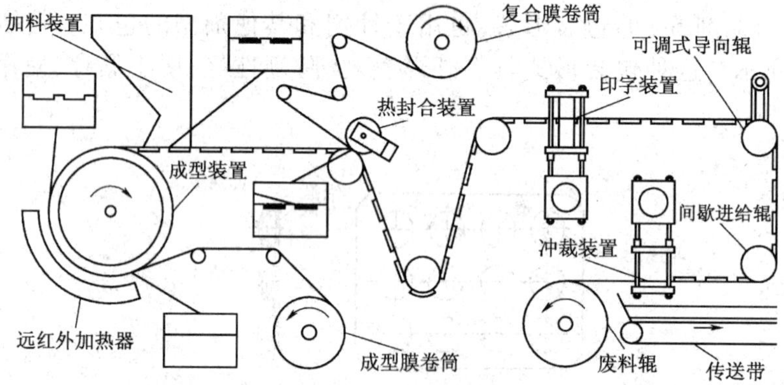

图 14－53　滚筒式泡罩包装机工作原理示意图

下面分别叙述各主要工作部位的作用：

①塑料辊和铝箔辊：在两辊上分别装入卷筒状的塑料片和铝箔。两辊均设有方便装卸的快速装卸机构，并可通过微调螺母调节卷筒位置，还设有摩擦式制动器，使被拉出的塑料片、铝箔保持一定的张紧力。

②加热辊：辊内装有电热管和铂电阻测温元件，被用于加热塑料片。加热温度可根据塑料片的温度性能通过仪表显示和控制（PVC 片一般为 140～160℃）。加热辊可通过手柄控制啮合转动或脱开。辊表面涂有一层聚四氟乙烯，防止它与受热的塑料片粘合。

③成型辊：是使塑料片成型为泡的装置。在辊表面按被包装物的外形尺寸排列分布着泡罩模孔，辊内装有真空管路，以便使塑料片抽成泡。

④热压辊：是使泡内有被包装物的塑料片与涂布热溶胶的铝箔加热封合在一起的装置。辊表面加工有网纹，可增加封合强度和气密性。辊内有电热管和铂电阻测温元件，以调节控制热合温度（一般为 160～190℃）。热压辊通过拉杆与摆动气缸的活塞杆相连，旋转操作盒上的旋钮，压缩空气推动拉杆，热压辊摆动到工作位置即可进行热封合。

⑤张紧辊：受弹簧作用使热压后的铝塑包装带处于张紧状态并起缓冲作用。

⑥定位器:定位器微调手柄可以调节张紧辊摆动的最大位置,使冲出切块上的泡罩处于所要求的位置。

⑦导向辊:间歇转动,次数由切块片形尺寸和排列方式决定。每转动一次,就将铝塑包装带向切块部分进给一定长度。

⑧冲裁装置:利用曲柄连杆机构带动切刀对铝塑包装带进行冲切。进给辊每转一次,切块部分就冲切一次。

滚筒式泡罩包装机常用片材宽度:250mm 和 130mm,冲切次数 28 ~ 40 次/min。

滚筒式泡罩包装机的特点:①结构简单;②操作维修方便。适合同一品种的大批量包装作业。

(2)平板式泡罩包装机　平板式泡罩包装机与滚筒式泡罩包装机的不同点:

①软化后的塑料片在平板成型装置上吹泡成型,多采用压缩空气吹泡或先以冲头预成型再加压缩空气吹泡。

②在平板成型装置将泡内已装药的片材(塑料片)和盖材(铝箔)封合成泡罩。其流程如图 14 - 54 所示。

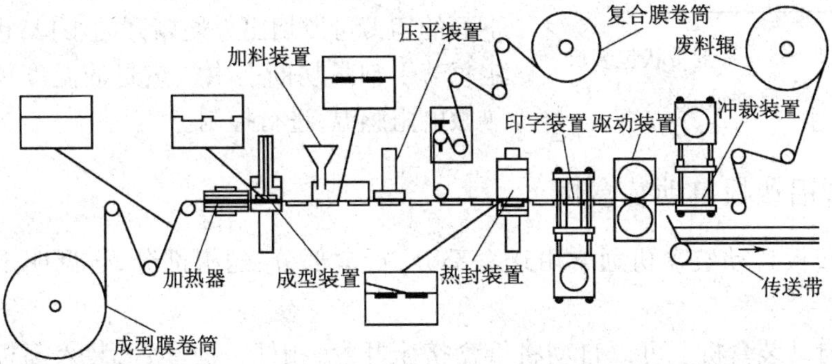

图 14 - 54　平板式泡罩包装机原理示意图

平板式泡罩包装机常用片材宽度:210mm 和 170mm,最高冲切次数 30 次/min。

与滚筒式泡罩包装机相比,平板式泡罩包装机的特点:成泡较深;热封时间长,耗能较大;封合牢固程度低一些。适合中、小批量包装和特殊性状物品包装。

(3)滚板式泡罩包装机　滚板式泡罩包装机综合了滚筒式泡罩包装机和平板式泡罩包装机的优点,克服了它们的不足。软化后的塑料片在平板成型装置上吹泡成型,采用压缩空气吹泡或先以冲头预成型再加压缩空气吹泡;借助热压辊将泡内已装药的片材(塑料片)和盖材(铝箔)封合成泡罩。另外多装有无横边废料冲裁机构。滚板式泡罩包装机在工业发达国家被广泛采用。

滚板式泡罩包装机的特点:泡罩质量好;生产效率高;节约包装材料。

三、带状包装机

带状包装机又称条形包装机。其原理与前面介绍过的四面封散剂、颗粒剂分装机基本相同。它可以将药品热封在两层连续的包装材料中间。包在里面的药品可以是一次剂量，如，2 片糖衣片、5g 颗粒剂或 1 粒胶囊等；包装材料可以是塑料薄膜和各种复合膜（见散剂、颗粒剂分装机的包装材料），其中包括涂覆铝箔，如果两层包装材料都是涂覆铝箔，则称之为“双铝箔包装机”。

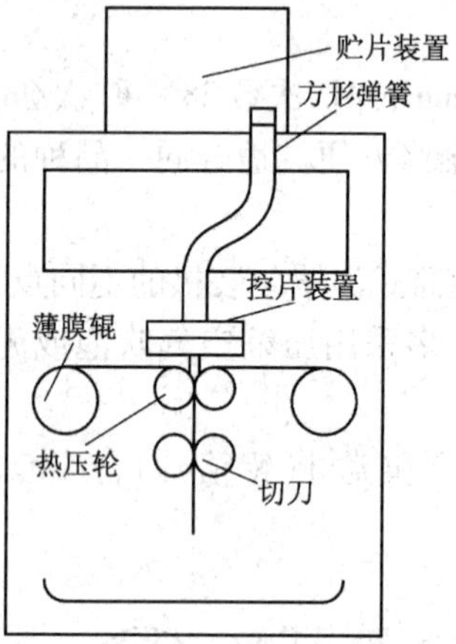

图 14－55　片剂带状包装机原理示意图

图 14－55 是片剂带状包装机原理示意图。药片倒入振动送料装置，经出片装置送出，在控片装置处被往复运动的牙条逐片送入两条即将热封合的包装材料中间。分别缠绕在两个热压轮上的两条包装材料随着热压轮相向运动，先被热封成小袋状，小袋内装入药品后，即被热封。下面的切刀可以切出方便撕开的小口，也可以规定每若干剂量切断一次。热封的温度可以通过热敏电阻感温，进行控制。

四、铝塑板自动装盒机

铝塑板自动装盒机通常由送盒部分、折盒部分、送板部分、送说明书部分等组成。

在自动装盒机上可以自动将纸盒挤压开盒，扣好一面盒舌，装入药板和说明书，再扣好另一面盒舌，最后将包装好的小盒推出。

铝塑板自动装盒机通常对纸盒的纸质、盒舌尺寸和扣盒形式都有较严格的要求，铝塑板也要求实现排列整齐。

为了避免漏放药品或说明书，装盒机设有无药板和无说明书自动报警和总停车装置。

五、热缩合包装机

将物品用热收合薄膜进行包封，在经过加热室使薄膜收合而包装的方法称热收合包装。热收合薄膜是根据热塑性塑料在加热条件下能复原的特性。在制膜过程中，预先对薄膜进行加热拉伸，再经强制冷却而定型。常用的热收合膜材料有：PE（聚乙烯）、PVC（聚苯乙烯）、PP（聚丙烯）、PVDC（聚氯乙烯）等，其收合率范围通常在30%～80%。热收合包装可适应不同形状的物品，如，瓶子、纸盒等，还可以将数个物品堆码起来包装。热收合包装具有透明性，可以直接看到里面药品的包装密封功能，它的密封功能还可以防止物品启封失窃或替换。

以一种药品常用的热缩合包装机为例，说明热缩合包装操作：从热收合膜料筒上拉出薄膜时打孔器可在上面打出排气孔，纵向对折后拉入加热室，将上盖按下即可由"L"的封切刀切下一块薄膜并得到一个封切好的垂直边。将需要热缩和包装的物品放入薄膜形成的斗篷型的空间内，并推送到加热室内，将上盖按下即可由"L"的封切刀切下外面包有封口薄膜的物品，薄膜上又留下一个封切好的垂直边。继续按着上盖，工作网架上包有封口薄膜的物品被热风加热一定时间（可调）就可完成热缩合，继续开始下一个。

六、批号打印

以一种批号打印机为例，它主要由标签（包括纸盒等）输送、油墨打印、计数机构和电气控制等部分构成。借助传送带和分间隔机构、标签输送机构可以使标签间隔分明地匀速通过打印头的下面。接收到标签来到的光电信号，延后一定的时间（可调），打印头转动，就可将批号、日期等滚动打印在标签上的指定位置。快干油墨加到吸墨轮上，经传墨轮滚匀。打印头每转动一圈，就由传墨轮补加一次油墨。计数机构可以准确控制打印数量。

七、说明书折叠机

图 14－56 是一种说明书折叠机的原理图。送纸主动轮"咬住"说明书后，向后输送到一对折纸滚轮，说明书被折盘上的挡纸板挡住后，送纸主动轮继续送纸的作用，把说明书挤向下一对折纸滚轮之间，最先进入下一对折纸滚轮之间的部分就是折叠线，折好的说明书经过出纸轮被送出。

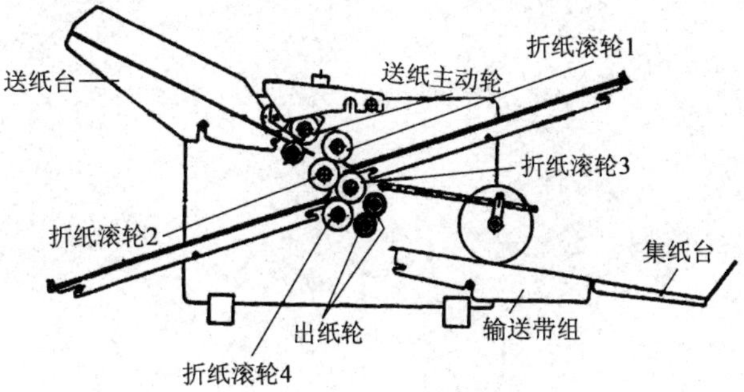

图 14－56　说明书折叠机的原理图

这种折叠机可以对说明书进行以下几种方式的折叠，见图 14－57。

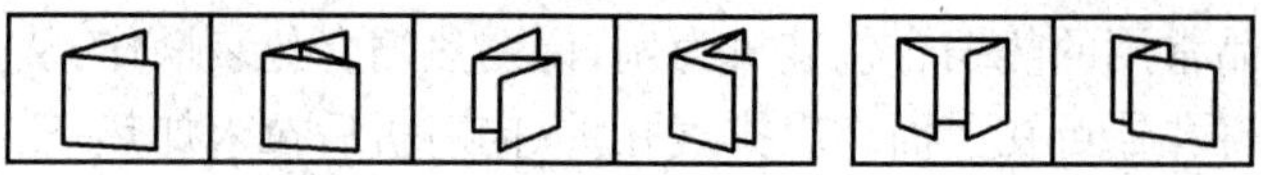

图 14－57　说明书折叠形式示意图

【思考题】

1. 简述摇摆式颗粒机的工作原理。除制颗粒外它还有哪些用途？
2. 快速搅拌制粒机是靠什么把软材制成颗粒的？
3. 简述“一步制粒”的概念。它不适用于哪种情况？
4. 沸腾制粒机内流化混合好的物料怎样形成颗粒？
5. 画出干法制粒机简图。
6. 简述散剂、颗粒剂容杯式分装的原理。
7. 简述本教材介绍的全自动胶囊充填机的工作原理。
8. 画图并说明单冲压片机的工作原理。
9. 简述旋转式压片机的构造。什么是双压？加料器底部距模盘的距离应为多大？
10. 常用哪些设备来给药片包衣？沸腾包衣机与糖衣机相比有何特点？
11. 数片机使药片完全充满数片孔的振动是靠什么装置来实现的？
12. 简述滚筒式铝塑泡罩包装的过程。

参考文献

[1]邓才彬.制药设备与工艺.北京:高等教育出版社,2006.

[2]国家食品药品监督管理局药品认证管理中心.药品 GMP 指南:厂房设施与设备.北京:中国医药科技出版社,2011.

[3]李葆文.设备管理新思维新模式(第 2 版).北京:机械工业出版社,2006.

[4]张寿山.制药厂生产车间新技术新工艺流程与操作技能应用、质量控制及设备运行维护实用全书.北京:中国医药科技电子出版社,2005.

[5]王志祥.制药工程学(第 2 版).北京:化学工业出版社,2008.

[6]于文国,程桂花.制药单元操作技术(下).北京:化学工业出版社,2010.

[7]邢富.医药工业设备维护检修规程.北京:中国医药科技出版社,1992.

[8]张绪峤,丁言伦,马宝纯.药物制剂设备与车间工艺设计.北京:中国医药科技出版社,2000.

[9]化工设备设计全书编辑委员会,金国淼等.干燥设备.北京:化学工业出版社,2002.

[10]于才渊,王宝和,王喜忠.干燥装置设计手册.北京:化学工业出版社,2005.

[11]刘同卷.职业技能鉴定培训教程:干燥工.北京:化学工业出版社,2008.

[12]国家食品药品监督管理局药品认证管理中心.药品 GMP 指南:口服固体制剂.北京:中国医药科技出版社,2011.